地质录井方法与技术

主　编　张殿强　李联玮

石油工业出版社

内 容 提 要

本书是为总结和推广录井新技术,培训现场技术骨干,使录井工作更好地适应新时期油气勘探开发实际需要而编写的。全书共分为五章,主要介绍了钻井地质设计、常规地质录井、综合录井、录井新方法、完井地质总结等录井关键技术内容,具有一定的综合性和较好的实用性。

本书可作为中级录井技术人员的培训教材,也可供相关专业技术人员参考学习。

图书在版编目(CIP)数据

地质录井方法与技术/张殿强,李联玮主编.
北京:石油工业出版社,2006.10
ISBN 978-7-5021-3535-5

Ⅰ. 地…
Ⅱ. ①张… ②李…
Ⅲ. 录井-技术
Ⅳ. TE242.9

中国版本图书馆 CIP 数据核字(2001)第 067713 号

出版发行:石油工业出版社
   (北京安定门外安华里2区1号 100011)
  网 址:www.petropub.com
  图书营销中心:(010)64523633
经 销:全国新华书店
排 版:北京乘设伟业科技排版中心
印 刷:北京中石油彩色印刷有限责任公司

2001年9月第1版 2018年7月第8次印刷
850×1168毫米 开本:1/32 印张:8.875 插页:1
字数:238千字

定价:20.00元
(如出现印装质量问题,我社图书营销中心负责调换)
版权所有,翻印必究

《地质录井方法与技术》编委会

主　　任：张殿强

副主任：李联玮

成　　员：巫正礼　王福海　冯广华　张学涛

　　　　　刘其春　刘志勤　张立新　王志战

　　　　　许小琼　邓美寅　王　印　孙丕善

　　　　　郭伟华　黄志林　李玉华

主　　编：张殿强　李联玮

序

从石油工业诞生的那天起，录井技术就诞生了。我国录井技术的发展经历了十分漫长的历程，从划方钻杆、记钻时、捞砂样恢复地层剖面，到气测仪配合记钻时，用百分比法恢复地层剖面，初步判断油气层。近10多年又发展到应用综合录井仪实时采集各项资料，用计算机技术建立剖面，识别油气层。若以孙健初先生在玉门油矿开展工作算起，历时60余年。近10余年录井技术的发展，已突破了原有的概念。以前，一提到录井工作，通常指的是岩屑、岩心录井（气测仪也很少），技术手段比较单一。自1985—1986年大规模引进综合录井仪以来，录井技术发生了较大变化。时至今日，综合录井技术、气测录井技术、地化录井技术、定量荧光分析技术等陆续加入录井行业，形成了多种方法组成的新型录井技术系列。录井技术已发展成为综合应用地质理论、电子技术、计算机技术、通信技术、地球化学技术等多学科、多技术领域的边缘综合技术，其发展取得了令人信服的成绩，在油田的勘探开发过程中发挥了重要作用。录井技术已成为石油勘探开发中一项不可替代的专门技术，录井工作人员是油气层的第一发现者。

录井工作所获得的资料是地质综合研究和各种室内分析的基础和依据。录井资料是第一性的资料，无论什么先进的新技术或传统技术的应用，如储层横向追踪、油藏描述、测井约束反演、层序地层学研究、含油系统研究等，都必须以探井录井资料为依据。

录井工作者是勘探部署的现场实践者。地质录井工作具有瞬时性、及时性、不可逆转性和不可弥补性的特点。要真实地录取地质资料、准确地描述地质现象、及时地反馈录井信息，就需要工作人员忠于职守、乐于奉献，工作中严肃认真、一丝不苟、敢于探索，紧紧抓住油气显示的任何蛛丝马迹，发现钻遇的每一个油气层，继而发现一个油气田。录井工作者责任重大，一口井的命运往往就掌握在他们手中，必须齐全准确地录取多种地质资料信息，不能遗漏和歪曲，更不能臆造，并要去伪存真地认真分析，做出实事求是的判断。显然，只有一支高素质的录井技术队伍才能做到这一点。

石油工业发展的历史已证明，油气勘探的理论进步和技术发展，对油气储量和产量的不断增长起到了极为重要的作用，其中录井技术所起的作用也是不可低估的。

中国油气资源是丰富的，含油气盆地的地质结构也极其复杂。伴随着油气勘探的进程，勘探难度日益加大，出现的一系列亟待解决的技术难题需要我们去解决。结合勘探工作的需要和录井技术的发展，造就一批既懂油气勘探理论、又能熟练掌握现代录井技术的高素质科技人才，为油气勘探提供更优质的服务成为当务之急。

本书以现代综合录井技术为基础，着重讲述录井技术的理论、方法、应用，有较强的实用性，是现场录井人员培训的一本系统教材。希望《地质录井方法与技术》一书的出版，有助于提高录井技术人员的专业水平及实践能力，为油田的持续发展做出更卓越的贡献。

潘元林

2001年5月

前　言

　　地质录井工作是油气勘探开发不可或缺的基本手段。自石油工业诞生的那时起，地质录井工作在油气勘探开发中一直起着极为重要的作用。地质录井资料是油气勘探开发过程中各种地质研究的基础资料，是其他资料无法比拟的。正因为如此，地质录井技术的发展无论什么时候都不能忽视。当前，油气勘探开发进入新的时期，随着勘探程度的加深，勘探难度越来越大，东部地区勘探重点转向寻找特殊油气藏和隐蔽性油气藏，地质录井技术正面临良好的发展机遇和极大的挑战。能否得到发展，很大程度上取决于成熟技术的推广应用和新技术的开发，取决于录井队伍的专业化技术水平。编写《地质录井方法与技术》一书，就是为了满足广大地质录井工作者提高技能、更好地适应当前工作的需要。我们希望它能够成为地质录井工作者的良师益友。全书共分为五章，依次是钻井地质设计、常规地质录井、综合录井、录井新方法、完井地质总结，分别由上述领域的专业技术骨干、科研人员和有关专家编写。其内容既有理论知识，又有实际应用事例，具有很强的实用性，能够满足广大技术人员实际工作的需要。

　　本书适合于已有一定实际工作经验，但对地质录井缺乏系统知识的技术人员学习使用。兼顾了原为地质专业、测井专业、电子专业毕业，后从事录井工作的技术人员的需要，可作为录井中级技术人员的培训教材，也可供其他相关专业人员学习参考。

　　本书由张殿强、李联纬担任主编，参加编写人员的具体分工是:绪论由王福海编写,第一章由冯广华编写,第二章由张学涛编写,第三章由刘其春、罗平编写,第四章由刘志勤、张立新、王志战、许小琼编写,第五章由邓美寅编写,全书由巫正礼统稿、审核。王印、孙丕善、郭伟华、李玉华也参加了具体编写工作。

由于编者水平有限,书中难免有不足之处,恳请广大读者批评指正。

编者

2001年3月

目 录

绪论 …………………………………………………… (1)

第一章　地质设计 …………………………………… (5)
第一节　井位设计 ………………………………… (5)
一、井别分类及井号命名 ……………………… (5)
二、油气探井井位设计 ………………………… (8)
三、开发井井位设计 …………………………… (13)
四、井位落实 …………………………………… (15)
第二节　钻井地质设计 …………………………… (16)
一、钻井地质设计的主要内容 ………………… (16)
二、钻井地质设计主要工作 …………………… (17)
思考题 ……………………………………………… (25)

第二章　常规地质录井 ……………………………… (26)
第一节　钻时录井 ………………………………… (26)
一、井深和方入的计算 ………………………… (26)
二、钻时的记录 ………………………………… (27)
三、影响钻时变化的因素 ……………………… (27)
四、钻时曲线的绘制 …………………………… (28)
五、钻时曲线的应用 …………………………… (28)
第二节　岩心录井 ………………………………… (30)
一、取心原则和取心层位的确定 ……………… (30)
二、取心工具和取心方式 ……………………… (31)
三、取心前的准备工作 ………………………… (31)
四、取心过程中应注意的事项 ………………… (32)
五、岩心出筒、丈量和整理 …………………… (33)
六、岩心描述 …………………………………… (35)
七、岩心采样和岩心保管 ……………………… (51)

  八、岩心录井草图的编绘……………………………………(52)
  九、岩心录井在油气田勘探开发中的作用………………(52)
 第三节 岩屑录井………………………………………………(54)
  一、岩屑迟到时间的测定……………………………………(54)
  二、岩屑取样及整理…………………………………………(56)
  三、岩屑描述…………………………………………………(57)
  四、岩屑录井草图的编绘……………………………………(61)
  五、岩屑录井的影响因素……………………………………(61)
  六、岩屑录井资料的应用……………………………………(64)
 第四节 钻井液录井……………………………………………(65)
  一、钻井液的功能……………………………………………(65)
  二、钻井液录井原则和要求…………………………………(66)
  三、钻井液的性能要求………………………………………(66)
  四、钻井液录井资料的收集…………………………………(68)
  五、钻井中影响钻井液性能的地质因素……………………(73)
  六、钻井液录井资料的应用…………………………………(74)
 第五节 荧光录井………………………………………………(74)
  一、荧光录井的原理…………………………………………(74)
  二、荧光录井的准备工作……………………………………(75)
  三、荧光录井的工作方法……………………………………(75)
  四、荧光录井的应用…………………………………………(77)
 第六节 井壁取心………………………………………………(78)
  一、确定井壁取心的原则……………………………………(78)
  二、跟踪取心…………………………………………………(78)
  三、岩心出筒…………………………………………………(79)
  四、井壁取心的描述和整理…………………………………(79)
  五、井壁取心的应用…………………………………………(80)
 第七节 其他录井资料的收集…………………………………(80)
  一、地质观察记录的填写……………………………………(80)
  二、在钻进过程中有关几种特殊情况的资料收集…………(82)

思考题 …………………………………………………… (89)
第三章 综合录井原理及资料应用 …………………… (90)
第一节 综合录井仪的工作流程及录井项目 …………… (90)
一、基本概念 ………………………………………… (91)
二、综合录井仪工作流程 …………………………… (92)
三、综合录井仪的录井项目 ………………………… (92)
思考题 ………………………………………………… (96)
第二节 综合录井参数及检测原理 ……………………… (96)
一、气体检测 ………………………………………… (96)
二、深度测量系统 …………………………………… (103)
三、立管压力及套管压力传感器 …………………… (105)
四、转盘扭矩传感器 ………………………………… (106)
五、泵冲速传感器 …………………………………… (107)
六、转盘转速传感器 ………………………………… (107)
七、钻井液密度传感器 ……………………………… (107)
八、钻井液温度传感器 ……………………………… (108)
九、钻井液电阻（导）率传感器 …………………… (109)
十、钻井液体积传感器 ……………………………… (111)
思考题 ………………………………………………… (111)
第三节 联机系统工作原理及资料处理 ………………… (112)
一、联机系统硬件结构及主要功能 ………………… (112)
二、联机系统主要软件功能 ………………………… (113)
三、资料处理 ………………………………………… (122)
思考题 ………………………………………………… (124)
第四节 气测录井资料解释与应用 ……………………… (124)
一、基本概念 ………………………………………… (124)
二、气测录井的影响因素 …………………………… (127)
三、气测资料的整理与标准化 ……………………… (129)
四、气测资料解释方法 ……………………………… (132)
五、油气水综合解释 ………………………………… (137)

思考题 …… (137)
　第五节　随钻地层压力检测 …… (138)
　　一、基本概念 …… (138)
　　二、异常地层压力的成因 …… (146)
　　三、随钻地层压力的检测工作程序 …… (153)
　　四、d 指数地层压力检测法 …… (156)
　　五、Sigma 录井 …… (164)
　　六、其他随钻地层压力评价方法 …… (170)
　　思考题 …… (178)
　第六节　实时钻井监控 …… (179)
　　一、实时钻井监控原理 …… (179)
　　二、实时钻井监控方法 …… (188)
　　思考题 …… (188)

第四章　录井新方法 …… (189)
　第一节　岩石热解地球化学录井 …… (189)
　　一、岩石热解地化录井仪器结构及分析原理 …… (189)
　　二、岩石热解地化录井储层评价 …… (193)
　　三、岩石热解地化录井烃源岩（生油岩）评价 …… (204)
　　思考题 …… (208)
　第二节　罐顶气轻烃录井 …… (208)
　　一、罐顶气轻烃录井原理 …… (209)
　　二、罐顶气轻烃录井方法 …… (209)
　　三、罐顶气轻烃录井资料在储层评价中的应用 …… (213)
　　思考题 …… (224)
　第三节　PK 录井技术 …… (225)
　　一、PK 仪的基本原理 …… (225)
　　二、PK 仪分析参数的意义及计算公式 …… (226)
　　三、SK-2P01 型 PK 仪的基本结构及操作流程 …… (228)
　　四、资料校正及应用分析 …… (230)
　　思考题 …… (234)

第四节　定量荧光录井 ································· (234)
　一、仪器工作原理 ··································· (234)
　二、操作流程及特点 ································· (238)
　三、评价油气层的基本原理和方法 ····················· (238)
　四、QFT定量荧光仪的应用 ··························· (239)
　思考题 ··· (240)

第五章　完井地质总结 ································ (241)
第一节　录井资料的整理 ······························· (241)
　一、岩心录井综合图的编制 ··························· (241)
　二、岩屑录井综合图的编制 ··························· (247)
　三、油、气、水层的综合解释 ························· (254)
　四、填写附表 ····································· (261)
第二节　完井地质总结报告的编写 ······················· (263)
　一、前言 ··· (264)
　二、地层 ··· (264)
　三、构造概况 ····································· (264)
　四、油气水层评价 ································· (265)
　五、生、储、盖层评价 ······························· (265)
　六、油气藏分析描述 ································· (266)
　七、结论与建议 ··································· (266)
第三节　单井评价 ··································· (266)
　一、单井评价的意义 ································· (266)
　二、单井评价的基本任务 ····························· (267)
　三、具体做法 ····································· (267)
思考题 ··· (270)

绪 论

一、地质录井的任务和作用

地质录井工作的主要内容包括井位的测定和单井地质设计、资料的采集和收集、资料的整理解释、完井地质总结。各项资料的采集和收集是地质录井工作的重要组成部分,它是在钻井过程中,应用专用设备、工具和相应的工作方法,依据技术标准取全、取准直接的和间接的反映地下地质情况和施工情况的各项资料、数据的工作。地质录井需取全取准12类93项基础资料和数据。

地质录井的基本任务是取全取准各项资料、数据,为油气田的勘探和开发提供可靠的第一性资料。同测井、测试工作一样,地质录井是油气勘探开发系列技术的组成部分,在各自的业务领域为油气勘探开发发挥着重要作用。目前,随着录井技术的不断进步,地质录井的业务不断拓展,除了传统的建立地层柱状剖面和发现油气层外,还肩负着评价油气层和保护油气层的任务。地质录井已从勘探家的"耳目",逐渐上升为勘探家的"有力助手",现已成为勘探家的重要参谋,在勘探开发中起着越来越重要的不可替代的作用。

二、地质录井方法及其特点

地质录井方法按其发展阶段和技术特点可分为常规地质录井、气测和综合录井、新方法录井三大类。

常规地质录井主要包括:岩屑、岩心、钻井液录井等,主要是靠人工的方法,其特点是简便易行,应用普遍,应用时间早。它具有获取第一性实物资料的优势,一直发挥着重要的作用。

气测和综合录井主要包括:随钻检测全烃、组分、非烃、工程录井等。其特点是实现了仪器连续自动检测与记录,实现了录取资料的定量化,参数多,有专门的解释方法和软件,油气层的发现和评价自成系统。现已成为录井工作的主体。

新方法录井目前主要包括:岩石热解地化录井、罐顶气轻烃录井、PK录井、定量荧光等录井新方法。均属实验室移植技术的推广应用,灵敏度高,定量化,获取的资料不仅用于发现和评价油气层,还可用于生、储、盖层的研究评价。

地质录井主要是通过岩心、岩屑、气测和综合录井等录井方法获取直接反映地下情况和施工情况的多项资料,其显著的特点是第一性资料真实可靠,信息量大,便于综合应用。同时由于录井工作是随钻采集资料,随钻进行评价,具有获取地下信息及时、分析解释快捷的特点,是发现和评价油气层最及时的手段,是任何其他的油气探测方法都望尘莫及的。这便于勘探家们根据录井的情况及时作出决策,以便有效地指导进一步的钻探和勘探工作。

三、地质录井技术的发展历史

录井技术起源于野外地质考察,是伴随着钻井技术的发展而发展起来的,具有悠久的历史。早在900多年前的宋代,录井技术已初具萌芽。在四川自流井地区天然气井的钻探中,用一种底部有阀的竹筒下井提捞泥浆和岩屑,有专职人员负责鉴别岩屑岩性、划分地层,并且每口井都建立"岩口簿"。各井的"岩口簿"对岩层和标准层有统一的命名,通过"岩口簿"建立早期的地质剖面。

解放初期,我国只有常规的地质录井方法,技术落后,岩心录井收获率低,岩屑录井方法不完善,钻时录井则是划方钻杆记钻时,全部采用手工操作。

当代录井技术是随着石油工业的发展在近几十年逐渐发展起来的。

岩心录井方面:1961年大庆首创了投砂蟞泵单筒式取心,1963年玉门研制成功了水力切割式双筒取心工具,1964年四川研制成功了双筒悬挂式取心,对岩心录井技术的发展起到了推进作用。目前的岩心录井根据不同的地质目的已发展为普通取心、油基泥浆专筒取心、长筒取心、密闭取心、冰冻取心、井壁取心等多种方法。

岩屑录井方法:20世纪50年代,岩屑录井主要用于观察,综合利用差。到了60年代,胜利油田对岩屑录井作了大的改进和完善,探索出了一套取全取准岩屑资料的系统方法,随之在全国推广,目前仍在应用。

气测录井是从20世纪60年代中期开始逐渐推广应用的。最初是半自动气测仪,资料录取间断式,手工记录,仅能录取全烃、重烃、钻时三项参数,综合解释水平很低;到了70年代初期,推广应用了全自动气测仪,能自动记录,连续测量,提高了资料的连续性和准确度;到70年代中期,开始使用701型色谱气测仪,能鉴定和记录全烃、甲烷、乙烷、丙烷、正丁烷、异丁烷、二氧化碳、氢气等气体,提高了油气水层的分辨率;1993年,开始推广应用数字色谱气测仪,新仪器增设了联机现场处理系统,提高了气测录井的定量采集能力。

20世纪70年代末,国际上出现了TDC(综合录井)装置,从80年代中期起,我国开始引进综合录井仪并在少量探井上使用;到90年代初,我国开始研制综合录井仪并投入实际使用。它除了具备先进的气测仪功能外,可随钻录取地质、泥浆和工程参数,可进行地层压力检测,优化钻井参数,对指导钻井和保护油气层起着有力的作用。

四、地质录井技术的发展趋势

1. 扩大服务领域、多项技术综合发展

拓宽发展思路,扩大服务领域,实现录井技术综合发展,是录井技术发展的必然趋势。录井技术已由单一的常规录井,发展到综合录井,以及地化录井、定量荧光录井、轻烃分析录井、PK录井,这些技术都有其自身的特点,相互补充可使录井技术更能充分地发挥作用。今后的录井发展方向,应以提高勘探开发综合效益为宗旨,向现场全方位服务延伸、向井下延伸;着眼于油气层识别、评价的及时性和准确性;着眼于提高钻井时效,开展更多项目的技术服务,推动录井技术的发展。

2. 录井资料正由定性向定量化发展

定量脱气器的应用对综合录井技术的发展产生了积极作用,而定量荧光分析仪、地化录井仪的应用,为油气层的解释提供了更翔实可靠的第一性资料。录井领域的其他项资料,如岩屑录井、岩心录井中含油级别、滴水试验、加酸试验、槽面显示等都要做工作。实施定量化的过程,必将促进技术的发展。定量化的直接结果,将更准确反映地下地质情况,显著提高资料的可对比性,提高油气层的发现率和解释精度,同时,为计算机技术在录井过程中的广泛应用奠定了基础。

3. 数据资料的远程数字化传输是实现录井技术现代化的必由之路

目前,有的油田已在个别井上实施了数据资料的现代化传输,技术管理人员可通过网络及时了解现场实施情况,进行决策、管理、指挥、协调,所带来的经济效益是明显的。数据资料远程网络传输将会推动录井技术的快速发展。

4. 突破油气层评价技术将带动录井技术整体水平的提高

钻井的目的是产出油、气,录井的目的是发现油气层,评价油气层,因而油气层评价工作十分重要。录井工作者始终工作在现场,对油气显示资料了如指掌。新一代录井仪计算机功能强大,对资料的存储、处理已能满足评价需要,因此,国内录井行业正大力开展这项工作,已取得一定成效。但因为起步较晚,还需要做大量工作,才能达到较完善的程度。开展油气层评价,对原始资料质量有很高的要求,对仪器的稳定性、精确度、软件功能提出了更高的要求,这必将带动录井技术水平的提高。

5. 实现同步发展是录井技术发展的重要途径

由于勘探开发的客观需要,近几年钻井技术发展很快,录井技术发展相对落后,如水平井、开窗井、欠平衡钻井以及PDC钻头的使用,使录井技术不太适应。因此,今后录井技术的发展,必须与钻井技术的发展同步,才能做到在任何钻井条件下都能满足勘探开发的需要,才能增强录井技术的生命力。

第一章 地 质 设 计

油气勘探开发石油钻井地质设计是油气勘探开发部署意图的具体体现,是单井各项地质工作的依据,是编制钻井工程设计和测算钻井费用的基础。地质设计的科学性、先进性及可操作性不仅直接影响到地质资料的录取、整理、分析化验,而且影响到对油气层的识别和评价,是高效低耗地进行油气勘探和开发的一项十分重要的工作。

第一节 井 位 设 计

一、井别分类及井号命名

1. 井别分类

我国各油气田目前对单井井别划分可分为探井和开发井两大类共11个类别。

探井井别有:区域探井(含参数井或科学探索井)预探井、评价井、地质井、水文井。

开发井井别有:生产井、注水井、注汽井、观察井、资料井、检查井。

(1)探井类

1)区域探井(含参数井或科学探索井):

在油气区域勘探阶段,在地质普查和地震普查的基础上,为了解一级构造单元的区域地层层序、岩性、生油条件、储层条件、生储盖组合关系,并为物探解释提供参数而钻的探井,它是对盆地(坳陷)或新层系进行早期评价的探井。

2)预探井:

在油气勘探的预探阶段,在地震详查的基础上,以局部圈闭、新层系或构造带为对象,以发现油气藏、计算出控制储量和预测储量为目的的探井。

3)评价井：

对已获得工业油气流的圈闭,经地震精查后(复杂区应在三维地震评价的基础上),为查明油气藏类型,探明油气层的分布、厚度变化和物性变化,评价油气田的规模、生产能力及经济价值,计算探明储量为目的而钻的探井。

4)地质井：

在盆地普查阶段,由于地层、构造复杂或地震方法不过关,采用地震方法不能查明地下情况时,为了确定构造位置、形态和查明地层组合及接触关系而钻探的探井。

5)水文井：

为了解决水文地质问题和寻找水源而钻探的探井。

(2)开发井类

1)生产井：

在已探明储量的区块或油气田,为完成产能建设任务和生产油、气所钻的井,包括直井、定向井、水平井、套管开窗侧钻井等。

2)注水井：

为提高油、气井生产能力所钻的井,目的是为产层注水,改变地层油气驱动能力,提高产能,提高采收率。

3)注汽井：

因产层注水效果不好或产层不适合注水,为提高油、气井生产能力所钻的井,目的是为产层注汽,稳定产层地层压力,提高产能,提高采收率。

4)观察井：

通过改变油、气井工作制度等方法来观察油气生产能力的井。

5)资料井：

为获取油、气层物性资料或特殊资料所钻的井,如开发取心井。

6)检查井：

为检查油气层开发效果,注水、注汽效果,产层物性变化等情况所钻的井。

2. 井号命名原则

(1) 探井

1) 区域探井(参数井或科学探索井):

以基本构造单元-盆地或地区统一命名。取井位所在盆地或地区名称的第一个汉字加"参"或"科"字组成前缀,后面再加盆地参数井布井顺序号(阿拉伯数字)命名。如伊梨盆地第一口参数井命名为"伊参1井","和参1井"是和田地区的第一口参数井。

2) 预探井:

以井位所在的十万分之一分幅地形图为基本单元命名或以二级构造带名称命名。预探井井号应采用1~2位阿拉伯数字。如纯12井为东营凹陷纯化断裂鼻状构造带上的一口预探井。

3) 评价井:

以油气田(藏)名称为基础进行井号命名。评价井井号应采用3位阿拉伯数字。如纯112井为东营凹陷纯化断裂鼻状构造带上纯化油田的一口评价井。

4) 地质井:

以一级构造单元统一命名。取井位所在一级构造单元名称的第一个汉字加大写汉语拼音字母"D"组成前缀,后面再加一级构造单元内地质井布井顺序号(阿拉伯数字)命名。如东D1井为东营凹陷的第一口地质井。

5) 水文井:

以一级构造单元统一命名。取井位所在一级构造单元名称的第一个汉字加汉语拼音字母"S"组成前缀,后面再加一级构造单元内水文井布井顺序号命名。如东S1井为东营凹陷的第一口水文井。

(2) 开发井

开发井按井排命名。一般采用油气田(藏)名称-开发区-井排-井点方案命名。如孤东7-5-2井(生产井)表示孤东油田七区5排2号生产井。开发井中的生产井、注水井等均按开发井统一命名,不再单独命名,只在设计中井别一栏内说明。

(3) 定向井、侧钻井、水平井

定向井、侧钻井、水平井的井号命名应在上述规定基础上,分别在井号的后面加"斜"、"侧"、"平"再加阿拉伯数字命名。如草1-斜2井表示草桥油田第1排2号井为斜井,滨斜120井表示滨南地区××构造的一口评价井为斜井,利侧40井表示在老井利40井内套管开窗侧钻井,草古100-平8井表示草古100潜山油田第8口水平井。

(4)海上钻井井号编排

海上钻井井号目前有两种编排方法:

1)与陆上钻井井号一样编排方法。

所钻各类探井和开发井均按陆上相同类别的井号命名原则进行井号编排。一般用于滩海油田或国内自行开发的海上油气田。

2)海上钻井井号一般编排方法。

一般用于海上与外方合作开发的海上油气田。

海上探井按区-块-构造-井号命名方案。采用经度、纬度面积分区,每区用海上或岸上的地名命名;区内按经度、纬度细分若干块,每块内根据物探解释对局部圈闭进行编号,每个圈闭所钻的预探井为1号井,评价井为2号井、3号井……。如BZ28-1-1井即渤中(Bozhong)区28块1号构造1号井。

海上油田开发井按油田的汉语拼音字头-平台号-井号命名。如CB-A-1井表示埕北(Chengbei)油田A平台1号井。

二、油气探井井位设计

油气探井井位设计一般由各地质研究部门根据其研究成果,在不同地区,为实施不同钻探目的首先提出单井井位部署建议;井位部署建议提交主管部门领导审查、批准后,同意实施的井位即以"钻探任务书"的形式发给设计部门;地质设计部门根据"钻探任务书"中的任务和要求,完成钻井地质设计。

油气探井井位设计包括区域探井(含参数井或科学探索井)、预探井、评价井、地质井等井位的提出、论证和确定。

1. 直探井井位设计

(1)资料准备

探井的类别不同,需要准备的资料也不同,但以收集齐全本区目前所有的资料为主。一般区域探井资料有：地震及非地震、物化探、勘探程度和质量，基底地层时代、岩石性质、埋深及区域地质情况，预测的地层时代、厚度、岩性、岩相及分布，构造发育简史、构造层接触关系、主要构造圈闭及断裂发育情况。其他探井资料有：地震及非地震、物化探、勘探程度和质量、钻探及试油成果、资源系列、研究成果等。

(2) 井位部署研究

探井井位部署建议是在一系列复杂的研究工作后提出的。探井井位设计的研究工作涉及到石油地质、物探、地质录井、油藏工程、油田开发、钻井、测井、测试等多方面的技术。对于不同类别的探井或同一类别不同油藏类型的探井，探井井位设计的研究工作的侧重点也不同。以预探井为例，一般要进行下列研究工作：

1) 区带地层划分与对比。

应充分利用研究区内已有的地质录井、测井、古生物、岩矿、地化及其他资料进行地层划分和对比，提出地层对比方案和分层数据表、钻遇断层数据，建立该区的地层层序接触关系，可编制地层综合柱状剖面图。

2) 区带构造及区带构造演化史研究。

① 根据地质、地球物理和钻探资料明确目的层的统、组或段地层之间的接触关系，划分研究区带内的构造层。

② 编制研究区带内的地震标准层及主要反射层构造图，比例尺为 1:10 000 或 1:25 000（图 1-1）。

③ 编制目的层局部构造井位图，比例尺为 1:5 000 或 1:10 000 （图 1-2）。

④ 编制研究区带内的主要断层断裂系统图、断层发育图。

⑤ 研究区带内的主要构造运动和沉积间断，局部构造类型、成因机制和分布规律，可编制古构造发育平面图。

3) 沉积及沉积演化史研究。

① 研究区带储层特征，编制储层（或地层）对比图、目的层砂体预测图（图 1-3）、砂体百分含量图等。

② 研究生、储、盖组合情况。

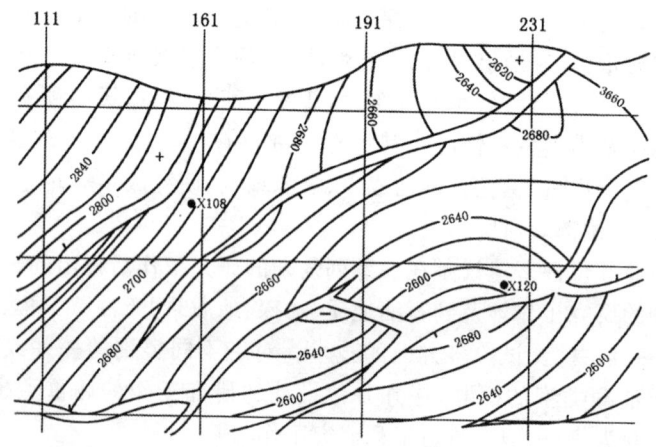

图1-1　××井区 T_7 构造图

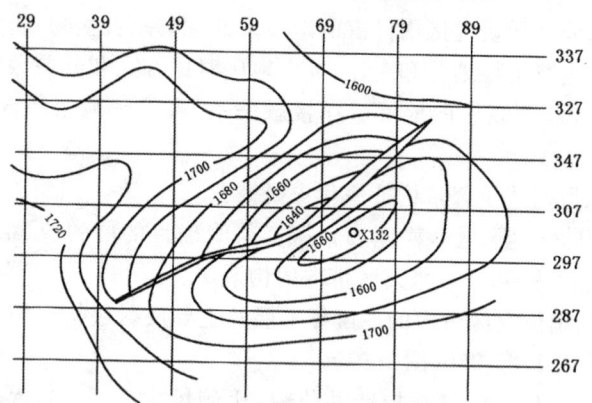

图1-2　××井区 Ng 目的层构造图

③ 研究主要目的层段的相带划分及各沉积体系的纵、横向发育情况,编制岩相古地理图。

4)油源层研究。

① 研究主要目的层的生、储配置体系,以生油洼陷为单元进行生油评价。

② 进行油气源对比,阐明各勘探目的层系的油气来源。

③ 进行勘探区带油气资源潜力的预测。

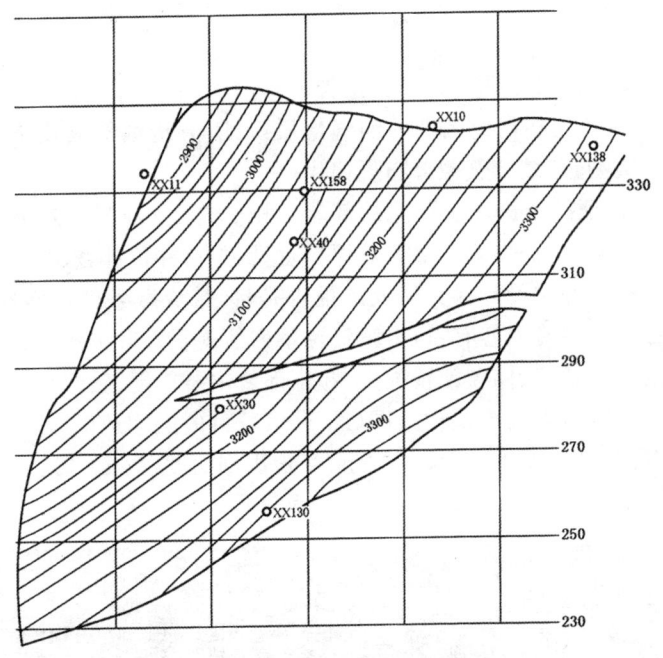

图 1-3 ××井区 Es_3^F 砂体构造图

5) 油气藏研究。

① 对区带的油气藏进行分析,编制油气藏剖面图(图 1-4)、油气藏类型图等。

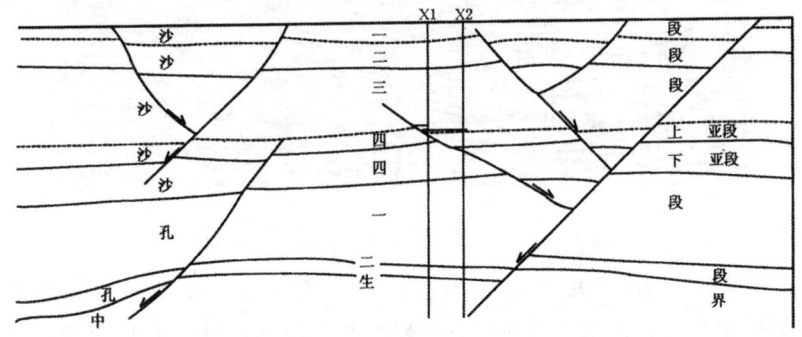

图 1-4 ××井区南北向油藏剖面图

② 研究各类油气藏的分布规律,进行各类油气藏预测,计算控制储量。

6) 编写区带地质综合研究报告。

① 综合论述研究区带的油气地质特征,分析油气成藏条件,划分油气藏类型,总结油气藏分布规律。

② 论证区带进一步勘探的部署原则、方案及预测的效果,在综合评价的基础上,提出勘探部署及评价意见(包括井位部署建议)。

预探井井位设计提交的成果报告是《区带成藏条件及勘探远景的研究报告》,主要内容有:1)本区资源系列的现状及升级预测、圈闭类型及含油气性预测、储盖配置关系、井位部署主要依据、钻探目的、取资料要求等。2)地震标准层构造图(图1-1)、目的层构造图(图1-2)、预测油藏剖面图(图1-4)、过井"十"字地震剖面图(图1-5)。3)填写井位部署表。

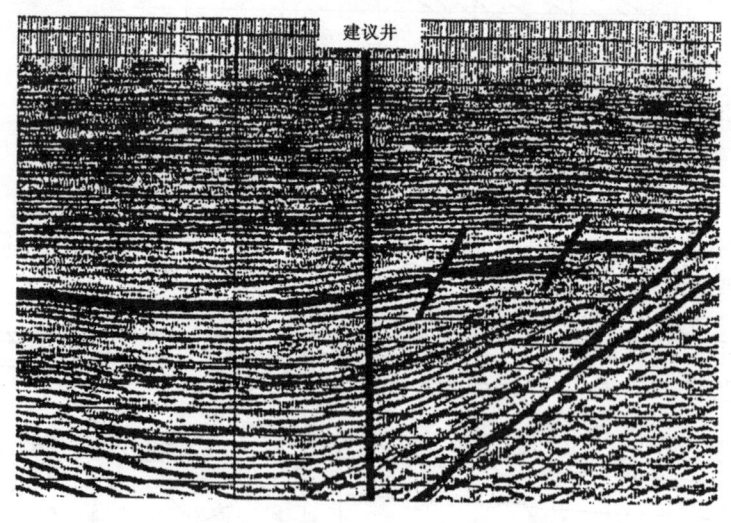

图1-5 ××井过井地震剖面图(南北向)

其他类别的探井研究工作均应按上述预探井工作进行,其中区域探井、地质井及水文井井位设计的研究工作根据资料的多少,研究内容可适当精简,而评价井均应加深研究。

(3)报主管部门审批、确定井位

研究单位提交相应的成果报告、图件,填写《井位部署申报表》,供主管部门审批,最后确定井位。

2. 定向探井、水平探井井位设计

各类定向探井、水平探井井位设计与各类直探井井位设计的不同是地面与地下井位不一致。应根据地面、地下条件,设计出地下井位、靶区范围及靶心的垂直深度,确定最佳井眼轨迹,其中井眼轨迹设计是重点。

定向探井、水平探井井眼轨迹设计主要是在区域研究工作的基础上,依据二维和三维地震资料,开展储层预测和评价,采用速度分析、合成地震记录等项技术,做出储层预测图、标准层反射构造图,从而进行井位设计和优选。如胜利油区成功钻探的CK1水平井,就是用三维地震资料进行精细的构造解释,并用合成地震记录识别层位、储层及储层的横向变化而设计的,其井身轨迹就是沿地层倾向、平行于地层不整合面钻探,钻遇不整合面下油层19层211.5m,效果十分显著。

三、开发井井位设计

开发井井位设计一般由各开发单位的地质研究部门根据整体开发部署提出单井(或整体)井位部署建议,经主管部门领导审查、批准后,同意实施的井位即以"定井位数据表"的形式发给设计部门。

开发井井位设计包括生产井、注水井、注汽井、观察井、资料井、检查井等井位的提出、报批和确定。

1. 直开发井井位设计

开发井井位设计同探井一样也包括三个阶段,但它是在地下地质条件基本掌握的情况下,在探明储量基础上进行的井位设计,其资料收集和研究工作有别于探井。

(1)资料准备

主要是收集开发区块所在区带或区域的石油地质条件,区块本身的构造、储层、流体、油藏开发等资料。

（2）井位部署研究

主要是采用精细油藏描述、高分辨率三维地震处理解释技术、数字模拟技术、现代试井技术、油藏工程技术等对开发区块进行整体研究、分析、评价，进一步明确掌握地下地质情况，为高效开发区块提出合理的井位部署建议。

1）区块整体井位部署建议：

以区块为开发单元，以建产能为目的，最大限度地提高油气采收率和经济效益而设计的区块的整体部署方案，可提出成批井位的部署建议。

2）补充完善井井位部署建议：

在区块开发一段时间后或开发后期，由于对油藏有了新认识或储层性能有了变化，为提高储量动用程度、提高注水开发效果、调整原有开发井网等，都要部署完善井或调整井。这类井的井位部署，一方面要充分研究静态地质资料，另一方面还必须仔细分析开发过程中的各项动态资料。在结合两类资料的基础上，提出完善井（调整井）井位建议。

（3）报主管部门审批、确定井位

提交相应的成果报告、图件，填写《井位部署申报表》，报主管部门审批确定。

2. 定向井、侧钻井、水平开发井井位设计

各类定向井、侧钻井、水平开发井井位设计内容与定向探井、水平探井一样，重点也是井眼轨迹设计，其他内容与直开发井相同。

在这类开发井井位设计中，以水平井（特殊的生产井）的井眼轨迹设计难度最大，它集地质研究和油藏工程于一体，需要多学科之间的配合和协作。其研究工作如下：

1）立足于油藏描述，进行水平井区适应性筛选工作，包括油藏地质条件、油藏类型适应性筛选。

2）充分收集和利用地震、录井、测井、岩心分析和试油试采资料，对水平井区目的层进行精细构造描述、储层展布、层内夹层和平面物性分析、沉积相带描述、流体性质分析、已钻井生产状况分析，建立水平井区精细三维地质模型。

3)进行剩余油分布定量研究工作。

4)预测水平井产量,进行经济评价等。

通过上述研究工作,优选出最佳的水平井位置和水平段轨迹,确定靶点个数及靶点坐标。

水平开发井井位确立后,提供《××水平井油藏地质设计书》作为钻井地质设计的依据。

四、井位落实

根据勘探开发部署把上述论证确定的井位坐标通过测量实施,把设计的井位定在野外现场。钻井地质设计必须依据现场确定的井位,采用现场井口的实测大地坐标进行设计,才能使设计更好地符合未来的钻探施工情况。

1. 直井井位测量

1)收到井位坐标后,将坐标展绘在井位坐标图上,作为室内预选井口位置,在井口周围选出若干控制点,进行必要的计算,得到方位、距离、角度等数据,供现场测量使用。现场施工时,用控制点作为现场测量基准点(参照物),测量出井口的方位、距离。若在控制点稀少或边远新探区,必须采用卫星定位点进行现场井位测量。

2)在地面找出预选井口后,应调查了解地面条件、道路情况、水源等,若符合钻井施工要求,在现场确定井位位置,并埋桩做出标志。现场井位一经落实,任何人都无权移动。

3)若预选井口地面施工条件不理想,可依据井位允许移动范围,另选井口位置。

2. 定向井井位测量

对于定向井(单靶点、多靶点、水平井等),应根据坐标在井位构造图上标出靶点的平面位置,根据采油工艺、钻井工艺的要求,进行最佳的造斜井深、稳斜角、造斜率组合,确定水平投影长度;在井位构造图上,以最后一个靶点为起点,画出水平投影长度,其终点即为预选井口位置。一般可依据井位允许移动范围,沿井身轨迹水平投影在预选井口前后选几个后备预选井口位置,供现场测量落实。

3. 井位测量工序

1）井位初测。根据预选井口位置，测量并计算出预选井口实际大地坐标，供立井架使用。

2）井位复测。立井架后，钻机到位前，必须进行井位复测，所得测量坐标供钻井地质设计使用。

第二节 钻井地质设计

钻井地质设计由取得设计资格的设计单位来完成，其设计过程中也涉及到多学科、多方面的技术。单井钻井地质设计的质量一方面取决于设计井区资料的多少和资料的可靠程度，另一方面取决于设计人员的业务素质、工作经验和设计工作中每一个环节的工作质量。

一、钻井地质设计的主要内容

1. 探井地质设计的主要内容

1）基本数据：井号、井别、井位（井位坐标、井口地理位置、构造位置、测线位置）、设计井深、钻探目的、完钻层位、完钻原则、目的层等。

2）区域地质简介：区域地层、构造及油气水情况、设计井钻探成果预测等。

3）设计依据：设计所依据的任务书、资料、图幅等。

4）钻探目的：根据任务书分别说明主要钻探目的层、次要钻探目的层，或是为查明地层剖面、落实构造。

5）预测地层剖面及油气水层位置：邻井地层分层数据、设计井地层分层数据、设计井地层岩性简述、预测油气水层位置。

6）地层孔隙压力预测和钻井液性能及使用要求：邻井地层测试成果、地震资料压力预测成果、邻井钻井液使用及油气水显示情况、邻井注水情况、设计井地层压力预测、设计井钻井液类型及性能要求。

7）取资料要求：岩屑录井、钻时录井、气测或综合录井仪录井、地质循环观察、钻井液录井、氯离子含量分析、荧光录井、钻井取心、井壁取心、地球物理测井、岩石热解地化录井、选送样品要求、中途测试等。

8)井身质量及井身结构要求:井身质量要求,套管结构,套管外径、钢级、壁厚、阻流环位置及水泥上返深度,定向井、侧钻井、水平井中靶要求(方位、位移、稳斜角、靶心半径等)。

9)技术说明及故障提示:工程施工方面的要求,保护油气层的要求,保证取全取准资料的要求,施工中可能发生的井漏、井喷等复杂情况等。

10)地理及环境资料:气象、地形、地物资料。

11)附图附表。

2. 开发井钻井地质设计的主要内容

开发井内容比探井少,一般不包括区域地质简介、地震资料预测压力、设计井地层岩性简述等内容。

二、钻井地质设计主要工作

1. 探井地质设计

(1)设计前的准备工作

1)标定井位。

将设计井的坐标标定在井位图上,进行井位校对,同时在构造图上标出设计井位。如发现与下发的井位要求不符,应及时上报。

2)收集资料。

① 区域资料:区域的地层、构造、油气水情况以及区域的石油地质条件,包括生油条件、储层条件、盖层条件、运移条件、圈闭条件、保存条件。

② 邻井和邻区实钻资料:邻井地层分层、钻探成果、试油成果、邻井钻井液使用情况、邻井注水情况,以及邻井实钻过程中出现的卡、喷、漏等复杂情况。无邻井时应收集邻区的相关资料或野外露头剖面资料。

③ 井位部署(或论证)研究报告。

④ 过井和区域地震测线。

⑤ 各种相关图件:如区域构造图、目的层构造图、油藏预测剖面图等。

⑥ 其他资料:如古生物、岩矿、地化等资料。

(2)单井设计工作

在收集区域各项资料的基础上,结合设计井要求,认真分析对比,完成单井设计的各项具体内容。

1)地层剖面设计。

根据区域构造图、目的层构造图、过井地震测线,结合邻井实钻地层分层数据,设计出设计井将钻遇的层位及分层数据、断层数据、地层接触关系等,形成设计分层数据,编制出过井、邻井和设计井的地层对比图。在设计过程中要考虑下列情况:

① 设计井和邻井构造位置不同和断层的影响,可能产生的岩性和厚度变化。

② 当邻井是定向井时,必须把邻井分层数据(斜深),通过邻井的实测井斜数据表,进行井斜处理,换算成垂深(铅直深度)数据供设计时使用。

③ 若区域没有邻井,则应根据地质图、综合柱状图、地震测线等有关图件,或邻区数据或野外露头剖面数据来确定设计井的层位和分层数据。

④ 在下达设计井深内不能完成钻探目的,或下达的设计井深超过钻探目的层后井段过长,以及预测的目的层可能不存在,或可能多出新的油层,是否需要钻探时,都应与有关单位协商解决,重新确定设计井的数据。

⑤ 设计井和邻井的地层分层、对比应根据录井、测井、地层鉴定等各方面的资料,提出统一的划分方案,建立区域三维立体模型。随着新井的钻探和研究的深入,分层方案有可能要随之改变,必须重新进行统一分层,建立新的区域三维立体模型,保证设计的科学性。

设计分层数据提出后,根据相应资料预测各层位的岩性组合,编绘出详细的设计井综合柱状图。

2)编写设计井区域地质简介。

探井都要编写区域地质简介。主要内容有:设计井所在的具体位置,设计井区域构造概况及构造发育史,地层在平面上的分布,地层厚度在纵向上的变化情况,设计井区块含油气情况、储层形态、物性、含油气特征等,区域上的钻探成果及设计井钻探成果预测。

3)预测设计井的油气水层及其位置。

应用区域、地震测线、邻井油气显示、砂体的横向变化、圈闭层位等资料综合分析,确定设计井的主要目的层,并预测设计井油气水层的位置。如果井位设计时未考虑到目的层上下可能存在的油气层位置,应向有关方面提出建议,并在相应井段提出录取资料的要求。

4)设计钻井液类型、性能及提出油气层保护要求。

① 资料收集:包括邻井实测压力资料(表1-1),邻井钻井液使用资料(表1-2),邻井注水资料(表1-3),邻井或区域出现的卡、喷、漏、高压油气层等复杂情况资料,地震预测压力资料(图1-6),预测油气水层位置的储层物性等资料。

表1-1 邻井实测压力情况表

井号	测试日期	层位	井段(m)	地层压力(MPa)	压力系数	位于井口 方位(°)	位于井口 距离(m)
××	1995.11	前震旦系	2893.7~3190.2	抽汲	—	56	750
	1998.03.31	沙四段	2609.4~2635.1	32.85	1.26		
	1998.05.09	沙三段	2591.0~2602.0	27.41	1.06		

注:应提供设计井完钻层位以上的分层段实测压力资料。

表1-2 邻井钻井液使用情况表

井号	完井日期	井段(m)	钻井液相对密度	槽面显示情况	位于井口 方位(°)	位于井口 距离(m)
××	1995.09	0~1500	清水~1.15	无显示	75	200
		1500~2574	1.15~1.20	无显示		
		2574~2910	1.19~1.36	无显示		
		2910~3191	1.36~1.04	无显示		

注:应提供超过设计井完钻层位的性能资料。

表1-3 邻井注水情况表

井号	注水层位	注水井段（m）	日注水量（m³/d）	井口注压（MPa）	位于井口 方位(°)	位于井口 距离(m)
××	沙二段～沙三段	1948.4～2159.2	295	9.7	87	150
××	沙三段	2193.1～2205.6	95	12.1	220	250

注：应提供设计井完钻层位以上的分层段注水资料。

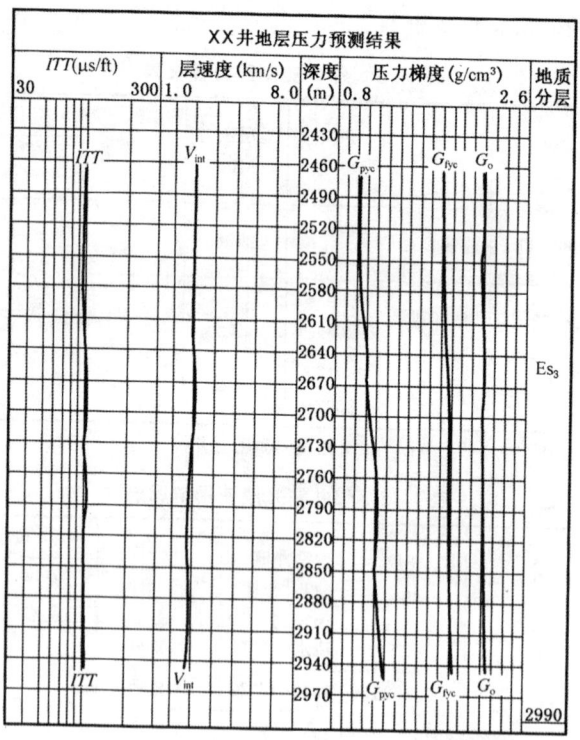

图1-6 ××井地层压力预测结果曲线图

② 设计钻井液类型:目前主要有水基钻井液、油基钻井液、气体类流体(或钻井液)三大类。对钻井液类型的选择主要是要满足储层物性的需要,即钻井液类型应与储层岩石类型、油气层流体相配伍,不引起储层岩石水敏、盐敏、酸敏、钻井液中的固相颗粒堵塞油气层等现象,起到保护油气层的作用。

③ 设计钻井液性能:包括钻井液密度、粘度、失水、含砂、pH 值等,其中最重要的是钻井液密度。密度大小的设计是在综合考虑邻井实测压力资料和实钻情况、地震预测压力资料的基础上,预测出设计井地层孔隙压力剖面,按油层附加值 $0.05\sim0.1$,气层附加值 $0.07\sim0.15$,即为设计的钻井液密度值。

④ 地质设计中对油气层保护措施的主要要求是:按钻井液类型选好钻井液材料;按压力预测剖面,确定合理的井身结构;根据预测的钻井液性能和实钻过程中的压力检测情况,合理地调配钻井液性能,严格实施近平衡钻井或负压钻井。

对工程施工难度大、设计准确性难以保证的区块,要进行专题研究,以降低工程施工成本,保护好油气层。如胜利地质录井公司设计室对桩 107-4 块、陈家庄油田、草 20 块井漏区、牛 25 块高压区、河 50 丛式井组和河 111 块等区块进行了研究,为这些区块的 300 多口井提供技术咨询和实施措施,大大地降低了钻井成本,保护好了油气层,其直接经济效益达千万元以上。

5) 设计资料录取项目。

根据设计井钻探目的和需解决的地质问题,设计好资料录取项目。

① 岩屑录井:设计取样井段、间距及特殊要求。区域探井、地质井等可从地面开始录井,一般探井可从目的层以上 200m 或某一标志层以上录取。

② 钻时、气测或综合录井仪录井:设计采集井段、间距及特殊要求。要求开启录井仪所有参数进行系统录井,注意油气显示的观察、录取和落实。

③ 地质循环观察:提出地质循环观察的地质目的、实施原则和要求。钻遇油气显示和其他重要地质现象时,都应设计停钻循环观察,以

便落实和卡准油气层位置。

④ 钻井液录井和氯离子含量分析:设计录井井段、间距及特殊要求。

⑤ 岩石热解地化录井:设计录井井段、间距及分析内容。

⑥ 荧光录井:

a. 普通荧光录井:设计录井井段、间距、湿照、干照、滴照、系列对比及特殊要求。

b. 定量荧光录井:设计录井井段、间距。

⑦ 岩心录井:设计取心层位、目的、原则、预计井段、进尺、岩心直径及采样要求等。

在区域探井或新探区,可以在目的层段设计取心。一般有两种方式:a. 见显示取心。即录井岩屑见油斑(或荧光)及以上级别的岩屑或气测见明显的异常显示或槽面见油气水显示,立即停钻取心。b. 取主要目的层。即在主要目的层段见储层,立即停钻取心,目的是了解主要目的层含油气情况、储层物性情况等。

在老探区或比较熟悉的井区,可设计定层位取心。取心原则为取相当于邻井某油气层井段,设计的重点在于预测好该油气层井段在本井的深度。

⑧ 井壁取心:设计取心目的、原则、颗数及岩心质量和符合率要求。

⑨ 测井项目:测井项目、井段、比例尺及要求。

⑩ 其他录取资料:如中途测试、实物剖面或岩样汇集、分析化验采样等设计。

6)确定定向井、侧钻井、水平井的井身轨迹。

各类定向井、侧钻井、水平井与相应直井设计的区别在于井身轨迹的设计。

① 检查靶点数:油层井段连续厚度 50m 以内,在油层顶界提供一个靶点;厚度 50m 以上的在油层顶、底界各提供一个靶点;若为水平井,则不管油层厚薄,必须在水平段首尾各提供一个靶点。当水平段顶界垂深变化大时,应提供该段中间的控制坐标(控制靶点)。

② 计算中靶数据:计算方位、位移、稳斜角等,从地质要求方面确

定合理的井眼轨迹,提出中靶半径要求(表1-4)。

③ 根据计算结果检查靶点和油藏控制断层或边界之间的水平距离是否大于要求的靶区半径,是否符合钻井和采油工艺要求。

表1-4 中靶要求数据表

靶点号	靶点垂深(m)	位于井口方位	与井口水平距离(m)	造斜点要求	靶区半径
第一靶	2382	56°12′42″	161.47	1500m以下	小于30m
第二靶	2425	56°13′28″	710.38		

第一靶点到第二靶点的方位56°13′55″,水平位移548.90m,稳斜角85°31′14″

7)设计其他的内容。

① 井身质量要求:井斜、水平位移允许范围、井身轨迹要求等,并落实钻井轨迹能否满足勘探开发的要求。

② 设计各层套管直径、下深、阻流环位置、水泥返高等,遇高压油气井或特殊工艺,要确定技术套管位置。

③ 故障提示:提示设计井将可能遇到的卡、喷、漏等复杂情况。

④ 特殊情况设计:对有关方面提出的特殊要求都要在设计中提出相应的要求。

8)完成相应的图件。

地质设计中应附下列图件:井位图(图1-7)、井身轨迹示意图(图1-8)、地层对比图、油藏剖面示意图(图1-4)、过井"十"字地震剖面图(图1-5)等。

2. 开发井钻井地质设计

开发井钻井地质设计工作按开发井内容设计,与探井钻井地质设计的工作相比,其应加深研究、精细设计的内容如下:

1)收集资料。

主要是详细收集邻井资料和各开发层系的精细构造图,特别是收集邻井采油、注水(汽)层位、动态压力等资料,了解油气层连通情况及注水(汽)后的影响,收集邻井储层物性资料和油气水性质资料,了解各项施工作业过程对储层和油气水层的不良影响。

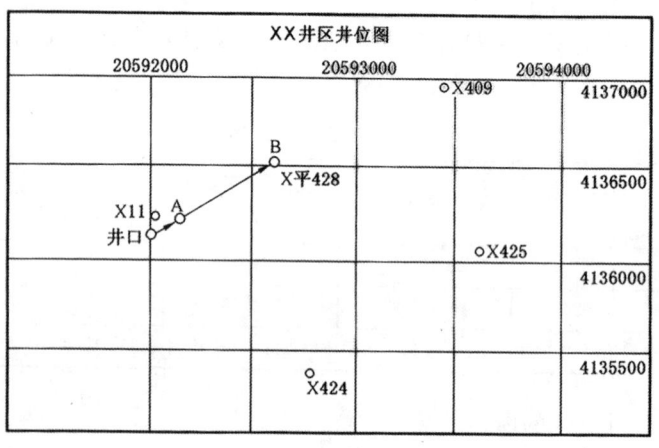

图1-7 ××井区井位图

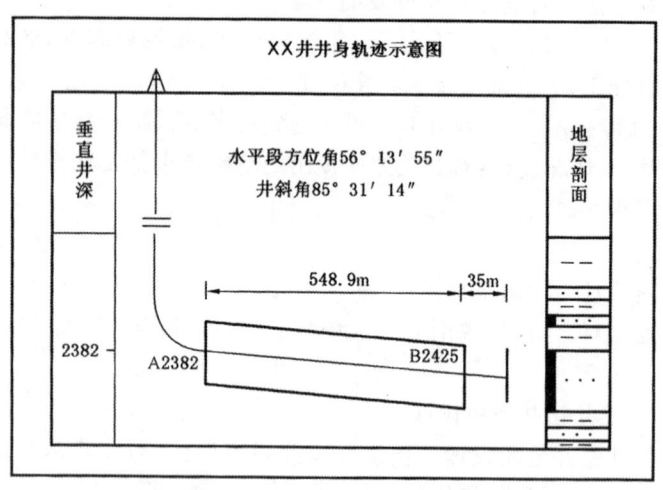

图1-8 ××井井身轨迹示意图

2)地层剖面设计。

应以大量的邻井资料进行详细地层分析对比,精确设计地层剖面。

3)设计钻井液类型、性能及提出油气层保护要求。

开发区块资料较多,为保护好油气层提供了基础。应以邻井物性资料和油气水性质资料、注(汽)水资料、动态压力资料,设计合理钻井液类型、性能,最大限度地保护好油气层。

钻井地质设计是石油钻井、地质录井工作的第一个重要环节,在油气勘探和开发中起着重要的作用。随着勘探难度的加大、市场经济的发展,它的作用将会越来越大。

思考题:
1. 钻井地质设计的作用是什么?
2. 井分哪几类?
3. 各类井的命名原则是什么?
4. 水平井设计的主要工作有哪些?
5. 落实定向井井位需要哪些步骤?
6. 探井钻井地质设计的主要内容是什么?
7. 怎样进行地层剖面设计?
8. 钻井液类型、性能及油气层保护设计的依据是什么?

第二章　常规地质录井

录井工作的主要任务是根据井的设计要求和规定的技术标准,取全取准反映地下情况的各项资料,从而判断井下地层和含油、气情况。

常规地质录井主要包括:钻时录井、岩心录井、岩屑录井、荧光录井、井壁取心等。常规地质录井以其经济实用、方便快捷和获取现场第一手实物资料的优势,在整个油、气田的勘探和开发过程中一直发挥着重要的作用。

第一节　钻时录井

钻时是指在钻井过程中,每钻进单位厚度的岩层所用的纯钻进时间,单位为 min/m。钻时录井就是系统地记录钻时并收集与其有关的各项数据、资料的全部工作过程。

一、井深和方入的计算

进行钻时录井必须先计算井深和方入。井深计算不准,钻时记录必然也会不准,还会影响到岩屑录井、岩心录井的质量,造成一系列无法纠正的错误。

1. 井深的计算

计算井深是一项最基本的工作,地质人员必须熟练地掌握计算方法,要求计算得又快又准确。

井深＝钻具总长＋方入

钻具总长＝钻头长度＋接头长度＋钻挺长度＋钻杆长度

2. 方入的计算

方入是指方钻杆下入钻盘面的深度,单位是 m。

方入包括到底方入和整米方入。到底方入是指钻头接触井底时的方入,整米方入是指井深为整米时的方入。

到底方入＝井深－钻具总长
整米方入＝整米井深－钻具总长

二、钻时的记录

记录钻时的装置早期有链条式、滚筒式和记录盘三种,现在经常使用钻时记录仪和综合录井仪来记录钻时。

钻时记录仪是一种简易的钻时记录装置,通过钻台上的绞车传感器将电流信号传输到计算机中,由计算机按一个单根的间隔将所得钻时绘制成钻时曲线,并显示出来,以此来记录钻时。

钻时记录仪的缺点是设备功能单一,精确度差,耗费人力,工作繁琐,影响因素较多。现在多采用综合录井仪或气测仪记录钻时。其原理是通过钻台上的传感器将电流信号传输到计算机中,由计算机软件综合其他数据进行分析处理,按设计好的间距得出有关钻时的各项数据,并在计算机屏幕上显示出来。既节省了人力,又提高了精确度,同时也相应提高了录井质量。

三、影响钻时变化的因素

1. 岩石性质

岩石性质不同,可钻性不同,其钻时的大小也不同。在钻井参数相同的情况下,软地层比坚硬地层钻时低,疏松地层比致密地层钻时低,多孔、缝的碳酸盐岩比致密的碳酸盐岩钻时低。这是利用岩石性质进行钻时录井的主要依据。

2. 钻头类型与新旧程度

在钻井过程中,应根据所钻地层的软硬程度,来选择使用不同类型的钻头,才能达到快速优质钻进。

相同的钻头,其新旧程度对钻时的影响也是非常明显的,特别是在同一段地层中可以清楚地反映出来,新钻头比旧钻头钻进速度快,钻时小。因此,钻头使用到后期钻时会逐渐增大。

3. 钻井方式

涡轮钻钻速一般比旋转钻钻速大 10 倍左右,因此涡轮钻的钻时比旋转钻的钻时要低得多。

4. 钻井参数

在地层岩性相同的情况下,若钻压大,转速快,排量大,钻头喷嘴水马力大,则钻头对岩石的破碎效率高,钻时低;反之,钻时就高。

5. 钻井液性能与排量

钻井液对钻时的影响很大。一般来说,低密度、低粘度、大排量的钻井液钻进速度快,钻时低,而高密度、高粘度、小排量的钻井液钻进速度慢,钻时高。

6. 人为因素的影响

司钻的操作技术与训练程度对钻时的影响也是很大的。有经验的司钻送钻均匀,能根据地层的性质采取相应的措施,钻进速度较快,钻时就低。

四、钻时曲线的绘制

绘制钻时曲线,就是将一口井所取得的钻时数据按一定的比例,用平面直角坐标法,按井深顺序逐点连接。

钻时曲线很少单独绘制,为了便于实际应用,通常把钻时曲线和岩屑录井剖面绘制在一起。一般用厘米方格纸绘制(如图 2-1)。以纵坐标代表井深,单位是 m。纵比例尺通常为 1:500,与岩屑录井草图和标准测井曲线一致。以横坐标代表钻时,单位为 min/m。横比例尺可根据钻时的大小来选择,以能表示出钻时的变化为原则。绘制时分别在相应深度上标出其对应的钻时点,然后将各点连接成一条折线即为钻时曲线。如果一口井的钻时变化太大,中间可以适当变换比例。换比例时,上下应重复两点。钻时曲线绘好后,还要标明起下钻位置及钻头类型、不同类型钻头所钻井深。

五、钻时曲线的应用

1)钻时曲线是岩屑描述过程中进行岩性分层的重要参考资料,根据地层的可钻性在钻时曲线上的反映,可以定性地判断岩性。这种方法对砂泥岩剖面效果更加明显。

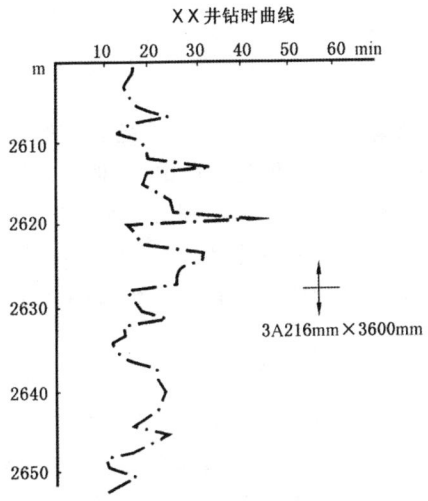

图 2-1 钻时曲线

2）在无测井资料或尚未进行测井的井段，钻时曲线与录井剖面相结合，是划分层位、与邻井作地层对比、修正地质预告卡准目的层、判断油气显示层位、确定钻井取心位置的重要依据。

3）在钻井取心过程中钻时曲线可以帮助确定割心位置。在地层变化不大的时候，钻时急剧增大，有助于判断是不是发生堵心现象。

4）钻井工程人员可以利用钻时分析井下情况，正确选用钻头，修正钻井措施，统计纯钻进时间，进行时效分析。

5）在探井钻井过程中，可以根据钻时由慢到快的突变，及时采取停钻循环的措施，停止钻进，循环钻井液，观察油、气、水显示，以便采取相应措施。

6）利用钻时曲线，还可以帮助判断裂缝、孔洞的发育井段，确定储集层段。

值得注意的是，钻时应用的原则是钻井参数大致相同，在一个钻头内变化不大。若钻井条件不同，钻头的类型及新旧程度也不一样，相同的地层也会使钻时出现较大的变化。我们在应用钻时的时候，应综合考虑各种影响因素，才能使我们得到的结果更加接近地下的真实情况。

第二节 岩心录井

在露头区,地质家可以方便地观察研究岩层的各种特征。而在覆盖区,岩石深埋地下,在勘探开发过程中,当地质家需要直接研究岩石时,就需要把岩石从地下取出来进行研究。所谓"岩心录井",就是在钻井过程中用一种取心工具,将井下岩石取上来(这种岩石就叫岩心)并对其进行分析化验,综合研究而取得各项资料的方法。

一、取心原则和取心层位的确定

1. 取心原则

虽然岩心录井是取得油层物性、油层含油、气、水情况,油田开发效果等宝贵资料的重要方法,但由于钻井取心成本高、速度慢,在勘探开发过程中,只能根据地质任务要求,适当安排取心。

1)新区第一批探井应采用点面结合,上下结合的原则将取心任务集中到少数井上,或者用分井、分段取心的方法,以较少的投资,获取探区比较系统的取心资料。或按见油气显示取心的原则,利用少数井取心资料获得全区地层、构造、含油性、储油物性、岩电关系等资料。

2)针对地质任务的要求,安排专项取心。如开发阶段,要检查注水效果,部署注水检查井取心;为求得油层原始饱和度,采用油基钻井液和密闭取心;为了解断层、接触关系、标准层、地质界面而布置专项任务取心。

3)其他地质目的的取心:如完钻时的井底取心、潜山界面取心、油水过渡带的取心等等。

2. 取心层位的确定

为了加快油气田的勘探开发步伐,在已确定的取心井中不是全井都取心,而常常是分段取心。因此,要合理选择取心层位。一般以下情况应当进行取心:

1)储集层的孔隙度、渗透率、含油饱和度、有效厚度不清楚的层位。

2)地层岩性、电性关系不明,影响测井解释精度的层位。

3）地层对比变化较大或不清楚的区域,应对标准层进行取心。
4）当地层层位不清时,需要取心证实。
5）研究生油岩特征的层位,应对生油岩进行取心。
6）需要检查开发效果及注水效果的层位。
7）有特殊目的需要取心的层位。

二、取心工具和取心方式

取心工具主要由取心钻头、岩心筒、岩心爪、回压阀、扶正器等组成。

钻井取心方式根据钻井液的不同,可分为水基钻井液取心和油基钻井液取心两大类。

1）水基钻井液取心:具有成本低,工作条件好的优点,是目前广泛采用的一种取心方法。但其最大缺陷是钻井液对岩心的冲刷作用大,侵入环带深,所取岩心不能完全满足地质的要求。

2）油基钻井液取心:多数在开发准备阶段采用。其最大的优点是保护岩心不受钻井液冲刷,能取得接近油层地下原始状态下的油、水饱和度资料,为油田储量计算和开发方案的编制提供准确的参数。但其工作条件极差,对人体危害大,污染环境,且成本高。为克服油基钻井液取心的缺点,又研究出了一种替代方法——密闭取心。这种方法仍采用水基钻井液,但由于取心工具的改进和内筒中装有密闭液,岩心受密闭液保护,免受钻井液的冲刷和侵入,能达到近似油基钻井液取心的目的。

在实际工作中采用那种取心方式,应根据油、气田在勘探开发中的不同阶段所需完成的地质任务来确定。如在勘探阶段,为了解岩性和含油性情况,采用水基钻井液取心;在开发阶段,为了取得开发所需的资料数据,可采用油基钻井液或密闭取心。

三、取心前的准备工作

1）取心前应收集好邻井、邻区的地层、构造、含油气情况及地层压力资料,若在已投入开发的油田内取心,则应收集邻井采油、注水、压力资料。在综合分析各项资料后,根据地质设计的要求,作好取心井目的层地质预告图。

2)丈量取心工具和专用接头,确保钻具、井深准确无误。分段取心时,取心钻具与普通钻具的替换,或连续取心时倒换使用的岩心筒长度,都应分别做好记录。要准确计算到底方入,并记录清楚,为判断真假岩心提供依据。

3)取心工作中要明确分工,确保岩心录井工作质量。一般分工是:地质录井队长负责具体组织和安排,对关键环节进行把关;地质大班负责岩心描述和绘图;岩心采集员负责岩心出筒、丈量、整理、采样和保管等工作;小班地质工负责钻具管理、记录钻时,计算并丈量到底方入、割心方入,收集有关地质、工程资料、数据。岩心出筒时,各岗位人员要通力配合,专职采集人员做好出筒、丈量、整理和采样工作。

4)卡准取心层位。在钻达预定取心层位前,应根据邻井实钻资料及时对比本井实钻剖面,抓住岩性标准层或标志层、电性标准层或标志层,卡准取心层位。若该井无岩性标准层或标志层或者地层变化较大,则必须进行对比测井。对比测井后,根据测井对比结果,决定取心层位。

5)检查各种工具、器材是否齐全,如岩心盒、标签、挡板、水桶、帽子、刮刀、劈刀、榔头、塑料筒、玻璃纸、牛皮纸、石蜡、油漆、放大镜、钢卷尺、熔蜡锅等。

四、取心过程中应注意的事项

1)准确丈量方入。

取心钻进中只有量准到底方入和割心方入,才能准确计算岩心进尺和合理选择割心层位。实际工作中,常见到底方入与实际井深不符,主要原因是井底沉砂太多,或井内有落物,或井内有余心使钻具不能到底,或者钻具计算有误差等。遇到这种情况,应及时查明原因,方可开始取心钻进。

丈量割心方入时,指重表悬重与取心钻进时悬重应该一致,这样计算出的取心进尺与实际取心进尺才相符,否则就会出现差错。

2) 合理选择割心层位。

合理选择割心层位是提高岩心收获率的主要措施之一。如割心位置选择不当,常使疏松油砂岩心的上部受到钻井液冲刷而损耗,下部岩心抓不牢而脱落。理想的割心层位是"穿鞋戴帽",顶部和底部均有一段较致密的地层(如泥岩、泥质砂岩等)以保护岩心顶部不受钻井液冲刷损耗,底部可以卡住岩心不致脱落。

现场钻遇理想割心层位的机会不多。当充分利用内岩心筒的长度仍不能钻穿油层时,应结合钻时,在钻时较大部位割心;若钻时无变化,则采取干钻割心的办法。

3) 取全取准取心钻进工作中的各项地质资料。

在进行取心钻进时,应齐全准确地收集好各项地质资料,以配合岩心录井工作的进行。

钻时和岩屑资料可供选择割心位置参考。在岩心收获率低时,岩屑资料还是判断岩性的依据。

在油、气层取心时,应及时收集气测资料及观察槽面油、气、水显示,并做好记录,供综合解释时参考。必要时,还应取样分析。

4) 在取心钻进时,不能随意上提下放钻具。当上提后再下放时,易使活动接头卡死或失灵,把已取的岩心折断、损耗,降低岩心收获率。取心时还应根据岩心筒的长度掌握好取心进尺,以免因岩心进不去岩心筒而把大于岩心筒长度的岩心磨掉。

五、岩心出筒、丈量和整理

1. 岩心出筒及清洗

1) 岩心筒起出井口后,要防止岩心滑落。

2) 岩心出筒前应丈量岩心内筒的顶底空。顶空是岩心筒内上部无岩心的空间距离,底空是岩心筒内下部(包括钻头)无岩心的空间距离。

3) 岩心出筒:岩心出筒的关键在于保证岩心的完整和上下顺序不乱。岩心出筒的方法有多种,现场常用的有手压泵出心法、钻机或电葫芦提升出心法和水泥车出心法等。用机械出心法出筒时,岩心筒内的胶皮塞长度应等于或大于岩心筒内径的1.5倍,胶皮塞直径应等于内筒内径。用水泥车、手压泵出心时,必须使用本井取心钻进时所用的钻井液,严禁用清水或其他液体顶心。接心要特别注意顺序,先出筒的为下部岩心,后出筒的为上部岩心,应依次排列在出心台,不能倒乱顺序。岩心全部出完要进行清洗,但对含油岩心要特别小心,不能用水冲洗,只能用刮刀刮去岩心表面的泥饼,并观察其渗油、冒气情况,作好记录。油基钻井液取出的岩心,用无水柴油清洗。密闭取心的岩心,用三角刮刀刮净或用棉纱擦净即可。严禁储集层岩心与外界水接触。

4)冬季出心,一旦发生岩心冻结在岩心筒内,只许用蒸汽加热处理,严禁用明火烧烤。

5)岩心出筒时,必须有地质人员严守筒口,负责接心,保证岩心顺序不乱。

2. 岩心丈量

1)判断真假岩心:假岩心松软,像泥饼,手指可插入,剖开后成分混杂,与上下岩心不连续,多出现在岩心顶部,可能为井壁掉块或余心碎块与泥饼混在一起进入岩心筒而形成的。假岩心不能计算长度。

另外,凡超出该筒岩心收获率的岩心要特别注意,只有查明井深后,才能确定是否为上筒余心的套心。

2)岩心丈量:岩心清洗干净后,对好岩心茬口,磨光面和破碎岩心要堆放合理,用红铅笔或白漆自上而下划一条丈量线,箭头指向钻头的方向,标出半米和整米记号。岩心由顶到底用尺子一次性丈量,长度精确到厘米。

3)岩心收获率计算:

岩心收获率=实取心长度(m)÷取心进尺(m)×100%

每取心一筒均应计算一次收获率,当一口井取心完毕,应计算出全井岩心收获率(即平均收获率)。

总岩心收获率=累计岩心长(m)÷累计取心进尺(m)×100%

计算结果取小数点后两位。

3. 岩心整理

1)将丈量好的岩心,按井深顺序自上而下、从左到右依次装入岩心盒内。放岩心时,如有斜口面、磨损面、冲刷面和层面都要对好,排列整齐。若岩心是疏松散砂，或是破碎状，可用塑料袋或塑料筒装好，放在相应位置。

2）每筒岩心都应做好 0.5m、1m 长度记号，便于进行岩心描述，以免分层厚度出现累计误差。岩心盒内的岩心应进行编号。岩心编号可用代分数表示。如 $4\frac{8}{15}$ 表示这块岩心是第四次取心，本次取心共分 15 块，本块是其中第 8 块。

编号方法是在岩心柱面上涂一小块长方形白漆，待白漆干后，用墨笔将岩心编号写在长方形白漆上。岩心编号的密度一般以 20～30cm 为宜，在本筒范围内，按自然断块自上而下逐块涂漆编号，或用卡片填写后贴在该块岩心之上。这一方法对破碎和易碎的岩心尤为适用。

3）盒内两次取心接触处用挡板隔开，挡板两面分别贴上标签，标签上注明上下两次取心的筒次、井段、进尺、岩心长度、收获率和块数，便于区分检查。岩心盒外进行涂漆编号。

在岩心整理过程中，应对岩心的出油、出气及其他含油、气情况进行观察，在出油出气的地方用彩色铅笔加以圈定，并作文字记录。对大段碳酸盐岩地层的岩心，还应及时作含油、含气试验。试验的具体方法详见岩心描述。

整理工作完成以后，对于用作分析含油饱和度的油砂应及时采样，封蜡，以免油、气逸散。对于保存完整的、有意义的化石或构造特征应妥善加以保护，以免弄碎或丢失。

六、岩心描述

1. 岩心描述前的准备工作

在描述岩心之前应作好下列准备工作：

1）收集取心层位、次数、井段、进尺、岩心长度、收获率、岩心出筒时的油气显示情况等资料和数据。

2）准备浓度为 5％或 10％的稀盐酸、放大镜、双目实体显微镜、试管、荧光灯、荧光对比系列、氯仿或四氯化碳、镊子、滤纸、小刀、2m 的钢卷尺、榔头、劈岩心机、铅笔、描述记录及做含水试验所用的器材。

3)将岩心抬到光线充足的地方,检查岩心排放的顺序是否正确,如有放错位置的岩心,要查明原因,放回正确位置,并进行岩心长度的复核丈量,以免造成描述失误。

4)检查岩心编号、长度记号是否齐全完好,岩心卡片内容填写是否齐全准确,发现问题要查明原因,及时整改。

5)沿岩心同一轴线并尽量垂直层面,将岩心对半劈开,岩心编号或长度记号被损坏时,应立即补好。

2. 岩心描述的分层原则

1)一般长度大于或等于10cm,颜色、岩性、结构、构造、含油情况等有变化者均需分层描述。

2)在岩心磨光面或岩心的顶、底部或油侵级别以上的含油岩性、特殊岩性、标准层、标志层,即使厚度小于10cm也要进行分段描述(作图时可扩大到10cm)。

3. 岩心描述的内容

岩心是研究岩性、物性、电性、含油性等最可靠的第一性资料。通过对岩心的观察描述,对于认识地下地质构造、地层岩性、沉积特征、含油、气情况以及油、气的分布规律等都有相当重要的意义。

(1)碎屑岩的描述

岩心描述时,首先应当仔细观察岩心,在此基础上给予恰当定名;然后,分别详细描述颜色、成分(碎屑成分和胶结物)、胶结类型、结构构造、含油情况、接触关系、化石及含有物、物理性质、化学性质等,对有意义的地质现象应绘素描图或照相。

1)定名。

采用的定名原则是:颜色—突出特征(含油情况、胶结物成分、粒级、化石等)—岩石本名。如浅灰色油斑细砂岩,浅灰色灰质砂岩,灰色含螺中砂岩。定名时,一般都将含油级别放在颜色之后,以突出含油情况,然后依次排列化石和粒度。

定名时还应注意下列几种情况:

① 当岩石中砾石、灰质、白云质含量在5%~25%之间时,定名时可用"含"字表示;含量在25%~50%之间时,定名中用"质"或"状"字

表示。如浅灰色含白云质粉砂岩、灰色灰质砂岩、灰白色砾状砂岩等。

② 若岩石粒级不均一,可用含量大于50%的粒级定名,其余粒级,可在描述中加以说明。除粉细砂岩外,不定复合粒级。如可定浅灰色粉细砂岩,不能定浅灰色中粗砂岩。

③ 当同一段岩心中出现两种岩性时,都要在定名中体现出来。主要岩性在前,次要岩性在后。如浅灰绿色砂质泥岩及浅灰色粉砂岩。但对已作条带或薄夹层处理的岩性,不必在定名中表现出来。

应该强调指出的是,在定名时一定要统一定名原则,否则就失去了对比的基础。

2)颜色。

颜色是沉积岩最醒目的特征,它既反映了矿物成分的特征,又反映了当时的沉积环境。因此,对颜色的观察描述不仅有助于岩石鉴定,而且可以推断沉积环境。描述颜色时,应按统一色谱的标准,以干燥新鲜面的颜色为准。岩石的颜色是多种多样的,描述时常遇到以下几种情况:

① 单色。指岩石颜色均一,为单一色调,如灰色细砂岩。为表示同一颜色色调的差别,可用深浅来形容,如深灰色泥岩、浅灰色细砂岩。

② 单色组合(也称复合色)。由两种色调构成,描述时,次要颜色在前,主要颜色在后,如灰白色粉砂岩,以白色为主,灰色次之。单色组合也有色调深浅之分,如浅灰绿色细砂岩、深灰绿色细砂岩。

③ 杂色组合。由三种或三种以上颜色组成,且所占比例相近,即为杂色组合,如杂色砾岩。

3)含油、气、水情况。

岩心的含油、气、水情况是岩心描述的重点内容之一,描述时既要进行详细观察,作好文字记录,还应做一些小型试验,以帮助判断地层的含油、气丰富程度。

① 含油产状:是指油在岩心纵向、横向上的分布状况。观察含油产状时,将含油岩心劈开,在未被钻井液水侵入的新鲜面上,观察岩心含油情况与岩石结构、胶结程度、层理、颗粒分选程度的关系。描述时,可用斑点状、斑块状、条带状、不均匀块状、沿微细层理面均匀充满等词

语分别描绘不同的含油产状。

② 含油饱满程度:分三种情况描述。

a. 含油饱满:颗粒孔隙全部被原油充满,达到饱和状态,岩心呈棕褐色或黑褐色(视原油颜色而不同),新鲜面上油汪汪的,出筒时原油外渗,染手,油脂感强。

b. 含油较饱满:颗粒孔隙被原油均匀充填,但未达到饱和状态,颜色稍浅,新鲜面上原油均匀分布,没有外渗现象,捻碎后可染手,油脂感较强。

c. 不饱满:颗粒孔隙的一部分或不同程度被原油充填,远未达到饱和状态,颜色更浅,呈浅棕褐色或浅棕色,新鲜面上发干或有含水迹象,油脂感弱。

③ 含油级别:砂岩含油级别主要根据含油产状、含油饱满程度、含油面积等综合考虑确定。胜利油田分为以下六个含油级别:

a. 饱含油:含油面积大于或等于95%,含油饱满,分布均匀,孔隙充满原油并外渗,颗粒表面被原油糊满,局部少见不含油斑块和条带,棕褐色或黑褐色,基本不见岩石本色,疏松—松散,油脂感强,极易染手,油味浓,具原油芳香味,滴水不渗呈圆珠状。

b. 富含油:含油面积在75%～95%,含油较饱满,分布较均匀,有封闭的不含油斑块或条带,棕褐色、棕黄色,疏松,油脂感较强,手捻后易染手,油味较浓,具原油芳香味,滴水不渗呈圆珠状。

c. 油浸:含油面积在40%～75%,含油不饱满,分布较均匀,黄灰—棕黄色,不含油部分见岩石本色,油脂感弱,可染手,有水渍感,原油芳香味淡,含油部分滴水呈馒头状。

d. 油斑:含油面积在5%～40%,含油不饱满、不均匀,呈斑块状、条带状或星点状,颜色以岩石本色为主,无油脂感,不染手,原油味很淡,含油部分滴水呈馒头状。

e. 油迹:含油面积小于5%,含油极不均匀,肉眼可见含油显示,呈零星斑点状或薄层条带状分布,基本呈岩石本色,无油脂感,不染手,略有原油味,含油部分滴水缓渗。

f. 荧光:肉眼看不见含油部分,荧光系列对比在六级或六级以上,颜色为岩石本色。

④ 含油、气、水实验及观察。

a. 四氯化碳（CCl_4）试验：将岩样捣碎，放入干净试管内加入约两倍的四氯化碳或氯仿，摇匀浸泡 10min。若溶液变为淡黄、棕黄或棕褐、黄褐等色时，证明岩心含油；若溶液未变色，可将溶液倾在洁白干净的滤纸上，待挥发后用荧光灯照射观察滤纸上的颜色、产状并作好记录。

b. 丙酮试验：将岩样粉碎，放入试管内，加两倍于岩样体积的丙酮，摇匀后，再加入与丙酮体积等量的蒸馏水。如含油，则溶液变混浊；若无油，则仍保持透明。

c. 含气试验：在地下，岩层的孔隙、裂缝空间常被液体或气体充填。岩心取出地面后，由于压力逐渐降低，岩心里的气体就要外逸。试验方法是把刚出筒的岩心，立即冲去岩心表面的钻井液，并把岩心放入预先准备的一盆清水中进行观察，看看有无气泡冒出。若有气泡，应记录冒出气泡的部位、强弱、声响程度、气味、数量及延续时间等内容，供油、气层综合解释时参考。

d. 含油砂岩的含水程度观察：观察含油岩心劈开面的含水程度，对判断含油岩心是油层、水层或油、水同层有一定实际意义。

观察时应将岩心劈开，看新鲜面上含油部分颜色是否发灰（含水时呈灰色），是否有水外渗，然后进行滴水试验。

滴水试验通常是用滴管把水滴在含油岩心的新鲜面上，观察水的渗入速度和停止渗入后所呈现的形状。通常根据渗入速度和形状可分为五级。

一级：滴水立即渗入；

二级：10min 内渗入，水滴呈薄膜状；

三级：10min 内水滴呈凸透镜状，浸润角小于 $60°$；

四级：10min 内水滴呈球状，浸润角为 $60°\sim 90°$；

五级：10min 内水滴呈圆珠状或半珠状，浸润角大于 $90°$。

油和水几乎是互不溶解的。因此，可以根据滴水试验的结果，大致确定含油砂岩中的含水程度。含水多时为一、二级，含油多时为四、五级。在油、水过渡带取心或检查井取心时，可根据滴水试验定性地了解油、水分布规律及水洗油程度。

e. 含油砂岩被钻井液水侵程度的观察:在用水基钻井液取心时,含油岩心被侵泡在钻井液之中。钻井液水侵入岩心柱形成了侵入环。侵入环的深度和颜色变化,反映了岩层的胶结程度和亲水性能,也反映了岩层本来的含水程度,所以也叫"含油岩心水洗程度"。对于疏松、分选好的砂岩,钻井液水可以侵入很深,即侵入环很厚,有时甚至将岩心柱内大部分原油排出岩心,只剩下岩心柱中心含油。在岩性相同的条件下,含水多的砂岩,亲水性能好,因而侵入环厚,而含油多、含水少的砂岩,侵入环较薄。根据对钻井液水侵程度的观察、分析,可以帮助判断油层、油水同层及含油水层。

f. 含水级别:含水砂岩的含水级别一般可分为含水和弱含水两级。

含水:岩心具明显水湿感,灰色,新鲜面有渗水现象,久置仍具有潮湿感,滴水呈薄膜状,或立即渗入,多伴有硫化氢味(地层水中含硫化氢)。

弱含水:微具水湿感,稍放后水湿感消失,滴水呈薄膜状(渗或微渗)。

4) 矿物成分。

在现场工作中,用肉眼或借助放大镜、实体双目显微镜可见的矿物成分均应描述,如石英、长石、暗色矿物、岩块、砾石等。描述时,主要矿物以"为主"表示,其余矿物含量在 30%～20% 时,用"次之"表示;含量在 10%～5% 时,用"少量"表示;含量小于 5% 时,用"微含"表示;当含量不能估计百分比时,用"少见"或"偶见"表示。

5) 结构。

结构描述的内容包括粒度、磨圆度、球度、分选程度、胶结物的成分、胶结程度等内容。

① 粒度:根据颗粒直径分为砾、粗砂、中砂、细砂、粉砂、粘土六级。

砾——颗粒直径大于 1mm;

粗砂——颗粒直径 1～0.5mm;

中砂——颗粒直径 0.5～0.25mm;

细砂——颗粒直径 0.25～0.10mm；
　　粉砂——颗粒直径 0.10～0.01mm；
　　粘土——颗粒直径小于 0.01mm。
　　② 磨圆度：指碎屑颗粒原始棱角被磨圆的程度。分为圆状、半圆状、次棱角状、棱角状四个级别。
　　③ 球度：根据碎屑颗粒三个轴的长度比例，分为圆球状、椭球状、扁球状、长扁球状四种形状。
　　④ 分选程度：分为好、中等、差三级。
　　分选好——主要粒级颗粒含量大于 75%；
　　分选中等——主要粒级颗粒含量为 50%～75%；
　　分选差——颗粒含量均小于 50%。
　　⑤ 胶结物的成分：常见的有泥质、高岭土质、灰质、白云质、石膏质、凝灰质、硅质、铁质等。
　　⑥ 胶结程度：一般分为三级——松散、疏松、致密。介于两级之间而近于某级时，可在某级之前加"较"表示，如胶结较疏松。
　　6）构造。
　　构造描述的内容应包括层理、层面特征、颗粒排列、地层倾角及其他特征（如擦痕、裂纹、裂缝、错动等）。其中以层理的描述最为重要。
　　① 层理描述：层理除着重描述其形态、类型及其显现原因和清晰程度外，还应描述组成层理的颜色、成分、厚度。对不同类型的层理，描述重点也有所区别。
　　a. 水平层理：应描述显示层理的矿物颜色和成分、粒度变化、层的厚度、界面清晰程度、连续性、界面上是否有生物碎片、云母片、黄铁矿等及其分布情况。
　　b. 波状层理：应描述显示层理的矿物颜色和成分、界面清晰程度、波长、波高及对称性、连续性、粒度变化等内容。
　　c. 斜层理：应描述显示层理的矿物颜色和成分、界面清晰程度、粒度变化、顶角、底角、形态（直线或曲线）。
　　d. 交错层理：应描述显示层理的矿物颜色和成分、层厚度、连续性、倾角、交角、形态。

e. 压扁层理和透镜状层理：应描述显示层理的矿物颜色、成分、厚度、形态、对称性等。

f. 递变层理：描述粒度变化情况、厚度等。

描述层理时应注意两个问题：

第一，在岩心柱上若能看出是斜层理时，劈岩心一定要注意方向性，否则将岩心劈开后会把斜层理误认为水平层理，交错层理误认为斜层理，而造成描述上的错误。

第二，含油较好的岩心，必须在岩心劈开后立即对层理特征进行观察、描述，否则层理很快会被油污染而无法辨认、描述。

② 层面特征描述：层面特征主要是指波痕、泥裂、雨痕、冰雹痕、晶体印痕、生物活动痕、冲刷面和侵蚀下切痕迹。对层面特征的描述可以帮助我们判断岩石的生成环境，判断地层的顶底。

a. 波痕：包括风成波痕和水成波痕。描述时应将波痕的形状、大小、波高、波长、波痕指数、对称性详细记录下来，以判断波痕的形成条件，进而推断岩层形成时的沉积环境。由于岩心柱较小，观察波痕时，有时只能见到波痕的一部分，见不到完整的波痕。在这种情况下，就应该实事求是，见到多少描述多少，切忌生搬硬套。

b. 雨痕：多为椭圆或圆形，凹穴边沿耸起，略高于层面。

c. 冰雹痕：较大且深，形态不规则，应描述凹穴形状、大小、深度及分布情况。

d. 晶体印痕：应描述形状、大小、充填或交代物质的性质等。

e. 生物活动痕：应描述数量、大小、分布状况、充填物的成分、与层面的关系等内容。

f. 冲刷面和侵蚀下切痕迹：描述时应注意观察其形态，侵蚀深度，尤其要注意观察冲刷面或侵蚀面上下的岩性、构造、化石、含有物特征以及上覆沉积物中有无下伏沉积物碎块等，据此判断沉积环境，有无沉积间断。

③ 颗粒排列情况的描述：主要指砾石的排列情况。对砾石的描述主要注意砾石排列有无方向性，其最大偏平面的倾向是否一致，倾角多少，以及倾向与斜层理的关系等。这些资料是判断砾石形成时沉积环

境的重要依据。

砂粒的排列主要应观察颗粒排列与成分的关系、与层理的关系,以及颗粒排列是否带韵律性特征等。

④ 对地层倾角的描述:岩心倾角的大小反映了构造的形态。在岩心中,对清晰完整的层面都应测量其倾角,并将测量结果记录下来。

此外,在描述裂缝、小错动时,应记录数量、产状,有无充填物及充填物性质等特征。

对揉皱构造、搅混构造、虫孔构造、斑点和斑块构造等都应详加描述。

7) 接触关系。

描述时应仔细观察上下岩层颜色、成分、结构、构造的变化及上下岩层有无明显的接触界线、接触面等,综合判断两岩层的接触关系。接触关系分为渐变接触、突变接触(角度不整合、平行不整合)、断层接触、侵蚀接触等。

① 渐变接触:不同岩性逐渐过渡、无明显界线。

② 突变接触:不同岩性分界明显,见到风化面时,应描述产状及特征。

③ 断层接触:在岩心中见到断层接触时,应描述产状、上下盘的岩性、伴生物(断层泥、角砾)、擦痕、断层倾角等。

④ 侵蚀接触:一般侵蚀面上有下伏岩层的碎块或砾石的沉积,上下岩层接触面起伏不平。应描述侵蚀面的形态、侵蚀深度、砾石成分及形态、分布状况等。

对在岩心上见到的断层面、风化面、水流痕迹等地质现象,应详细描述它们的特征及产状。

8) 化石:

对化石的描述包括化石的颜色、成分、大小、纹饰、数量、产状、保存情况等。

① 颜色:与描述岩石一样,按各地统一色谱描述。

② 成分:动物化石的硬壳部分是否为灰质或被其他物质(如硅质、方解石、白云质、黄铁矿)所交代。

③ 大小:介形虫和蚌壳的长轴、短轴的长度,塔螺的高度,体螺环的直径、平卷螺的直径等。

④ 形态:化石的外形,纹饰特征,清晰程度。

⑤ 数量:化石数量的多少可用"少量"、"较多"、"富集"等词描述。"少量"表示数量稀少,不易发现;"较多"表示分布普遍,容易找到;"富集"表示数量极多,甚至成堆出现。描述时少量、较多、富集可分别用"+"、"++"、"+++"表示。对大化石可直接用数字表示,当量多不易指出数量时,可用较多或富集表示。

⑥ 产状:指化石的分布是顺层面分布,或是自身成层分布,或是杂乱分布,化石的排列有无一定方向,化石分布与岩性的关系等。

⑦ 保存情况:指化石保存的完整程度。可按完整、较完整、破碎进行描述。

9)含有物。

含有物指地层中所含的结核、团块、孤砾、条带、矿脉、斑晶及特殊矿物等。描述时应注意其名称、颜色、数量、大小、分布特征以及它们和层理的关系等。

10)物理性质。

应描述硬度、断口、光泽、味、风化程度、可塑性、燃烧程度、透明度等内容。

11)化学性质。

主要指岩石遇稀盐酸反应情况。现场常用浓度为5%~10%的盐酸溶液对岩心进行实验,观察并记录反应情况。反应强度可分为四级。

① 强烈:加盐酸后立即反应,反应强烈、迅速冒泡(冒泡量多),并伴有吱吱响声,用"+++"符号表示。

② 中等:加盐酸后立即反应,虽连续冒泡,但不强烈,响声也较小,用"++"符号表示。

③ 弱:加盐酸后缓慢起泡,冒泡数量少,且微弱,用"+"符号表示。

④ 加盐酸后不冒泡,无反应,用"—"符号表示。

12)素描图。

岩心中的重要地质现象或用文字无法说明的地质现象,如层理的形态特征、砾石或化石的排列情况、上下岩层间的接触关系、裂缝的分布特点、含油产状等都应当绘素描图予以说明。每幅素描图应注明图名、比例尺、所在岩心柱的位置(用距顶的尺寸表示)和图幅相对于岩心柱的方向。

(2)粘土岩定名和描述内容

粘土岩主要有高岭土粘土岩、蒙脱石粘土岩、伊利石粘土岩、海泡石粘土岩、泥岩、页岩等几种类型。

1)粘土岩定名。粘土岩定名包括颜色、含油级别、特殊矿物(如硫磺)、特殊含有物、非粘土矿物和粘土矿物。

2)粘土岩的描述内容。粘土岩描述内容包括：颜色、粘土矿物成分及非粘土矿物的含量变化和分布情况、遇盐酸反应情况、物理性质、化学性质、结构、构造、含有物及化石、含油情况、接触关系等。

① 颜色：按标准色谱确定，同时描述岩石颜色的变化及分布等情况。

② 粘土矿物成分及非粘土矿物的成分、含量、变化等情况。并描述遇盐酸的反应情况。有机质含量较多时，应详细描述。

③ 物理性质：包括粘土岩的软硬程度、可塑性、断口、吸水膨胀性、可燃程度、燃烧气味、裂缝等。软硬程度分为软(指甲可刻动)、硬(小刀可刻动)、坚硬(小刀刻不动)三级。介于二者之间时，可用"较"字形容，如较软、较硬。

④ 化学性质：同碎屑岩描述。

⑤ 结构：粘土岩结构按颗粒的相对含量可分为粘土结构、含粉砂(砂)粘土结构、粉砂(砂)质粘土结构，按粘土矿物的结晶程度及晶体形态可分为非晶质结构、隐晶质结构、显晶质结构。粘土岩的结构还包括鲕粒及豆粒结构、内碎屑结构、残余结构等几种。

⑥ 构造：包括层理、干裂、雨痕、晶体、印痕、生物活动痕迹、水底滑动、搅混构造等。

a. 层理的描述：粘土岩多在静水或水流较微弱的环境下沉积而成，故以水平层理为主，且常具韵律性。其描述方法与碎屑岩水平层理的描述相同。

b. 层面特征的描述:粘土岩层面特征指泥裂、雨痕、晶体印痕等。这些特征是判断沉积环境的重要标志。

c. 泥裂:描述时要注意裂缝的张开程度、裂缝的连通情况以及裂缝中充填物的性质,同时,还应注意上覆岩层的岩性特征。

d. 雨痕:描述时要注意雨痕的大小、分布特点以及上覆岩层的岩性特征。

e. 晶体印痕:描述时要注意印痕的大小、分布特点以及上覆岩层的岩性特征。

此外,粘土岩中还可见结核、团块构造、斑点构造、假角砾构造等,都应详细描述。

⑦ 含油情况:粘土岩一般是层面或裂缝中具有含油显示。含油级别为油侵(含油面积大于25%)、油斑(含油面积小于25%到肉眼可见到的含油显示)两级,达不到饱含油程度和含油级,并且油斑与油迹的划分界线不易掌握,荧光级显示作用意义不大,故仅采用油侵、油斑两个含油级别。应描述含油显示的颜色、产状等。

⑧ 含有物及化石:同碎屑岩描述。

⑨ 接触关系:同碎屑岩描述。

(3)碳酸盐岩定名和描述内容

1)碳酸盐岩定名:包括岩石的颜色、含油级别、主要结构组分、构造、岩石名称。

2)碳酸盐岩的描述内容。

碳酸盐岩描述应特别着重裂缝、溶洞的分布状态、开启程度、连通情况和含油气产状等。描述内容包括颜色、结构组分及化学性质、构造、化石、含有物、含油程度、接触关系等内容。

① 颜色:按标准色谱确定,还应描述颜色的变化和分布状况。

② 结构组分:碳酸盐岩主要由颗粒、泥、胶结物、晶粒、生物格架五种结构组分组成。

a. 颗粒:包括内碎屑、鲕粒、生物颗粒、球粒、藻粒等。描述前把岩石新鲜面用浓度5%或10%的稀盐酸浸蚀2min,再用水洗净,在放大镜下观察,描述其数量、大小、分布状况。

b. 泥:描述其含量及分布状况。

c. 胶结物:应描述胶结物成分、胶结类型。如晶簇状胶结、粒状嵌晶胶结、连晶胶结。

d. 晶粒:描述晶粒形状、大小等内容。

e. 生物格架:描述数量、大小、形态、排列及分布状况。

③ 化学性质:同碎屑岩描述。

④ 构造:包括层理、鸟眼构造、虫孔、缝合线、缝、洞等。应描述各构造的形态、分布状况等。

a. 层理:同碎屑岩描述。

b. 鸟眼构造:描述形状、大小、分布状况、充填程度、充填物成分等。

c. 虫孔构造:描述形态、孔径、延伸情况、数量、与层面的关系、充填程度、充填物成分等内容。

d. 缝合线:描述数量、形态、凹凸幅度、延伸方向、与层面关系等。

e. 间隙缝:描述数量、大小、形态、开启程度、充填物质成分等。

f. 缝、洞:裂缝宽度大于 2mm 称为大缝,宽度为 1~2mm 称为中缝,宽度小于 1mm 称为小缝。洞包括溶洞和晶洞,孔径大于 10mm 称为大洞,孔径 5~10mm 称为中洞,孔径 2~5mm 称为小洞,孔径小于 2mm 称为溶孔、针孔。孔洞被张开缝所串通,称为缝连洞;裂缝有两次充填,称为缝中缝;被充填的宽裂缝中的晶洞,称为缝中洞;不同期次的裂缝相互穿插,称为切割缝。未被充填或未全部充填的裂缝,称为张开缝;全部被充填的裂缝,称为充填缝。

应描述缝洞的类型、数量、长度、宽度(洞为直径)、形态、充填情况、充填物成分、缝洞关系、分布状况及以层为单位统计缝洞的密度、连通程度、开启程度。

裂缝密度=裂缝条数/岩心长度(条/m)

孔洞密度=孔洞个数/岩心长度(个/m)

裂缝开启程度=张开缝条数/裂缝总数×100%

孔洞连通程度=连通孔洞数/孔洞总数×100%

⑤ 含油情况:包括岩心含油的颜色、产状、原油性质及钻遇该层时

的钻时变化、槽面显示,洗岩心时的盆面显示、气测值的变化情况、钻井液性能变化情况等。碳酸盐岩含油级别的划分见表2-1。

表2-1 碳酸盐岩含油级别的划分

级别	含油缝洞占岩石总缝洞(%)	含油产状	颜　　色	油脂感	气味	滴水试验
富含油	≥50	裂缝、孔洞发育,原油侵染明显,含油均匀,有外渗现象	油染部分呈棕褐或棕黄色,其他部分呈岩石本色	较强,可染手	原油芳香味较浓	油染部分不渗,呈圆珠状
油斑	<50	肉眼可见,含油不均匀,呈斑块状或斑点状	油染部分呈浅棕色或浅棕黄色,其他部分呈岩石本色	较弱	原油芳香味淡	沿裂缝孔隙缓渗
荧光	肉眼看不见	荧光系列对比在六级以上(含六级)	岩石本色			

碳酸盐岩岩心在出筒静置8h后,必须复查含油情况。描述时,对用肉眼未发现油气显示的岩心,必须用荧光灯进行干照、滴照、系列对比。确定含油级别及产状,各项试验结果必须记录在描述中。岩心越破碎,越应仔细观察并做试验,证实是否有油气显示。

⑥ 化石及含有物:同碎屑岩描述。

⑦ 接触关系:同碎屑岩描述。

(4)可燃有机岩定名和描述内容

可燃有机岩主要指煤、沥青、油页岩等几种类型。

1)可燃有机岩定名:包括颜色、岩性等。

2)可燃有机岩的描述内容。

① 煤:主要描述颜色、纯度、光泽、硬度、脆性、断口、裂隙、燃烧时气味、燃烧程度、含有物及化石的数量及分布状况等。

② 油页岩、碳质页岩、沥青质页岩:描述颜色、岩石成分、页理发育情况、层面构造、含有物及化石情况、硬度、可燃情况及气味等内容。

(5)蒸发岩定名和描述内容

蒸发岩包括石膏岩、硬石膏岩、岩盐、钾镁岩盐、芒硝—钙芒硝岩、硼酸岩盐等几种类型。

1)蒸发岩定名:包括颜色、岩性。定名时以含量大于50%的矿物命名,如石膏岩。含量小于50%时,参加其他岩石定名。

2)蒸发岩描述内容:包括颜色、成分、构造、硬度、脆性、含有物及化石等内容。

(6)岩浆岩定名及描述内容

岩浆岩主要有安山岩、玄武岩、花岗岩、橄榄岩、辉长岩、闪长岩、流纹岩等。

1)岩浆岩定名:根据颜色、含油级别、结构、构造、矿物成分综合命名。岩浆岩必须选样进行镜下鉴定,以鉴定后的定名为准。

2)岩浆岩描述内容。

岩浆岩描述内容包括颜色、矿物成分、结构、构造、特殊含有物、含油情况等内容。

① 颜色:应描述岩石颜色的变化及所含矿物颜色的变化、分布状况。

② 矿物成分:描述用肉眼或借助放大镜观察到的各种矿物及含量变化。

③ 结构:包括全晶质结构、半晶质结构、玻璃质结构、等粒结构、不等粒结构、蠕虫结构等。应描述结构名称、组成某些结构的矿物成分等内容。

④ 构造:包括块状构造、带状构造、斑杂构造、晶洞构造、气孔和杏仁构造、流纹构造、原生片麻构造等。应描述组成某些构造的成分、颜色及晶洞、气孔的形状、直径、充填物成分等。

⑤ 含油情况:描述含油颜色、产状等情况,含油级别的划分与碳酸盐岩相同。

(7)火山碎屑岩定名和描述内容

火山碎屑岩包括集块岩、火山角砾岩、凝灰岩等几种类型。

1)火山碎屑岩定名:首先根据物质来源和生成方式,划分出火山碎屑岩类型,再根据碎屑物质相对含量和固结成岩方式,划分岩类,然后根据碎屑粒度和粒级组分的种属,划分基本种属,最后以碎屑物态、成分、构造作为形容词,进行定名,(即颜色、含油级别、结构、岩性)。例如灰色油斑凝灰岩。火山碎屑岩必须选样进行镜下鉴定。

2)火山碎屑岩的描述内容。

火山碎屑岩描述内容包括颜色、成分、结构、构造、化石及含有物、含油气情况等内容。

① 颜色:火山碎屑岩颜色主要取决于物质成分和次生变化。常见的颜色有浅红、紫红、绿、浅黄、灰绿、灰、深灰等色。

② 成分:火山碎屑物质按组成及结晶状况分为岩屑、晶屑、玻屑。应描述其物质成分。

③ 结构:包括集块结构(集块含量大于50%)、火山角砾结构(火山角砾含量大于75%)、凝灰结构(火山灰含量大于75%)、沉凝灰结构等。凝灰质含量小于50%时,参加其他岩性定名,如凝灰质砂岩、凝灰质泥岩等;含量小于10%时,不参加定名。另外还需描述磨圆度、分选情况等,描述同碎屑岩描述。

④ 构造:包括层理、斑杂、平行、假流纹、气孔、杏仁等构造。描述同碎屑岩描述。

⑤ 含油情况:同碎屑岩描述。

⑥ 化石及含有物:同碎屑岩描述。

(8)变质岩定名和描述内容

变质岩常见的主要有片麻岩、片岩、千枚岩、大理岩等几种类型。

1)变质岩定名:根据原岩、主要变质矿物、结构、构造的特征进行分类定名,包括颜色、含油级别、变质矿物、构造、岩石基本类型。变质岩应选样进行镜下鉴定。

2)变质岩描述内容:包括颜色、矿物成分、结构、构造、含有物、含油情况等。

① 颜色:应描述颜色的变化和分布情况。

② 矿物成分:变质岩的矿物成分十分复杂,既有和岩浆岩、沉积岩共有的矿物类型,又有自身独具的矿物类型,如一些变质矿物。变质岩中不含副长石(霞石、石榴石)、鳞石英、透长石等矿物。

③ 结构:主要有变余结构、变晶结构、交代结构、碎裂及变形结构。

④ 构造:主要有变余构造(包括变余流纹、变余气孔—杏仁、变余枕状、变余条带)、变成构造(包括斑点构造、板状构造、千枚状构造、片状构造、片麻状构造)、混合构造(网脉状构造、角砾状构造、眼球状构造、条带状构造、肠状构造、阴影状构造)。

⑤ 含油情况:同碳酸盐岩描述。

⑥ 含有物:同碎屑岩描述。

七、岩心采样和岩心保管

1. 岩心采样

(1)采样要求

油侵以上的油砂每米取 10 块,油斑及以下砂岩和含水砂岩每米取 3 块。

碳酸盐岩类:一般岩性每米取 1～2 块,油气显示段及缝洞发育段每米取 5 块。

样品长度一般 8～10cm,松散岩心取 300g。

(2)注意事项

采样前首先要检查岩心顺序,核对岩心长度。

采样时应将岩心依次对好,沿同一轴面劈开,用同一侧岩心取样,另一侧保存。

用作含油饱和度的样品,必须在出筒后两小时内采样并封蜡。

水砂每米采一块样品,并填写标签,用纸包好。

样品必须统一编号,从第一筒岩心到最后一筒岩心顺序排列,不能一筒岩心编一次号。

岩心样品分析项目,由地质任务书或使用单位确定。

采样完毕,应填写送样清单一式三份(两份上交,一份自存),并随样品送分析化验单位。

2. 岩心保管

将岩心装箱后,应按先后顺序存放在岩心房内,严防日晒、雨淋、倒乱、人为损坏、丢失。每取一个井段的岩心后应及时要求管理单位验收,验收合格后,将岩心送岩心库统一保管。入库时要求填写详细的入库清单,包括井号、取心井段、取心次数、心长、进尺、收获率、地层层位、岩心箱数等。

八、岩心录井草图的编绘

为了便于及时分析对比及指导下一步的取心工作,应将岩心录井中获得的各项数据和原始资料(如岩性,油、气显示,化石,构造,含有物及取心收获率等)用统一规定的符号,绘制在岩心录井草图上。岩心录井草图有两种,一种为碎屑岩岩心录井草图,一种为碳酸盐岩岩心录井草图。下面着重介绍碎屑岩岩心录井草图的编绘方法。

编制碎屑岩岩心录井草图的步骤如下(见图2-2):

1)按标准绘制图框。

2)填写数据:将所有与岩心有关的数据(如取心井段、收获率等)填写在相应的位置上,数据必须与原始记录相一致。

3)深度比例尺为1:100,深度记号每10m标一次,逢100m标全井深。

4)第一筒岩心收获率低于100%时,岩心录井草图由上而下绘制,底部空白;下次收获率大于100%时(有套心),则岩心录井草图应由下而上绘制,将套心补充在上次取心草图空白部位。

5)每次第一筒岩心的收获率超过100%时,应根据岩心情况合理压缩成100%绘制。

6)化石及含有物用图例绘在相应的地层的中部。化石及含有物分别用"1"、"2"、"3"符号代表"少量"、"较多"、"富集"。

7)样品位置、磨损面和破碎带按该筒岩心的距顶位置用符号分别表示在不同的栏内。

8)岩心含油情况除按规定图例表示外,若有突出特征时,应在"备注"栏内描述。钻进中的槽面显示和有关的工程情况也应简略写出,或用符号表示。

九、岩心录井在油气田勘探开发中的作用

岩心录井资料是最直观地反映地下岩层特征的第一性资料。通过

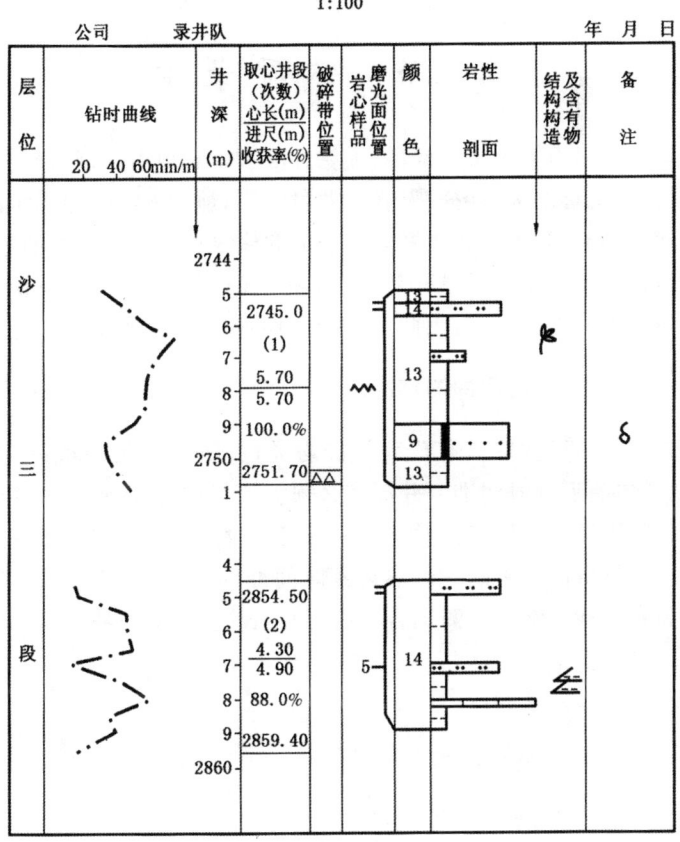

图 2-2 岩心录井草图

对岩心的分析、研究可以解决以下问题：

1）获得岩性、岩相特征，进而分析沉积环境。

2)获得古生物特征,确定地层时代,进行地层对比。
3)确定储集层的储油物性及有效厚度。
4)确定储集层的"四性"(岩性、物性、电性、含油性)关系。
5)取得生油层特征及生油指标。
6)了解地层倾角、接触关系、裂缝、溶洞和断层发育情况。
7)检查开发效果,获取开发过程中所必需的资料。

第三节 岩屑录井

地下的岩石被钻头破碎后,随钻井液被带到地面,这些岩石碎块就叫岩屑,又常称之为"砂样"。在钻井过程中,地质人员按照一定的取样间距和迟到时间、连续收集和观察岩屑并恢复地下地质剖面的过程,称为岩屑录井。由于岩屑录井具有成本低、简便易行、了解地下情况及时和资料系统性强等优点,因此,在油气田勘探开发过程中被广泛采用。

一、岩屑迟到时间的测定

岩屑录井要获取具有代表性的岩屑,关键是做到两点:一是井深准,二是岩屑迟到时间准。井深准必须管理好钻具,迟到时间准则必须按一定间距测准岩屑迟到时间。岩屑迟到时间是指岩屑从井底返至井口取样位置所需的时间。岩屑迟到时间准确与否,直接影响岩屑的代表性和真实性。常用的测定岩屑迟到时间的方法有两种。

1. 理论计算法

理论计算公式为:

$$T = \frac{V}{Q} = \frac{\pi(D^2 - d^2)}{4Q} \times H$$

式中 T——岩屑迟到时间,min;
V——井内环形空间容积,m^3;
Q——泥浆泵排量,m^3/min;
d——钻杆外径,m;
H——井深,m。

这个计算公式是把井眼看作是一个以钻头为直径的圆筒,而实际井径常大于理论井径,在计算时也未考虑岩屑在钻井液上返过程中的下沉,所以,理论计算的迟到时间与实测迟到时间往往不符。因此,在实际工作中,仅用它做参考,或只在1000m以内的浅井中使用。

2. 实测法

实测法是现场中最常用的方法,也是比较准确的方法。其方法是:选用与岩屑大小、相对密度相近似的物质作指示剂,如染色的岩屑、红砖块、瓷块等,在接单根时,把它们从井口投入到钻杆内。指示剂从井口随钻井液经过钻杆内到井底,又从井底随钻井液沿钻杆外的环形空间返到井口振动筛处,记下开泵时间和发现第一片指示剂的时间,两者之间时间差即为循环周时间。指示剂从井口随钻井液到达井底的时间叫下行时间,从井底上返至振动筛处的时间叫上行时间,所求的迟到时间就是指示剂的上行时间。即:

$$T = T_{循环} - T_{下行}$$

因为钻杆、钻铤内径是规则的(如果用内径不同的混合柱时,要分段计算),所以,下行时间$T_{下行}$可以通过下式算出:

$$T_{下行} = \frac{(V_1 + V_2)}{Q}$$

式中　V_1——钻杆内容积,L;

V_2——钻铤内容积,L;

Q——泵排量,L/s。

使用实测法,要求在钻达录井井段前50m左右实测岩屑迟到时间,进入录井井段后,每钻进一定录井井段,必须实测成功一次迟到时间,以提高岩屑捞取的准确性。

在实际工作中还常常应用特殊岩性法来校正迟到时间。利用大段单一岩性中的特殊岩性(如大段砂岩中的泥岩,大段泥岩中的砂岩,大段泥岩中的灰岩、白云岩等)在钻时上表现出特高或特低值,记录钻遇时间和返出时间,二者之差即为真实的岩屑迟到时间。用这个时间校正正在使用的迟到时间,可以保证取准岩屑资料。

二、岩屑取样及整理

岩屑返出地面后,地质人员根据设计的捞样间距在振动筛前捞取岩屑。岩屑捞取后要进行洗样、晒(或烤)样、描述、装袋、入库等工作。

1. 岩屑的捞取

(1)取样时间

取样时间＝钻达时间＋岩屑迟到时间

岩屑的捞取必须严格按照迟到时间连续进行,以确保岩屑的真实性和准确性。

(2)取样间距

取样间距的大小,应根据对探区地质情况的了解程度和本井的任务而定。取样间距在地质设计中,一般都有明确的规定。

(3)取样位置

在一般情况下,岩屑是按取样时间在振动筛前连续捞取的,砂样盆放在振动筛前,岩屑沿筛布斜面落入盆内。

(4)取样方法

岩屑捞取过程中,除了捞取时间的准确外,还要做到捞取岩屑纯净、分量足,有代表性,有连续性。在取样时间未到时,若砂样盆已经装满,不能将上面的岩屑除掉,而应垂直切去盆内岩屑的一半,将留下的另一半岩屑拌匀;若盆内岩屑再次接满,同样按上述方法处理,以保证岩屑捞取的连续性。岩屑捞取数量按现行规定,一般无挑样任务时,岩屑每包不少于500g;有挑样要求时,岩屑每包不少于1000g。

2. 岩屑的清洗

捞取出的岩屑应缓缓放水清洗,并进行充分搅动,水满时应慢慢倾倒,要防止悬浮细砂和较轻的物质(沥青块、油砂块、碳质页岩、油页岩等)被冲掉,直至清洗出岩屑本色。清洗时要注意观察盆面有无油气显示。

3. 岩屑的晾晒

捞出的岩屑清洗干净后,要按深度顺序在砂样台上晾晒,在雨季或冬季需要烘烤时,要控制好烘箱温度。含油岩屑严禁火烤。

4. 岩屑的包装、整理

岩屑晾晒干后,有挑样任务的分装两袋,一袋供挑样用,一袋用来描述及保存,每袋应不少于500g。装岩屑时,要把同时写好井号、井深、编号的标签放入袋内。

将袋装岩屑按照井深顺序从左到右、从上到下依次排列于岩屑盒中,并在盒外标明井号、盒号、井段和包数。用于挑样的岩屑要分袋,挑样完毕后不必保存;供描述用的岩屑,描述完后,要按原顺序放好,并妥善保管。一口井的岩样整理完毕后作为原始资料入库保存。

三、岩屑描述

现场捞取的岩屑,由于受多种因素的影响,每包岩屑并不是单一的岩性,而是十分混杂的。这就要求我们进行岩屑描述工作,将地下每一深度的真实岩屑找出来,给予比较确切的定名,才能真实地恢复和再现地下地质剖面。因此,岩屑描述是地质录井工作中一项重要的工作。

1. 判别真假岩屑

(1)真岩屑

真岩屑是在钻井中,钻头刚刚从某一深度的岩层破碎下来的岩屑,也叫新岩屑。一般地讲,真岩屑具有下列特点:

1)色调比较新鲜。

2)个体较小,一般碎块直径2～5mm,依钻头牙齿形状大小长短而异,极疏松砂岩的岩屑多呈散砂状。

3)碎块棱角较分明。

4)如果钻井液携带岩屑的性能特别好,迟到时间又短、岩屑能及时上返到地面的情况下,较大块的、带棱角的、色调新鲜的岩屑也是真岩屑。

5)高钻时、致密坚硬的岩类,其岩屑往往较小,棱角特别分明,多呈碎片或碎块状。

6)成岩性好的泥质岩多呈扁平碎片状,页岩呈薄片状。疏松砂岩及成岩性差的泥质岩棱角不分明,多呈豆粒状。具造浆性的泥质岩等多呈泥团状。

(2)假岩屑

假岩屑是指真岩屑上返过程中混进去的掉块及不能按迟到时间及时返到地面而滞后的岩屑,也叫老岩屑。假岩屑一般有下列特点:

1)色调欠新鲜,比较而言,显得模糊陈旧,表现出岩屑在井内停滞时间过长的特征;

2)碎块过大或过小,毫无钻头切削特征,形态失常;

3)棱角欠分明,有的呈混圆状;

4)形成时间不长的掉块,往往棱角明显,块体较大;

5)岩性并非松软,而破碎较细,毫无棱角,呈小米粒状岩屑,是在井内经过长时间上下往复冲刷研磨成的老岩屑。

2. 描述前的准备

1)器材准备:包括稀盐酸、放大镜、双目实体显微镜、试管、荧光灯、有机溶液(氯仿或四氯化碳)、镊子、小刀及描述记录等。

2)资料收集:包括钻时、憋跳钻情况、取样间距、气测数据、槽面或盆面油气显示情况、钻遇油气显示的层位、岩性、井段等。

3. 描述方法

1)仔细认真、专人负责:描述前应仔细认真观察分析每包岩屑。一口井的岩屑由专人描述,如果中途需换人,二人应共同描述一段岩屑,达到统一认识、统一标准。

2)大段摊开、宏观细找:岩屑描述要及时,应在岩屑未装袋前,在岩屑晾晒台上进行描述。若岩屑已装袋,描述时应将岩屑大段摊开(不少于10包岩屑),系统观察分层。描述前必须检查岩屑顺序准确。宏观细找是指把摊开的岩屑大致看一遍,观察岩屑颜色、成分的变化情况,找出新成分出现的位置,尤其含量较少的新成分和呈散粒状的岩性更需仔细寻找。

3)远看颜色、近查岩性:远看颜色,易于对比,区分颜色变化的界线。近查岩性是指对薄层、松散岩层、含油岩屑、特殊岩性需要逐包仔细查找、落实并把含油岩屑、特殊岩性及本层定名岩性挑出,分包成小包,以备细描和挑样。

4)干湿结合,挑分岩性:描述颜色时,以晒干后的岩屑颜色为准,但岩屑湿润时,颜色变化、层理、特殊现象和一些微细结构比较清晰,容易观察区分。挑分岩性是指分别挑出每包岩屑中的不同岩性,进行对比,帮助判断分层。

5)参考钻时、分层定名:钻时变化虽然反映了地层的可钻性,但因钻时受钻压、钻头类型、钻头新旧程度、钻井液泵排量、转速等因素影响,所以不能以钻时变化为分层的唯一根据。应该根据岩屑新成分的出现和百分含量的变化,参考钻时,用上追顶界、下查底界的方法进行分层定名。

6)含油岩性,重点描述:对百分含量较少或成散粒状的储集层及用肉眼不易发现、区分油气显示的储集层,必须认真观察,仔细寻找,并做含油气的各项试验,不漏掉油气显示层。

7)特殊岩性,必须鉴定:不能漏掉厚度0.5m以上的特殊岩性,并应详细描述。特殊岩性以镜下鉴定的定名为准。

4. 分层原则

1)岩性相同而颜色不同或颜色相同而岩性不同;厚度大于0.5m的岩层,均需分层描述。

2)根据新成分的出现和不同岩性百分含量的变化进行分层。

3)同一包内出现两种或两种以上新成分岩屑,是薄层或条带的显示,应参考钻时进行分层。除定名岩性外,其他新成分的岩屑也应详细描述。

4)见到少量含油显示的岩屑,甚至仅有一颗或数颗,必须分层并详细描述。

5)特殊岩性、标准层、标志层在岩屑中含量较少或厚度不足0.5m时,必须单独分层描述。

5. 定名原则

要概括和综合岩石基本特征,包括颜色、含油级别、特殊含有物、特殊矿物、结构、构造化石、岩性。

6. 岩屑描述内容

1)分层深度:岩屑分层深度以钻具井深为准。连续录井描述第一层时,在分层深度栏写出该层顶界深度和底界深度,以后只写各层底界深度。

2) 岩性定名:同岩心各种岩性定名要求。碎屑岩岩屑含油级别中不使用饱含油级,套用含油、油侵、油斑、油迹、荧光五级定名。

3) 描述内容:包括颜色、矿物成分、结构、构造、化石及含有物、物理性质及化学性质、含油程度等,可按岩心描述中各类岩性描述内容参照执行。

4) 岩性复查:中途测井或完井测井后,发现岩电不符合处需及时复查岩屑。复查前需进行剖面校正,找出测井深度与钻具井深的误差,在相应深度的前后复查岩屑,寻找与电性相符的岩性并在描述中复查结果栏进行更正。若复查结果与原描述相同时,应注明已复查,表示原描述无误。

7. 岩屑描述时应注意的事项

描述岩屑时应注意下列问题:

1) 岩屑描述应及时,必须跟上钻头,以便随时掌握地层情况,作出准确地质预告,使钻井工作有预见性。

2) 描述要抓住重点,定名准确,文字简练,条理分明,各种岩石的分类、命名原则必须统一,描述中所采用的岩谱、色谱、术语等也应统一。

3) 对岩屑中出现的少量油砂,要根据具体情况对待。若第一次出现可参考别的资料定层,若前面已出现过则应慎重对待,既不能盲目定层,也不能草率否定,必须综合分析再作结论。如果综合分析后,仍不能做结论,可将所见到的油砂及含油情况记录在岩屑描述记录纸上,供综合解释参考。

对不易识别的油砂,应作四氯化碳试验,或用荧光灯照射。在新探区的第一批探井,应对所有岩屑进行荧光普查,以免漏掉油、气层。

4) 要认真鉴别混油钻井液中的假油砂和地面油污染而成的假油砂,要对这种假油砂的形成追根求源,查明原因,证据确凿之后才能将其否定。

5) 对油、气显示层、标准层、标志层、特殊岩性层进行描述时,要挑出实物样品,供综合解释和讨论试油层位时参考。另外,还应将少量样品用纸包好,待描述完后,仍放在岩屑袋中,供挑样和复查岩屑时参考。

四、岩屑录井草图的编绘

岩屑录井草图就是将岩屑描述的内容(如岩性,油、气显示,化石,构造,含有物等)、钻时资料等,按井深顺序用统一规定的符号绘制下来。岩屑录井草图有两种,一种为碎屑岩岩屑录井草图,一种为碳酸盐岩岩屑录井草图。下面着重介绍碎屑岩岩屑录井草图的编绘方法。

编制碎屑岩岩屑录井草图的步骤如下(见图2-3):

1)按标准绘制图框。

2)填写数据。将所有与岩屑有关的数据填写在相应的位置上,数据必须与原始记录相一致。

3)深度比例尺为1:500,深度记号每10m标一次,逢100m标全井深。

4)绘制钻时曲线比例号。若有气测录井则还应绘制气测曲线。

5)颜色、岩性按井深用规定的图例、符号逐层绘制。

6)化石及含有物、油气显示用图例绘在相应的地层的中部。化石及含有物分别用"1"、"2"、"3"符号代表"少量"、"较多"、"富集"。

7)有钻井取心时,应将取心数据对应取心井段绘在相应的栏上。

8)有地化录井时,将地化录井的数据画在相应的深度上。

9)完钻后,将测井曲线(一般为自然电位曲线或自然伽马曲线和电阻率曲线)透在岩屑草图上,以便于复查岩性。

10)岩屑含油情况除按规定图例表示外,若有突出特征时,应在"备注"栏内描述。钻进中的槽面显示和有关的工程情况也应简略写出,或用符号表示。

五、岩屑录井的影响因素

这里所谈的影响因素是指影响岩屑代表性的因素。与钻井取心比较起来,岩屑录井虽然既经济又简便,同样能达到了解井下地层剖面及含油、气情况的目的,但是由于种种影响因素的存在,使岩屑的代表性(即准确性)在不同程度上受到一定影响,以致影响到岩屑录井的质量。

影响岩屑代表性的因素如下:

××凹陷

××井岩屑录井草图

开钻日期		设计井深	m
完钻日期		完钻井深	m
套管程序			
井底地层			
绘图人		审核人	

1:500

公司　录井队　　　　　　　　　　年　月　日

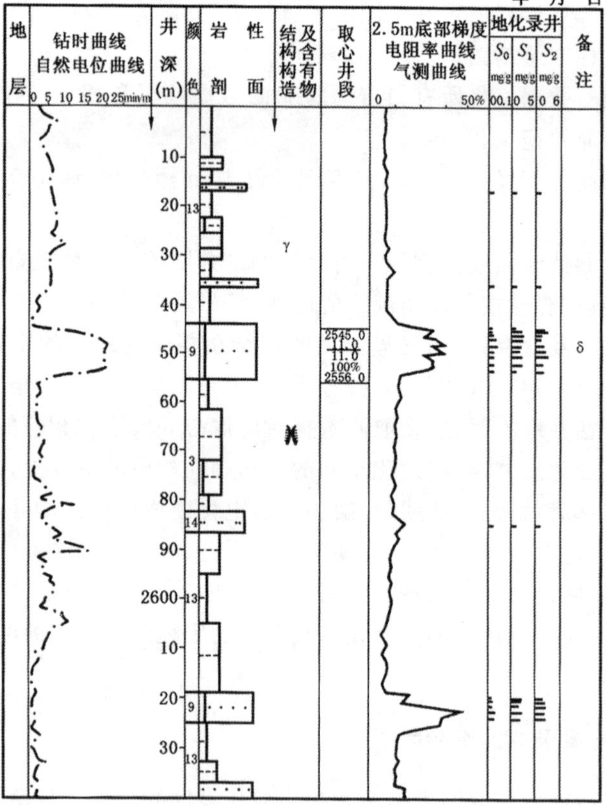

图 2-3　岩屑录井草图

1. 钻头类型和岩石性质的影响

由于钻头类型及新旧程度不同，所破碎的岩屑形态有差异，相对密度也有差异,所以上返速度也就不同。如片状岩屑受钻井液冲力及浮力的面积大,较轻,上返速度快;粒状及块状岩屑与钻井液接触面积小,较重,上返速度较慢。由于岩屑上返速度的不同,直接影响到岩屑迟到时间的准确性,进而影响了岩屑深度的正确性和代表性。

2. 钻井液性能的影响

钻井液起着巩固井壁、携带岩屑、冷却钻头等作用。在钻进过程中钻井液性能的好坏,将直接影响钻井工程的正常进行,也严重影响地质录井的质量。如采用低密度、低粘度钻井液或用清水快速钻进时,井壁垮塌严重,岩屑特别混杂,使砂样失去真实性。若钻井液性能好、稳定,井壁不易垮塌,悬浮能力强时,岩屑就相对的单纯,代表性强。

在处理钻井液过程中,若性能变化很大,特别是当钻井液切力变小时,岩屑就会特别混杂。在正常钻进中,未处理钻井液时,钻井液在井筒环形空间中一般形成三带:靠近钻具的一带是正常钻井液循环带,携带并运送岩屑;靠近井壁的地方形成泥饼;二者之间为处于停滞状态的胶状钻井液带,而其中混杂有各种岩性的岩屑。当钻井液性能未发生变化时,胶状钻井液带对正常钻井液循环带的影响较小,所以在钻井液循环带里岩屑混杂情况较轻。处理时,钻井液性能突然变化,切力变小,破坏了三带的平衡状态,停滞的胶状钻井液带中混杂的各种岩屑进入循环带里,与所钻深度的岩屑一同返出地面,造成岩屑特别混杂。只有当新的平衡形成以后,这种混杂现象才会停止。

3. 钻井参数的影响

钻井参数对岩屑准确性的影响也是很明显的。当排量大时,钻井液流速快,岩屑能及时上返;如果排量小,钻压较大,转速较高,钻出的岩屑较多,又不能及时上返,岩屑混杂现象将更加严重。尤其是当单泵、双泵频繁倒换时,钻井液排量及流速也会频繁变化,最容易产生这种现象。

4. 井眼大小的影响

钻井参数不变,若井眼不规则,钻井液上返速度也就不一致。在大井眼处,上返慢,携带岩屑能力差,甚至在"大肚子"处出现涡流使岩屑不能及时返出地面,造成岩屑混杂;而在小井眼处,钻井液流速快,携带岩屑上返及时。由于井眼的不规则,钻井液流速不同,岩屑上返时快时慢,直接影响迟到时间的准确性,并造成岩屑的混杂。

5. 下钻、划眼的影响

在下钻或划眼过程中,都可能把上部地层的岩屑带至井底,与新岩屑混杂在一起,返至地面,致使真假难分。这种情况在刚下钻到底后的前几包岩屑中最容易见到。

6. 人为因素的影响

司钻操作时加压不均匀,或者打打停停都可能使岩屑大小不一、上下混杂,结识别真假岩屑带来困难。

六、岩屑录井资料的应用

岩屑录井草图主要应用于下列几方面:

1. 提供研究资料

岩屑录井资料是现场地质录井工作中最直接地了解地下岩性、含油性的第一性资料。通过岩屑录井,可以掌握井下地层岩性特征,建立井区地层岩性柱状剖面;可以及时发现油气层;通过对暗色泥岩进行生油指标分析,以便了解其区域的生烃能力。

2. 进行地层对比

把岩屑录井草图与邻井进行对比,及时了解本井岩性特征、岩性组合、钻遇层位、正钻层位,还可检查和验证本井地质预告的符合程度,以便及时校正地质预告,进一步推断油、气、水层可能出现的深度,指导下一步钻井工作的进行。

3. 为测井解释提供地质依据

岩屑录井草图是测井解释的重要地质依据。对探井来说,综合利用岩屑录井草图,可大大提高测井解释的精度。在砂泥岩剖面中,特殊岩性含油往往不能在电性特征上有明显反映,仅凭电性特征解释油、气层常常感到用难,此时岩屑录井草图的重要性就更加突出。

4. 配合钻井工程的进行

在处理工程事故(如卡钻、倒扣、泡油等)的过程中,经常应用岩屑录井草图,以便分析事故发生的原因,制定有效的处理措施。在进行中途测试、完井作业过程中也要参考岩屑录井草图。

5. 岩屑录井草图是编绘完井综合录井图的基础

完井综合录井图中的综合解释剖面就是以岩屑录井草图为基础绘制的。岩屑录井草图的质量直接影响着综合图的质量。岩屑录井草图的质量高，综合解释剖面的精度也就高；相反，岩屑录井草图质量低，不仅使综合解释剖面质量降低，而且将会大大增加解释过程中的工作量。

岩屑录井是地质录井工作中最基础的工作，除岩心录井外，常规录井中其他录井工作都是配合岩屑录井的。岩屑录井是目前钻进过程中了解地下地质情况及油、气显示的主要手段，而其他录井工作则进一步补充说明岩屑录井的可靠性和准确性。包括岩屑录井在内的各种录井资料的综合，又是进行地质综合研究的基础。因此，地质录井工作者应做好这项工作，以提高工作质量，为油田勘探、开发负责，为加速石油工业的发展提供可靠的基础资料。

第四节　钻井液录井

钻井液，俗称泥浆，是石油天然气钻井工程的血液。普通钻井液是由粘土、水和一些无机或有机化学处理剂搅拌而成的悬浮液和胶体溶液的混合物，其中粘土呈分散相，水是分散介质，组成固相分散体系。

由于钻井液在钻遇油、气、水层和特殊岩性地层时，其性能将发生各种不同的变化。所以根据钻井液性能的变化及槽面显示，来判断井下是否钻遇油、气、水层和特殊岩性的方法称为钻井液录井。

一、钻井液的功能

1）带动涡轮，冷却钻头和钻具。

2）携带岩屑，悬浮岩屑，防止岩屑下沉。

3）保护井壁，防止地层垮塌。

4）平衡地层压力，防止井喷与井漏。

5）将水动力传给钻头，破碎岩石。

二、钻井液录井原则和要求

1）任何类别的井,在钻进或循环过程中都必须进行钻井液录井。

2）区域探井、预探井钻进时不得混油,包括机油、原油、柴油等,不得使用混油物,如磺化沥青等。若处理井下事故必须混油时,需经探区总地质师同意,事后必须除净油污后方可钻进。

3）必须用混油钻井液钻进时,要收集油品及混油量等数据,并且一定要做混油色谱分析。

4）下钻划眼或循环钻井液过程中出现油气显示,必须进行后效气测或循环观察,取样做全套性能分析,并落实到具体层位或层段上。

5）遇井涌、井喷应采用罐装气取样进行钻井液性能分析。

6）遇井漏,应取样做全套性能分析。

7）钻井液处理情况,包括井深、处理剂名称、用量、处理前后性能等,都要详细记入观察记录中。

三、钻井液的性能要求

钻井液种类繁多,其分类各异,主要有水基钻井液、油基钻井液和清水。

水基钻井液一般是用粘土、水、适量药品搅拌而成,是钻井中使用最广泛的一种钻井液。油基钻井液以柴油(约占90%)为分散剂,加入乳化剂、粘土等配成,这种钻井液失水量小,成本高,配制条件严格,一般很少使用,主要用于取心分析原始含油饱和度。清水钻进适用于井浅、地层较硬、无严重垮塌、无阻卡、无漏失及先期完成井。

地质录井人员必须了解钻井液的基本性能及其测量方法,能在不同的地质条件下合理使用钻井液。

钻井液性能要求包括以下几方面:

1. 钻井液相对密度

钻井液相对密度是指钻井液在20℃时的质量与同体积4℃的纯水质量之比,用专门的钻井液天平仪测量。调节钻井液相对密度主要是用来调节井内钻井液柱的压力。相对密度越大,钻井液柱越高,对井底和井壁的压力越大。在保证平衡地层压力的前提下,要求钻井液相对密度尽可能低些。这样,易于发现油气层,钻具转动时阻力较小、有利于快速钻进。当钻入易垮塌的地层和钻开高压油、气、水层时,为防止地层垮塌及井喷,应适当加大钻井液相对密度;而钻进低压油、气层及漏夹层时,应减小钻井液相对密度,使钻井液柱压力近于低压层压力,以免压差过大发生井漏。总之调节钻井液相对密度,应做到对一般地层不塌不漏,对油、气层压而不死,活而不喷。

2. 钻井液粘度

钻井液粘度是指钻井液流动时的粘滞程度。一般用漏斗粘度计测定其大小,常用时间"s"来表示。对于易造浆的地层,钻井液粘度可以适当小一些;而易于垮塌及裂缝发育的地层,粘度则可以适当提高,但不宜过高,否则易造成泥包钻头或卡钻,钻井液脱气困难,砂子不易下沉,影响钻速。因此钻井液粘度的高低要视具体情况而定。通常在保证携带岩屑的前提下,粘度低一些好。

3. 钻井液切力

使钻井液自静止开始流动时作用在单位面积上的力,即钻井液静止后悬浮岩屑的能力称为钻井液切力,其单位为 mg/cm^2。切力用浮筒式切力仪测定。钻井液静止 1min 后测得的切力称初切力,静止 10min 后测得的切力称终切力。

钻井液要求初切力越低越好,终切力适当。切力过大,泥浆泵起动困难,钻头易泥包,钻井液易气侵。而终切力过低,钻井液静止时岩屑在井内下沉,易发生卡钻等事故,对岩屑录井工作也带来许多困难,使岩屑混杂,难以识别真假。

4. 钻井液失水量和泥饼

当钻井液柱压力大于地层压力时,钻井液在压差的作用下,部分钻井液水将渗入地层中,这种现象称为钻井液的失水性。失水的多少称做钻井液失水量。其大小一般以 30min 内在一个大气压力作用下,用渗过直径为 75mm 圆形孔板的水量表示,单位为 mL。

钻井液失水的同时,粘土颗粒在井壁岩层表面逐渐聚结而形成泥饼。泥饼厚度以 mm 表示。测定泥饼厚度是在测定失水量后,取出失水仪内的筛板,在筛板上直接量取。

钻井液失水量小,泥饼薄而致密,有利于巩固井壁和保护油层。若失水量太大,泥饼厚,易造成缩径现象,起下钻遇阻遇卡,并且降低了井眼周围油层的渗透性,对油层造成损害,降低原油生产能力。

5. 钻井液含砂量

钻井液含砂量是指钻井液中直径大于 0.05mm 的砂粒所占钻井液体积的百分数。一般采用沉砂法测定含砂量。钻井液含砂量高易磨损钻头,损坏泥浆泵的缸套和活塞,易造成沉砂卡钻,增大钻井液密度,影响泥饼质量,对固井质量也有影响。所以做好钻井液净化工作是十分重要的。

6. 钻井液酸碱值(pH 值)

钻井液的 pH 值表示钻井液的酸碱性。钻井液性能的变化与 pH 值有密切的关系。例如 pH 值偏低,将使钻井液水化性和分散性变差,切力、失水上升;pH 值偏高,会使粘土分散度提高,引起钻井液粘度上升;所以对钻井液的 pH 值应要求适当。

7. 钻井液含盐量

钻井液的含盐量是指钻井液中含氯化物的数量。通常以测定氯离子(Cl^-,简称氯根)的含量代表含盐量,单位为 mg/L。它是了解岩层及地层水性质的一个重要数据,在石油勘探及综合利用找矿等方面都有重要的意义。

四、钻井液录井资料的收集

钻进时,钻井液不停地循环。当钻井液在井中和各种不同的岩层及油、气、水层接触时,钻井液的性质就会发生某些变化。根据钻井液性能变化情况,可以大致推断地层及含油、气、水情况。当油、气、水层被钻穿以后,若油、气、水层压力大于钻井液柱压力,在压力差作用下,油、气、水进入钻井液,随钻井液循环返出井口,并呈现不同的状态和特点,这就要求进行全面的钻井液录井资料收集。油、气、水显示资料,特别是油、气显示资料,是非常重要的地质资料。这些资料的收集有很强的时间性,如错过了时间就可能使收集的资料残缺不全,或者根本收集不到资料。

1. 油气水显示的分级

按钻井液中油气水显示的情况,依次分为四级:

油花气泡:油花或气泡占槽面面积30%以下。

油气侵:油花或气泡占槽面面积30%以上,钻井液性能变化明显。

井涌:钻井液涌出至转盘面以上不超过1m。

井喷:钻井液喷出转盘面1m以上。喷高超过二层平台称强烈井喷。

2. 油、气显示资料收集

钻入目的层后应注意观察泥浆槽、泥浆池液面和出口情况,并定时测量钻井液性能。

(1)观察泥浆槽液面变化情况

观察槽面时应着重以下四方面的内容:记录槽面出现油花、气泡的时间,显示达到高峰的时间,显示明显减弱的时间。并根据迟到时间推断油、气层的深度和层位;观察槽面出现显示时油花、气泡的数量占槽面的百分比,显示达到高峰时占槽面的百分比,显示减弱时古槽面的百分比;油气在槽面的产状、油的颜色、油花分布情况(呈条带状、片状、点状及不规则形状)、气泡大小及分布特点等;槽面有无上涨现象,上涨高度,有无油气芳香味或硫化氢味等。必要时应取样进行荧光分析和含气试验等。

(2)观察泥浆池液面的变化情况

应观察泥浆池面有无上升、下降现象,上升、下降的起止时间,上升、下降的速度和高度。池面有无油花、气泡及其产状。

(3)观察钻井液出口情况

油气侵严重时,特别是在钻穿高压油、气层后,要经常注意钻井液流出情况,是否时快时慢、忽大忽小,有无外涌现象。如有这些现象,应进行连续观察,并记录时间、井深、层位及变化特征。井涌往往是井喷的先兆,除应加强观察外,还应做好防喷准备工作。

(4)收集钻井液性能资料

钻遇油、气层时由钻井人员定时连续测量钻井液密度、粘度,直到油气显示结束为止。地质人员除收集钻井液性能资料外,亦应随时观察,详细记录钻井液性能变化情况,供以后综合解释、讨论下套管及试油层位时参考。

3. 水侵显示资料的收集

(1)水侵的资料收集

钻开水层以后,地层水在压力差的作用下进入钻井液中,引起钻井液性能的一系列变化。这就是水侵现象。由于地层水含盐量的不同,可分为盐水侵和淡水侵。

淡水侵的特点是:钻井液被稀释,密度、粘度均下降,失水量增加,流动性变好,钻井液量随水量的增加而增加,泥浆池液面上升。

盐水侵的特点是:钻井液性能将受到严重破坏,粘度和失水增大,流动性迅速变差,呈不能流动的"豆腐脑"状或呈清水状,氯离子含量剧增。

水侵时应收集下列资料:

1)水侵的时间、井深、层位;
2)钻井液性能,流动情况、水侵性质;
3)泥浆槽和泥浆池显示情况;
4)定时取样做氯离子滴定实验。

(2)氯离子滴定实验

钻进过程中如钻遇盐水层,特别是高压盐水层时,氯离子含量的变化很快,其含量突然巨增至数万以至十几万 ppm,并迅速破坏钻井液性能,常引起井下事故或井喷。因此,对氯离子含量的测定是很有现实意义的。现将氯离子含量测定的原理、方法及注意事项分述如下。

1)测定原理。

以铬酸钾溶液(K_2CrO_4)作指示剂,用硝酸银溶液($AgNO_3$)滴定氯离子(Cl^-)。因氯化物是强酸生成的盐,首先和 $AgNO_3$ 作用生成 AgCl 白色沉淀。当氯离子(Cl^-)和银离子(Ag^+)全部化合后,过量的 Ag^+ 即与铬酸根(CrO_4^-)反应生成微红色沉淀,指示滴定终点。

2)使用试剂。

① 5%铬酸钾溶液(5g 铬酸钾溶于 95mL 蒸馏水中);

② 稀硝酸溶液(HNO_3)；
③ 0.02mol/L、0.1mol/L 硝酸银溶液；
④ pH 试纸；
⑤ 硼砂溶液或小苏打溶液；
⑥ 双氧水(H_2O_2)。

3）操作步骤。

取钻井液滤液 1mL，置入三角烧杯中，加蒸馏水 20mL，调节混合液的 pH 值至 7 左右，加入 5％铬酸钾溶液 2～3 滴，使溶液显淡黄色，以硝酸银溶液（盐水层用 0.1mol/L、一般地层用 0.02mol/L 硝酸银溶液）缓慢滴定，至滤液出现微红色为止。记下硝酸银溶液的消耗量，则滤液中的氯离子含量可由下式求出：

$$\rho_{Cl^-} = \frac{c_{AgNO_3} V M}{Q} \times 10^3$$

式中　c_{AgNO_3}——硝酸银溶液的浓度，mol/L；
　　　V——硝酸银溶液用量，mL；
　　　M——氯的摩尔质量（为 35.45，取 35.5）；
　　　Q——滤液体积，mL；
　　　ρ_{Cl^-}——滤液中氯离子的质量浓度，mg/L。

滤液体积取 1mL 时，上式可简化为：

$$\rho_{Cl^-} = 35.5 \times 10^3 c_{AgNO_3} V (mg/L)$$

4）注意事项

① 滴定前必须使滤液的 pH 值保持在 7 左右。若 pH＞7，用稀硝酸溶液调整；若 pH＜7，用硼砂溶液或小苏打溶液调整。

② 加入铬酸钾指示剂的量应适当。若过多，会使滴定终点提前，使计算结果偏低；若过少，会使滴定终点推后，则计算结果偏高。

③ 滴定不宜在强光下进行，以免 $AgNO_3$ 分解造成终点不准。

④ 当滤液呈褐色时，应先用双氧水使之褪色，否则在滴定时妨碍滴定终点的观察。

⑤ 滴定前应将硝酸银溶液摇均匀，然后再滴定。

⑥ 全井使用试剂必须统一，以免造成不必要的误差。

4. 油气上窜速度的计算

当油气层压力大于钻井液柱压力,在压差作用下,油气进入钻井液并向上流动,这就是油气上窜观象。在单位时间内油气上窜的距离称油气上窜速度。

油气上窜速度是衡量井下油气活跃程度的标志。油气上窜速度越大,油气层能量越大,反之,则越小。所以,在现场工作中准确地计算油气上窜速度,有重要参考价值,是做到油井压而不死、活而不喷的依据。

通常在钻过高压油气层后,当起钻后再下钻循环钻井液时,要对油气侵作观察、记录,并计算油气上窜速度。计算方法有以下两种。

(1) 迟到时间法

$$v = \frac{H - \left[\frac{h}{t}(T_1 - T_2)\right]}{T_0}$$

式中　v——油气上窜速度,m/h;

　　　H——油、气层深度,m;

　　　h——循环钻井液时钻头所在井深,m;

　　　t——钻头所在井深的迟到时间,h;

　　　T_1——见到油、气显示的时间,h;

　　　T_2——下钻至井深 h 的开泵时间,h;

　　　T_0——井内钻井液静止时间(指起钻时停泵到下钻至 h 时的开泵时间),h。

迟到时间法比较接近实际情况,是现场常用的方法。

(2) 容积法

$$V = \frac{H - \left[\frac{Q}{V_c}(T_1 - T_2)\right]}{T_0}$$

式中　Q——泥浆泵排量,L/h;

　　　V_c——井眼环形空间每米理论容积,L/m;

　　　其余符号同前。

下钻过程中,多次替钻井液时适用于用容积法计算上窜速度,但误差较大。实际计算时,常用每米井眼容积代替井眼每米理论容积。

在钻遇高压水层时,也可以用上述两个公式计算上窜速度。

五、钻井中影响钻井液性能的地质因素

了解钻井过程中影响钻井液性能的地质因素,对于判断油、气、水层和岩屑的变化十分重要。影响钻井液性能的地质因素是比较复杂的,归纳起来有以下几方面:

1. 高压油、气、水层

当钻穿高压油气层时,油气侵入钻井液,造成密度降低、粘度升高。当钻遇淡水层时,密度、粘度和切力均降低,失水量增大。钻遇盐水层时,粘度增高后又降低,密度下降,切力和含盐量增加。水侵会使钻井液量增加。

2. 盐侵

当钻遇可溶性盐类,如岩盐($NaCl$)、芒硝(Na_2SO_4)或石膏($CaSO_4$)时,会增加钻井液中的含盐量,使钻井液性能发生变化。由于岩盐和芒硝这些含钠盐类的溶解度大,使钻井液中 Na^+ 浓度增加,使其粘度和失水量增大。当盐侵严重时,还会影响粘土颗粒的水化和分散程度,而使粘土颗粒凝结,粘度降低,失水量显著上升。

3. 钙侵

钻遇石膏层或钻水泥塞而带入了氢氧化钙时,均发生钙侵,使钻井液粘度和切力急剧增加,有时甚至使钻井液呈豆腐块状,失水量随之上升。当氢氧化钙侵入时还将使钻井液的 pH 值增大。

4. 砂侵

砂侵主要由于粘土中原来含有的砂子及钻进过程中岩屑的砂子未清除所致。含砂量高,则使钻井液密度、粘度和切力增大。

5. 粘土层

钻遇粘土层或页岩层时,因地层造浆使钻井液密度、粘度增高。

6. 漏失层

在钻井过程中钻井液漏失是经常遇到的。轻微的漏失,类似于高度的失水现象。在一般情况下,钻进漏失层时要求钻井液具有高粘度、高切力,以阻止钻井液流入地层。但在漏失严重时,应根据发生漏失的

地质条件,立即采取行之有效的堵漏措施。

六、钻井液录井资料的应用

1)在钻进过程中通过泥浆槽、池油气显示发现并判断地下油气层,通过钻井液性能的变化分析研究井下油气水层的情况。

2)利用钻井过程中钻井液性能的变化可以判断井下特殊岩性。

3)通过进出口钻井液性能及量的变化,发现水层、漏失层或高压层。

4)通过钻井液录井发现盐层、石膏层、疏松砂层、造浆泥岩层等。

5)加强泥浆循环槽、池面观察及液面定时观测记录。及时发现油气显示、井漏或井喷预兆、盐膏侵等异常情况,采取必要措施,确保安全钻进。

6)合理调整钻井液性能、保证近平衡钻进,可以防止钻井事故的发生,保证正常钻进,加快钻井速度,降低钻井成本。为发现油气层、保护油气层提供措施依据。是打好井、快打井、科学打井的重要措施与前提。

第五节 荧光录井

一、荧光录井的原理

石油是碳氢化合物,除含烷烃外,还含有 π-电子结构的芳香烃化合物及其衍生物。芳香烃化合物及其衍生物在紫外光的激发下,能够发射荧光。原油和柴油以及不同地区的原油,虽然配制溶液的浓度相同,但所含芳香烃化合物及其衍生物的数量不同,π-电子共轭度和分子平面度也有差别,故在 365nm 近紫外光的激发下,被激发的荧光强度和波长是不同的。这种特性称为石油的荧光性。荧光录井仪根据石油的这种特性,将现场采集的岩屑浸泡后,便可直接测定砂样中的含油量。

二、荧光录井的准备工作

1)紫外光仪:发射光波长小于 3.65×10^{-7} m 的高灵敏度紫外岩样分析仪一台,内装 15W 紫外灯管一支或 8W 紫外灯管两支。

2)标准定性滤纸。

3)有机溶剂(分析纯):使用分析纯的氯仿、四氯化碳或正己烷。

4)其他设备:试管(直径 12mm,长度 100mm)、磨口试管(直径 12mm,长度 100mm)、10 倍放大镜、双目显微镜、滴瓶(50mL)、盐酸(浓度 5%~10%)、镊子、玻璃棒、小刀等。

三、荧光录井的工作方法

现场常用的荧光录井工作方法有:岩屑湿照、干照、滴照和系列对比。

1. 岩屑湿照、干照

这是现场使用最广泛的一种方法。它的优点是简单易行,对样品无特殊要求,且能系统照射,对发现油气显示是一种极为重要的手段。为了及时有效地发现油气显示,尤其对轻质油,各油田采取了湿照和干照相结合的方法,使油气层发现率有了很大的提高。

1)砂样捞出后,洗净、控干水分,立即装入砂样盘,置于紫外光岩样分析仪的暗箱里,启动分析仪。干照则是取干样置于紫外光岩样分析仪内,启动分析仪,观察描述。

2)观察岩样荧光的颜色和产状,与本井混入原油的荧光特征进行对比,排除原油污染造成的假显示(表 2-2)。

表 2-2 真假荧光显示判别表

项目	假显示	真显示
岩样	由表及里侵染,岩样内部不发光	表里一致,或核心颜色深,由里及表颜色变浅
裂缝	仅岩样裂缝边缘发光,边缘向内部侵染	由裂缝中心向基质侵染,缝内较重,向基质逐渐变轻
基质	晶隙不发光	晶隙发荧光,当饱和时可呈均匀弥漫状
荧光颜色	与本井混入原油一致	与本井混入原油不一致

3) 观察荧光的颜色,排除成品油发光造成的假显示(表2-3)。

表2-3 原油、成品油荧光判别表

油品名称	原油	成品油				
		柴油	机油	黄油	丝扣油	红铅油	绿铅油
荧光颜色	黄、棕褐等色	亮紫色乳紫蓝色	天蓝色乳紫蓝色	亮乳蓝色	蓝、暗乳蓝色	红色	浅绿色

4) 用镊子挑出有荧光显示的颗粒或在岩心上用红笔画出有显示的部位。

5) 在自然光或白炽灯光下认真观察,分析岩样,排除上部地层掉块造成的假显示。

6) 观察岩样的荧光结构。若仅见砾石或砂屑颗粒有荧光,而胶结物无荧光,可能为早期油层遭受破坏的再沉积或早期储层被后期充填的胶结物填死而形成的"假"显示。

2. 滴照

1) 取定性滤纸一张,在紫外光下检查,确保洁净无油污。

2) 把湿照挑出来的荧光显示岩屑一粒或数粒,放在备好的滤纸上,用有机溶剂清洗过的镊柄碾碎。

3) 悬空滤纸,在碾碎的岩样上滴一至二滴有机溶剂。待溶剂挥发后,在紫外光下观察。若为岩心,可先在岩心的荧光显示部位滴一至二滴有机溶剂,停留片刻,用备好的滤纸在显示部位压印,再在紫外光下观察。

4) 若滤纸上无荧光显示,则为矿物发光。

5) 观察荧光的亮度和产状,按表2-4划分滴照级别,若为二级或二级以上,则参加定名。

表2-4 荧光级别的划分

滴照级别	一级	二级	三级	四级	五级
荧光特征	模糊晕状,边缘无亮环	清晰晕状,边缘有亮环	明亮,呈星点状分布	明亮,呈开花状、放射状	均匀明亮或呈溪流状

6)观察荧光的颜色,划分轻质油和稠油(表2-5)。

表2-5 轻质油和稠油荧光的特征

轻 质 油 荧 光	稠 油 荧 光
轻质油含胶质、沥青质不超过5%,而油质含量95%以上,其荧光的颜色主要显示油质的特征,通常呈浅蓝、黄、金黄、棕色等	稠油含胶质、沥青质可达20%~30%,甚至高达50%,其荧光颜色主要显示胶质、沥青质的特征,通常为颜色较深的棕褐、褐、黑褐色

3. 系列对比法

这是现场常用的定量分析方法。其操作方法是:取1g磨碎的岩样,放入带塞无色玻璃试管中,倒入5~6mL氯仿,塞盖摇匀,静置8h后与同油源标准系列在荧光灯下进行对比,找出发光强度与标准系列相近似的等级。用下列公式计算样品的沥青含量:

$$Q = \frac{A \times B}{G} \times 100\%$$

式中 Q——被测岩样的石油沥青百分含量;

A——被测岩样同级的1mL标准溶液中的沥青含量,g;

B——被测岩样用的氯仿溶液体积,mL;

G——样品质量,g。

然后用求得的结果与标准系列石油沥青含量表对比,得到对应的荧光级别。

四、荧光录井的应用

1)荧光录井灵敏度高,对肉眼难以鉴别的油气显示,尤其是轻质油,能够及时发现。

2)通过荧光录井可以区分油质的好坏和油气显示的程度,正确评价油气层。

3)在新区新层系以及特殊岩性段,荧光录井可以配合其他录井手段准确解释油气显示层,弥补测井解释的不足。

4)荧光录井成本低,方法简便易行,可系统照射,对落实全井油气显示极为重要。

第六节 井壁取心

井壁取心指用井壁取心器按预定的位置在井壁上取出地层岩样的过程。通常是在测井后进行。

取心器一般有 36 个孔,孔内装有炸药,通过电缆接到地面仪器上,在地面控制取心深度并点火、发射。点火后,炸药将取心筒强行打入井壁,取心筒被钢丝绳连接在取心器上,上提取心器可将岩样从地层中取出。

一、确定井壁取心的原则

井壁取心的目的是为了证实地层的岩性、物性、含油性、以及岩性和电性的关系,或者为满足地质方面的特殊要求。一般情况下,下列地层均应进行井壁取心。

1)在钻进过程中有油气显示的井段,必须进一步用井壁取心加以证实。

2)岩屑录井过程中漏取岩屑的井段,或者钻井取心时岩心收获率过低的井段。

3)测井解释有困难,需井壁取心提供地质依据的层位,如可疑油层、油水同层、含油水层、气层等。

4)需进一步了解储油物性,而又未进行钻井取心的层位。

5)录井资料和测井解释有矛盾的地层。

6)某些具有研究意义的标准层、标志层及其他特殊岩性层。

7)为了满足地质的特殊要求而选定的层位。

井壁取心具体位置由地质、气测、测井绘解人员根据岩心录井、岩屑录井、测井、气测等资料在现场进行综合分析、共同协调确定。

二、跟踪取心

跟踪井壁取心就是通过跟踪某一条测井曲线,找准取心深度,用取心器在井壁上取出岩心。目前常用的跟踪曲线有 1∶200 比例尺、2.5m

底部梯度电阻率、自然电位曲线、深侧向电阻率曲线等。取心前，在被跟踪曲线上选一特征明显的曲线段，然后将带有测井电极系的取心器放到被跟踪的明显特征曲线以下，自下而上测一条测井曲线，对比跟踪图上两条曲线的幅度、形状是否一致，一致即可进行取心。若特征曲线深度不一致，则应调节跟踪图，使两条曲线深度一致，再进行取心。

开始取心时，一边上提电缆，一边测曲线，当记录仪走到被跟踪曲线上的第一个取心位置时，说明井下电极系的记录点正好位于第一个预定的取心深度上，但各个炮口还在取心位置以下。为使第一个炮口与第一个取心深度对齐，还必须使取心器上提一段距离，这段上提值就是首次零长。首次零长就是测井电极系记录点到第一炮口中心的距离。各炮口间距为 0.05m，第二个炮口的零长等于首次零长加 0.05m，以下各炮口依次类推。

三、岩心出筒

当全部点火放炮后，即将炮身提出井口。这时工作人员应依次取下岩心筒，对号装入准备好的塑料袋中。岩心出筒时，每出一颗岩心，立即把深度标上，防止把深度搞乱。出筒时要注意不要把岩心弄碎，尽可能保持完整性。对已出筒的岩心，由专人用小刀刮去泥饼，检查岩心是否真实，岩性是否与要求相符。如不符合要求，应通知炮队重取。

四、井壁取心的描述和整理

井壁取心描述内容基本上与钻井取心描述相同。但由于井壁取心的岩心是用井壁取心器从井壁上强行取出的，岩心受钻井液浸泡、岩心筒冲撞严重，在描述时，应注意以下事项：

1) 在描述含油级别时应考虑钻井液浸泡的影响，尤其是混油和泡油的井，更应注意。

2) 在注水开发区和油水边界进行井壁取心时，岩心描述应注意观察含水情况。

3) 在可疑气层取心时，岩心应及时嗅味，进行含气试验。

4) 在观察和描述白云岩岩心时，有时也会发现白云岩与盐酸作用起泡。这是岩心筒的冲撞作用使白云岩破碎,与盐酸接触面积大大增加的缘故。在这种情况下应注意与灰质岩类的区别。

5）如果一颗岩心有两种岩性时,则都要描述。定名可参考测井曲线所反映的岩电关系来确定。

6）如果一颗岩心有三种以上的岩性,就描述一种主要的,其余的则以夹层和条带处理。

岩心描述完后,将岩心用玻璃纸包好,连同标签一起装入井壁取心盒内,并在盒上注明井号、井深和编号。对有油气显示的含油岩心通常用红笔打上记号,以便查找。此外,应填写送样清单,并将送样清单和井壁取心描述记录送交指定单位。

五、井壁取心的应用

由于井壁取心是用取心器直接将井下岩石取出来,直观性强,方法简便,经济实用,因此,在现场工作中被广泛使用。

1）井壁取心与岩心一样属于实物资料,可以利用井壁取心来了解储集层的物性、含油性等各项资料。

2）利用井壁取心进行分析实验,可以取得生油层特征及生油指标。

3）用以弥补其他录井项目的不足。

4）用以解释现有录井资料与测井资料不能很好解释的层位。

5）利用井壁取心可以满足一些地质的特殊要求。

第七节 其他录井资料的收集

在钻进过程中除了收集上述录井资料外,还有一些在钻进过程中必须收集的资料,有的甚至是很重要的资料,因此也应做到齐全准确。

一、地质观察记录的填写

地质观察记录是地质值班人员根据现场所观察到的现象,用文字按规定要求记录下来的工作成果,是重要的第一性原始资料。观察记录的填写是地质录井工作的一项重要内容,填写得好坏与否直接关系到地质资料的齐全准确,甚至影响油气田的勘探开发。举例来说,如果油气显示资料记录不全不准,就会影响资料的整理,影响试油层位的确定。因此,有经验的现场地质人员都非常重视这项工作。

1. 探井地质观察记录填写的内容

(1)工程简况

按时间顺序简述钻井工程进展情况、技术措施和井下特殊现象,如钻进、起下钻、取心、电测、下套管、固井、试压、检修设备及各种复杂情况(跳钻、蹩钻、遇阻、遇卡、井喷、井漏等)。

第一次开钻时,应记录补心高度、开钻时间、钻具结构、钻头类型及尺寸、用清水开钻或钻井液开钻。

第二、三次开钻时,应记录开钻时间、钻头类型及尺寸、钻具结构、水泥塞深度及厚度、开钻钻井液性能。

(2)录井资料收集情况

录井资料收集情况是观察记录的主要内容之一,填写时应力求详尽、准确。一般应填写下列内容。

1)岩屑:取样井段、间距、包数,对主要的岩性、特殊岩性、标准层应进行简要描述。

2)钻井取心:取心井段、进尺、岩心长、收获率、主要岩性、油砂长度。

3)井壁取心:取心层位、总颗数、发射率、收获率、岩性简述。

4)测井:测井时间、项目、井段、比例尺以及最大井斜和方位角。

5)工程测斜:测时井深、测点井深、斜度。

6)钻井液性能:相对密度、粘度、失水、泥饼、含砂、切力、pH值。

(3)油、气、水显示

将当班发现的油、气、水显示按油、气、水显示资料应收集的内容逐项填写。

(4)其他

填写迟到时间实测情况,正使用的迟到时间,当班工作中遇到的问题和下班应注意的事项。

2. 生产井、注水井地质观察记录填写内容

生产井、注水井按简易观察记录格式逐项填写，不得空白任何一项。若个别项中内容较多，表格填不下，可另用纸写上，贴在观察记录之中。

二、在钻进过程中有关几种特殊情况的资料收集

在钻进过程中的特殊情况有：钻遇油气显示、钻遇水层、中途测试、原钻机试油、井涌、井喷、井漏、井塌、跳钻、蹩钻、放空、遇阻、遇卡、卡钻、泡油、倒扣、套铣、断钻具、掉钻头（或掉牙轮或掉刮刀片）、打捞、井斜、打水泥、侧钻、卡电缆、卡取心器以及井下落物等等。出现这些情况对钻井工程和地质工作有不同程度的影响。钻进中遇到这些情况时，收集好有关的资料，对于制定工程施工措施，搞好地质工作都有一定的意义。

下面把常见的一些特殊情况下的资料收集作简要介绍。

1. 钻遇油气显示

钻遇油气显示时应收集下列资料：

1) 观察泥浆槽液面变化情况。

① 记录槽面出现油花、气泡的时间，显示达到高峰的时间，显示明显减弱的时间。

② 观察槽面出现显示时油花、气泡的数量占槽面的百分比，显示达到高峰时占槽面的百分比，显示减弱时占槽面的百分比。

③ 油气在槽面的产状、油的颜色、油花分布情况（呈条带状、片状、星点状及不规则形状）、气泡大小及分布特点等。

④ 槽面有无上涨现象，上涨高度，有无油气芳香味或硫化氢味等。必要时应取样进行荧光分析和含气试验等。

2) 观察泥浆池液面的变化情况。

应观察泥浆池面有无上升、下降现象，上升、下降的起止时间，上升、下降的速度和高度，池面有无油花、气泡及其产状。

3) 观察钻井液出口情况。油气侵严重时，特别是在钻穿高压油、气、水层后，要经常注意钻井液流出情况，是否时快时慢、忽大忽小，有

无外涌现象。如有这些现象,应进行连续观察,并记录时间、井深、层位及变化特征。

4)观察岩性特征,取全取准岩屑,定准含油级别和岩性。

5)收集钻井液相对密度、粘度变化资料。

6)收集气测数据变化资料。

7)收集钻时数据变化资料。

8)收集井深数据及地层层位资料。

2. 钻遇水层

钻遇水层时应收集钻遇水层的时间、井深、层位;收集钻井液性能变化情况;收集泥浆槽和泥浆池显示情况;定时或定深取钻井液滤液做氯离子滴定,判断水层性质(淡水或盐水)。

3. 中途测试

中途测试应收集的资料有:

1)基本数据。井号、测试井深、套管尺寸及下深、测试层井段、厚度、测试起止时间、测试层油气显示情况和测井解释情况(包括上、下邻层)、井径。

2)测试资料。

① 非自喷测试资料。

a. 测试管柱数据:测试器名称及测试方法、管柱规范及下深、记录仪下深、压力计下深、坐封位置、水垫高度。

b. 测试数据:座封时间、开井时间、初流动时间、初关井时间、终流动时间、解封时间、初静压、初流动压力、初关井压力、终流动压力、终关井压力、终静压、地层温度。

c. 取样器取样数据:油、气、水量,高压物性资料。

d. 测试成果:回收总液量,折算油、气、水日产量,测试结论。

② 自喷测试资料。

a. 自喷测试地面资料:放喷起止时间,放喷管线内径或油嘴直径,管口射程,油压,套压,井口温度,油、气、水日产量,累计油、气、水产量。

b. 自喷测试井下资料:

高压物性取样资料:饱和压力、原始油气比、地下原油粘度、地下原油密度、平均溶解系数、体积系数、压缩比、收缩率、气体密度。

地层测压资料:流压、流温、静压、静温、地温梯度、压力恢复曲线。

3)地面油、气、水样分析资料。

4．原钻机试油

原钻机试油应收集的资料有：

1)基本数据。

井号、完钻井深、油层套管尺寸及下深、套补距、阻流环位置、管内水泥塞顶深、钻井液密度、粘度、试油层位、井段、厚度、测井解释结果。

2)通井资料。

通井时间、通井规外径、通井深度。

3)洗井资料。

洗井管柱结构及下深、洗井时间、洗井方式、洗井液性质及用量、泵压、排量、返出液性质、返出总液量、漏失量。

4)射孔资料。

时间、层位、井段、厚度、枪型、孔数、孔密、发射率、压井液性质、射孔后油气显示、射孔前后井口压力等。

5)测试资料。

同中途测试应收集的测试资料。

5．井涌、井喷

井内液体喷出转盘面1m以上称为井喷，喷高不到1m或钻井液出口处液量大于泥浆泵排量称为井涌。

发生井涌、井喷时应收集下列资料：

1)收集记录井涌、井喷的起、止时间及井深、层位、钻头位置。

2)收集记录指重表悬重变化情况，泵压变化情况。

3)收集记录喷、涌物性质、数量(单位时间的数量及总量)及喷、涌方式(连续或间歇喷、涌)，喷出高度或涌势。

4)收集记录井涌及井喷前、后的钻井液性能。

5)观察收集放喷管线压力变化情况。

6)记录压井时间、加重剂及用量，加重过程中钻井液性能的变化情况。

7）取样做油、气、水试验。

8）记录井喷原因分析及其他工程情况,如钻进、放空、循环钻井液、起下钻等工作。

6. 井漏

井漏时应收集下列资料：

井漏起止时间、井深、层位、钻头位置；漏失钻井液量（单位时间漏失的钻井液量及漏失的总量）；漏失前后及漏失过程中钻井液性能及其变化；返出量及返出特点,返出物中有无油、气显示,必要时收集样品送化验室分析；堵漏时间,堵漏物名称及用量,堵漏前后井内液柱变化情况,堵漏时钻井液返出量；堵漏前后的钻井情况,以及泵压和排量的变化。此外,还应分析记录井漏原因及处理结果。

7. 井塌

井塌是指井壁坍塌,主要是由于地层被钻井液水浸泡后造成的垮塌。井塌容易堵塞井眼、埋死钻具、引起卡钻或因垮塌堵塞钻井液循环空间而造成憋泵,将地层憋漏。比较严重的井壁坍塌是有先兆的,或者在刚开始出现时就可以从一些现象间接观察到,如钻具转动不正常,泵压突然升高（憋漏时降低）、岩屑返出也不正常等。井塌时应分析井塌的原因,查明可能出现井塌的井深、岩性,以备讨论处理措施时参考,同时还应记录泵压、钻井液性能变化情况、处理措施及效果。

8. 跳钻、蹩钻

钻进中钻头钻遇硬地层时（如灰岩、白云岩或胶结致密的砾岩）,常不易钻进,并且使钻具跳动。这种钻具跳动的现象就是跳钻。跳钻易损坏钻具,也容易造成井斜。

在钻进中,因钻头接触面受力及反作用力不均匀,使钻头转动时产生蹩跳现象,这就是蹩钻。刮刀钻头钻遇硬地层或软硬间互的地层时常产生蹩钻现象。

在跳钻或蹩钻时应记录井深、地层层位、岩性、转速、钻压及其变化、处理措施及效果。但须注意的是应把地层引起的跳钻、蹩钻现象与因钻头旷动、磨损、井内落物引起的跳钻、蹩钻现象区别开来。

9. 放空

当钻头钻遇溶洞或大裂缝时,钻具不需加压即可下放而有进尺,这种现象就叫放空。放空少者几寸,多者几米,以溶洞或裂缝的大小而定。遇到放空时要特别注意井漏或井喷发生。放空时应记录放空井段、钻具悬重、转速变化、钻井液性能及排量的变化,是否有油气显示等。如同时发生井漏、井喷,则应按井漏、井喷资料收集内容作好记录。

10. 遇阻、遇卡

由于井壁坍塌、泥饼粘滞系数大、缩径井段长、循环短路、井眼形成"狗腿子"、"键槽"等原因都可能引起遇阻、遇卡。有时钻井液悬浮力差,岩屑不能返出也可能引起遇阻、遇卡。遇阻、遇卡时应记录遇阻、遇卡井深、地层层位、遇阻时悬重减少数、遇卡时悬重增加数及原因分析、处理情况等。

11. 卡钻

由于种种原因使遇阻、遇卡进一步恶化,造成井中的钻具不能上提或下放而被卡死,这就是钻井工程中的卡钻。

常见的卡钻有井壁粘附卡钻、键槽卡钻、砂桥卡钻或井下落物造成卡钻等。

卡钻以后,地质人员应记录好卡钻时间、钻头所在位置、钻井液性能、钻具结构、长度、方入、钻具上提下放活动范围、钻具伸长和指重表格数的变化情况。同时应及时计算卡点,根据岩屑剖面或测井资料查明卡点层位、岩性,以便分析卡钻原因,采取合理解卡措施。

卡点深度计算公式如下:

$$H = K \times \frac{L}{P}$$

$$K = EF/10^5 = 21F$$

式中 　H——卡点深度,m;

　　　L——钻杆连续提升时平均伸长,cm;

　　　P——钻杆连续提升时平均拉力,t;

　　　K——计算系数;

　　　E——钢材弹性系数($2.1 \times 10^6 \text{kg/cm}^2$);

F——管体横截面积,cm^2。

卡钻事故发生后,一般都是上提、下放钻具或转动钻具,并循环钻井液,以便迅速解卡。如果这些方法无效或无法进行时,常采用下列方法解卡:

1)泡油。

泡油是较常用的一种解卡办法。由于泡油的结果,必然使钻井液大量混油,污染地层,造成一些假油、气显示现象。因此,在泡油时,地质人员应详尽记录好油的种类、数量、泡油井段、泡油方式(连续或分段进行)、泡油时间、替钻井液情况及处理过程并取样保存。这些资料数据的记录对于岩屑描述、井壁取心描述和气测、测井资料的分析应用有相当重要的参考意义。

泡油量计算方法如下:

$$Q = V_1 + V_2 = 0.785(R^2 - D^2)HK + 0.785d^2h$$

式中 Q——泡油量,m^3;

V_1——管外泡油量,m^3;

V_2——管内留油量,m^3;

R——井眼直径,m;

D——钻具外径,m;

H——管外所需油柱高度,m;

K——环形空间容积系数(一般为1.2~1.5);

h——管内油柱高度,m;

d——钻具内径,m。

一般情况下,应使卡点以下全部钻具泡上油,并使钻杆内的油面高于管外油面,即 $h > H$。泡油时,必须用专门配制的解卡剂,一般不用原油和柴油。

还须注意的是,对于已经钻遇油、气、水层的井,特别是钻遇高压油、气、水层的井,泡油量不能无限度的加大。若泡油量太大,将使井筒内钻井液柱的压力小于地层压力,导致井涌、井喷等新情况的出现,不但不能解卡,反而会使事故恶化。在这种情况下,地质人员应提供较确切的油、气、水显示及地层压力资料,以备计算泡油量时参考。

2) 倒扣和套铣。

当卡钻后泡油处理无效时,就要倒扣或套铣。

倒扣时钻具的管理及计算是相当重要的,尤其是在正扣钻具与反扣钻具交替使用的情况下,更应做到认真细致。否则,由于钻具不清或计算有误,都可能造成下井钻具的差错,影响事故的处理。因此,值班人员应详细了解、记录落井钻具结构、长度、方入、倒扣钻具以及落井钻具倒出情况。

套铣时除记录钻具变化情况外,还应记录套铣筒尺寸、套铣进展情况等。

3) 井下爆炸。

在井比较深,而且卡点位置也比较深的情况下,当采用其他解卡措施无效时,常被迫采用井下爆炸,以便迅速恢复钻进。井下爆炸时,应收集预定爆炸位置、井下遗留钻具长度以及实探爆炸位置、实际所余钻具长度。爆炸结束,打水泥塞侧钻时,还应收集有关的资料数据。

12. 断钻具、落物及打捞

1) 断钻具:钻具折断落入井内称为断钻具。可以从泵压下降、悬重降低判断出来。断钻具时应收集落井钻具结构、长度、钻头位置、鱼顶井深、原因分析及处理情况。

2) 落物:指井口工具、小型仪器落入井内。如掉入测斜仪、测井仪、榔头、掉牙轮、扳手或电缆等。落物时应收集落物名称、长度、落入井深、处理方法及效果。

3) 打捞:在打捞落井钻具及其他落物时除收集落鱼长度、结构及鱼顶位置外,还应收集打捞工具名称、尺寸、长度,以及打捞时钻具结构、长度、打捞经过及效果。必须强调指出的是,在打捞落井钻具时,地质人员应准确计算鱼顶方入、造扣方入、造好扣时的方入,并在方钻杆上分别做好记号,以便配合打捞工作的顺利进行。

13. 打水泥塞和侧钻

在预计井段用一定数量的水泥把原井眼固死,然后重新设计钻出新眼,就是打水泥塞和侧钻的过程。当井斜过大,超过质量标准或井下落入钻具和其他物件,不能再打捞时,都采用打水泥塞、侧钻的办法处

理。事前,地质人员应查阅有关地质资料,配合工程人员,选择合理的封固井段及侧钻位置。此外,应收集以下资料:

1)打水泥塞时应记录预计注水泥井段、水泥面高度、厚度及打水泥塞的时间和井深、注入水泥量、水钻井液相对密度(最大、最小、平均)、注入井段。

2)侧钻时应记录水泥面深度、侧钻井深、钻具结构,同时要注意钻时变化,返出物的变化,为准确判断侧钻是否成功提供依据。

3)侧钻时需作侧钻前后的井斜水平投影图,求出两个井眼的夹壁墙,以指导侧钻工作的顺利进行。

另外,由于侧钻前后的两个井眼中同一地层的厚度和深度必然不同,以致相应录井剖面也不相同。因此,在侧钻过程中,应从侧钻开始时的井深开始录井,避免给岩屑剖面的综合解释工作带来麻烦。

思考题:
1. 影响钻时变化的因素有哪些?
2. 钻井取心的原则是什么?取心层位如何确定?
3. 碎屑岩岩心描述有哪些内容?
4. 岩心、岩屑描述的分层原则是什么?
5. 钻遇油、气、水显示时应收集的资料有哪些?
6. 如何进行荧光录井?
7. 确定井壁取心的原则是什么?
8. 几种常规地质录井在油气田勘探开发中的作用有哪些?

第三章 综合录井原理及资料应用

综合录井技术是在钻井过程中应用电子技术、计算机技术及分析技术,借助分析仪器进行各种石油地质、钻井工程及其他随钻信息的采集(收集)、分析处理,进而达到发现油气层、评价油气层和实时钻井监控目的的一项随钻石油勘探技术。应用综合录井技术可以为石油天然气勘探开发提供齐全、准确的第一性资料,是油气勘探开发技术系列的重要组成部分。该项技术在国外一般称泥浆录井(Mud logging)。

综合录井技术主要作用为随钻录井、实时钻井监控、随钻地质评价及随钻录井信息的处理和应用。

综合录井技术的特点有:录取参数多、采集精度高、资料连续性强、资料处理速度快、应用灵活、服务范围广等。

在我国,综合录井技术作为一项独立的石油天然气勘探技术是20世纪80年代才发展起来的,是一项新兴的、综合性的录井技术。我国大量推广使用综合录井仪是从1985年引进法国TDC联机综合录井仪开始的。近几年来通过逐步吸收国外先进技术,国产综合录井仪已有了长足的进步,在石油勘探中已取得了明显的效益,并将发挥更重要的作用。

本章主要介绍综合录井仪的工作原理及综合录井资料的解释应用。

第一节 综合录井仪的工作流程及录井项目

综合录井仪的结构随着综合录井技术的发展,也在不断地变化。早期的综合录井仪仅有部分传感器、二次仪表及部分显示记录系统。系统结构简单,测量参数少。

我国20世纪80年代大量引进的法国TDC综合录井仪是一种联机型录井设备,主要有传感器、二次仪表、联机计算机系统、显示记录装置等。

目前,国际、国内先进的综合录井仪在参数检测精度上有了大幅度的提高,扩展了计算机系统功能,形成了随钻计算机实时监控和数据综合处理网络,部分配套了随钻随测(MWD)系统,增加了远程传输等功能,实现了数据资源的共享(见图3-1)。

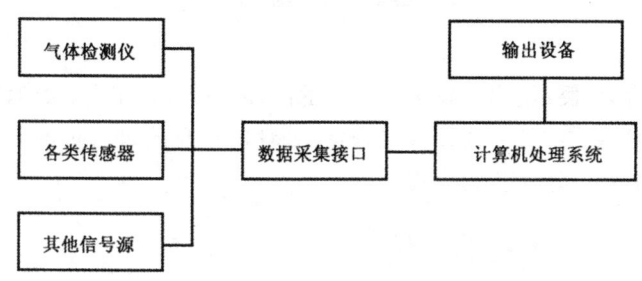

图3-1 综合录井仪基本结构图

一、基本概念

1. 传感器

传感器亦称一次仪表,它用来实现从一种物理量到另一种物理量的转换,其输入信号为待测物理量,如温度、压力、电阻率等,输出信号为可以被二次仪表或计算机接收的物理量,如电流、电压等。传感器是综合录井仪的最基础部分,其工作性能的好坏直接影响着录井质量。

2. 二次仪表

二次仪表又称信号处理器,对来自传感器的信号进行放大或衰减、滤波及运算处理,把处理结果输送到记录仪、计算机及其他输出设备。因其硬件庞大,难以维护,目前先进的录井仪已去掉此部分。

3. 计算机系统

计算机技术的发展及应用,使得大规模的录井数据处理成为可能。综合录井仪联机计算机担负着参数的采集、处理、存储和输出的任务。它把来自二次仪表或来自数据采集器的信息进行转换和处理,按用户规定的格式和内容进行资料的存储,以直观的方式进行屏幕显示或打印输出。其存储的资料还可以按照用户的要求，应用其他专用软件进行进一步处理，以完成地质勘探、钻井监控及其他录井目的。计算机系统是综合录井仪的核心部分，经不断地改进、完善，目前已形成多用户的网络化联机计算机系统。

目前，先进的综合录井联机系统采用多用户、网络化数据管理，可与近程或远程工作站联接，便于数据资源的共享。

4. 输出设备

综合录井仪输出设备主要有显示器、记录仪、打印机、绘图仪等等。其用途是将二次仪表或计算机采集、处理的信息通过直观的方式呈现给用户以进行进一步的应用。

二、综合录井仪工作流程

各类传感器将待测物理量转变成可被二次仪表或计算机接收的物理量，这些信号被送到二次仪表或数据采集板进行放大或衰减、滤波、模/数转换及运算处理，经初步处理的参数以模拟量被送到笔式记录仪和计算机系统处理后，由打印机输出，进行曲线或数字记录，作为原始资料被永久保存。同时被送到终端显示器、图像重复器等监控设备供有关工作人员随时掌握施工状况。计算机按一定数据格式及内容，按一定的间隔和方式将所测量的数据或处理的资料存入计算机硬盘或软盘。利用井场工作站或远程工作站对这些资料按不同的要求进行处理、解释及综合应用，并制作相应的报告和图件。录井人员及其他有关人员根据这些资料进行油气评价、实时钻井监控、指导钻井施工，达到录井目的，参见图 3-2。

以上为综合录井仪基本工作流程。各种录井仪的工作流程大体相同。

三、综合录井仪的录井项目

综合录井测量项目按测量方式不同可分为直接测量项目、基本计算项目、分析化验项目及其他录井项目。

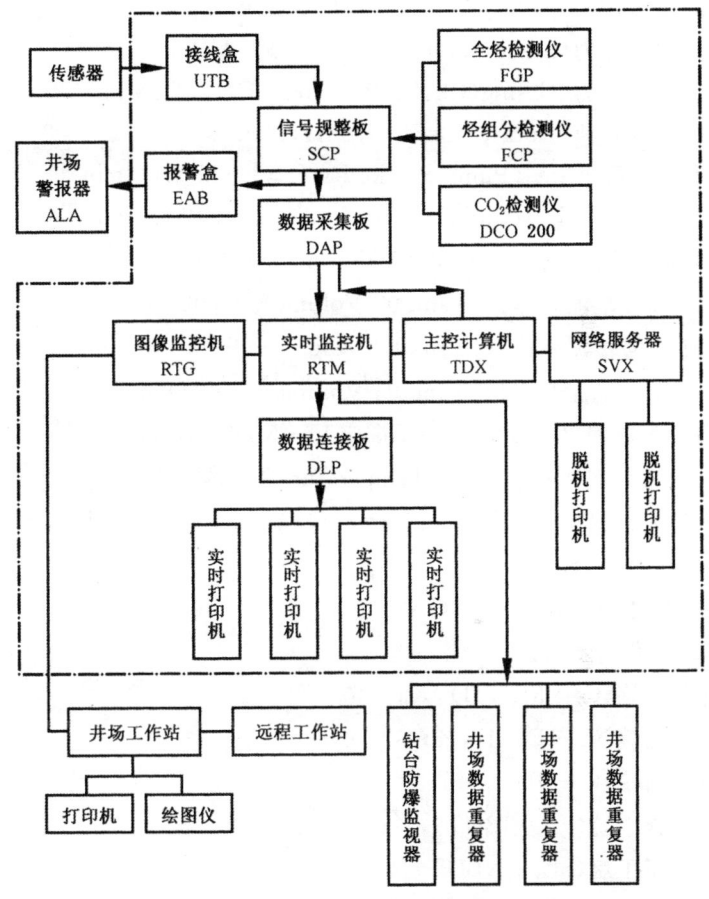

图3-2 ALS-2综合录井仪工作流程图

1. 直接测量项目

直接测量项目按被测参数的性质及实时性可分为实时参数和迟到参数。

(1)实时参数

1)大钩负荷(Hook load—WOH,WKL),kN;

2)大钩高度(Hook height—HKH),m;

3)转盘扭矩(Rotary Torque—TORQ),kN;
4)立管压力(Standpipe Pressure—SPP),MPa;
5)套管压力(Casing(Choke)Pressure—CHKP),MPa;
6)转盘转速(Rotary Speed—RPM),r/min;
7)1号泵冲速率(Pump Stroke Rate #1—SPM1),min^{-1};
8)2号泵冲速率(Pump Stroke Rate #2—SPM2),min^{-1};
9)1号池泥浆体积(Tank 01 Volume—TV01),m^3;
10)2号池泥浆体积(Tank 02 Volume—TV02),m^3;
11)3号池泥浆体积(Tank 03 Volume—TV03),m^3;
12)4号池泥浆体积(Tank 04 Volume—TV04),m^3;
13)入口泥浆密度(Mud Density In—MDI),g/cm^3;
14)入口泥浆温度(Mud Temperature In—MTI),℃;
15)入口泥浆电导率(Mud Electro-Conductivity In—MCI),mS/m。

(2)迟到参数

1)全烃(Total Gas—TGAS),%;
2)烃类气体组分:
① 甲烷(C_1—METH),%;
② 乙烷(C_2—ETH),%;
③ 丙烷(C_3—PRP),%;
④ 异丁烷(iC_4—IBUT),%;
⑤ 正丁烷(nC_4—NBUT),%;
⑥ 异戊烷(iC_5—IPENT),%;
⑦ 正戊烷(nC_5—NPENT),%;
3)硫化氢(Hydrogen Sulfide—H_2S),%;
4)二氧化碳(Carben Dioxide—CO_2),%;
5)氢气(Hydrogen—H_2),%;
6)氦气(Helium—He),%;
7)出口泥浆密度(Mud Density Out—MDO),g/cm^3;
8)出口泥浆温度(Mud Temperature Out—MTO),℃;

9）出口泥浆电导率（Mud Electro-Conductivity Out—MCO），mS/m；

10）出口泥浆流量（Mud Flow Out—MFO），%。

2. 基本计算参数

1）井深（Depth Hole）：

① 标准井深（Depth Hole/DMEA），m；

② 垂直井深（Depth Hole/DVER），m；

③ 迟到井深（Depth Return/DRTM），m；

2）钻压（Weight on Bit—WOB），kN；

3）钻时（Rate of Penetration—ROP），min/m；

4）钻速（Rate of Penetration—ROP），m/h；

5）泥浆流量（Mud Flow—MF），L/s；

6）泥浆总体积（Tank Volume(Total)—TVT），m^3；

7）迟到时间（Lag Time/LAG B-S），min；

8）dc 指数（Corr. Drilling Exponent—DXC），无量纲；

9）sigma 指数（SIGMA Exponent—SIGMA），无量纲；

10）地层压力梯度（Formation Pore Pressure Graduation—FPPG），g/m^3；

(11) 破裂地层压力梯度（Formation Fracture Pressure Graduation—FFPG），g/m^3；

(12) 地层孔隙度（Formation Porosity—PORO），%；

(13) 每米钻井成本（Cost—COST），元/m。

3. 分析化验项目

1）页岩密度（Shale Density—SDEN），g/cm^3；

2）灰质含量（Calcimetry Calcite—CCAL），%；

3）白云质含量（Calcimetry Dolomite—CDOL），%。

4. 其他录井项目

其他录井项目有岩屑（Cutting）、岩心（Core）、随钻随测（MWD）、电测井（E. Log）等。随着综合录井技术的不断发展，综合录井项目和服务范围也在不断扩展。

思考题：
1. 综合录井技术的定义、作用及特点是什么？
2. 什么是传感器？什么是二次仪表？
3. 简述综合录井仪的基本结构及工作流程。
4. 综合录井仪的直接测量参数有哪些？
5. 随钻分析化验项目有哪些？

第二节　综合录井参数及检测原理

一、气体检测

石油、天然气具有挥发、可燃、导热、吸附、溶解等性质。油田气主要组成为 C_1、重烃（C_2、C_3……）及少量 H_2、CO_2、N_2、CO、H_2S 等气体。一般油田气重烃相对含量为 10%～35%，气田气重烃相对含量为 0～2%，凝析气重烃相对含量为 10%～13%。气体检测是通过对钻井液中石油、天然气含量及组分的分析，以直接发现并评价油气层的一种地球化学测井方法。主要硬件设备包括：全烃检测仪、烃类组分检测仪、非烃组分检测仪（或二氧化碳检测仪）、硫化氢检测仪、脱气器、氢气发生器及空气压缩机等。以下分别对几个主要的分析检测单元及分析检测原理加以介绍。

1. 脱气器

脱气器是一种将循环钻井液中的天然气及其他气体分离出来，通过样气管线为气测仪提供样气的设备。

现场使用的脱气器主要有以下几种类型。

（1）浮子式连续钻井液脱气器

浮子式连续钻井液脱气器简称浮子式脱气器，由钻井液破碎叶片、集气室、输气孔等组成，是一种结构简单、价格低廉的脱气器。它利用钻井液流动产生的动力破碎钻井液，使其中的气体自动逸出。因其只能破碎钻井液表层，故脱气效率低，仅 5% 左右。利用该类脱气器只能采集钻井液中的游离气。目前该类脱气器已基本被淘汰。

(2)电动式连续钻井液脱气器

电动式连续钻井液脱气器简称电动式脱气器,它应用电动搅拌破碎钻井液,使其中的气体逸出。它由防爆电动机、搅拌棒、钻井液室、钻井液破碎挡板、集气室及安装支架等部分组成(图3-3)。

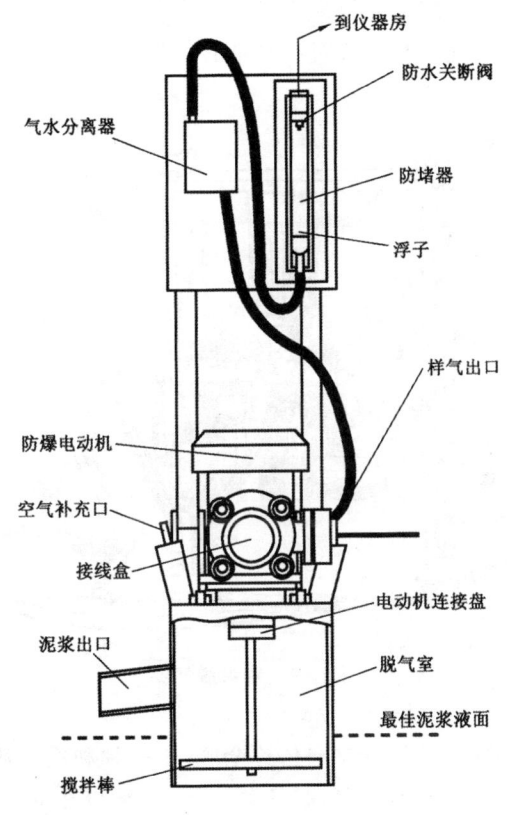

图3-3 电动脱气器

防爆电动机可使用220V或380V,50/60Hz三相交流电,其额定功率一般在0.5~0.75kW,转速一般在1350r/min左右。

接通电源时,电动机带着搅拌棒高速旋转,搅拌棒带动钻井液旋转。由于离心作用及筒壁的限制,使钻井液呈旋涡状沿筒壁快速上升,遇到挡圈时钻井液被碰撞破碎成细滴状淋出,使钻井液表面积急剧增大,钻井液中的气体大量逸出,通过样气出口进入气水分离器及干燥筒净化,通过样气管线进入分析仪器分析。应用该脱气器可采集钻井液中的游离气及部分吸附气,脱气效率较高,约20%。

(3)定量脱气器(QGM)

定量脱气器是一种通过对一定量的钻井液进行彻底脱气的一种电动脱气器,见图3-4。

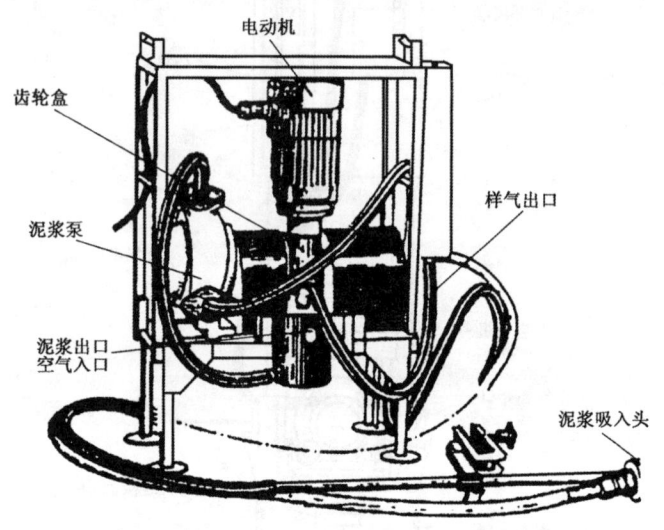

图3-4 定量脱气器

(4)热真空蒸馏脱气器(VMS):

热真空蒸馏脱气器(VMS)俗称全脱,是一种利用加热真空蒸馏方式进行间断取样脱气的装置,脱气效率高,一般可达95%以上。利用全脱分析资料可对随钻连续分析的气测资料进行校正,或对主要油气层进行详细分析。

2. 色谱柱

色谱法最早是用来分离用一般化学方法很难分离的植物叶绿素、叶黄素的一种方法。由于分离出来的物质是带色的,故名色谱法。虽然这种方法分离的物质大多是不带颜色的,但方法的名称仍沿用色谱法。

在色谱法分析中有两相,即流动相和固定相。若按流动相物理状态的不同而分类,色谱法可分为气相色谱法和液相色谱法两种。流动相是气态,称为气相色谱法;流动相是液态,称液相色谱法。气测井使用的是气相色谱法。气相色谱法按固定相物理状态不同可分为气固色谱法和气液色谱法;若按方法的物理、化学分类,则又可分为吸附色谱和分配色谱。

气相色谱法的分析原理是当载气携带着样品气进入色谱柱后,色谱柱中的固定相就会把样品气中的各个组分分离出来(图3-5、图3-6)。

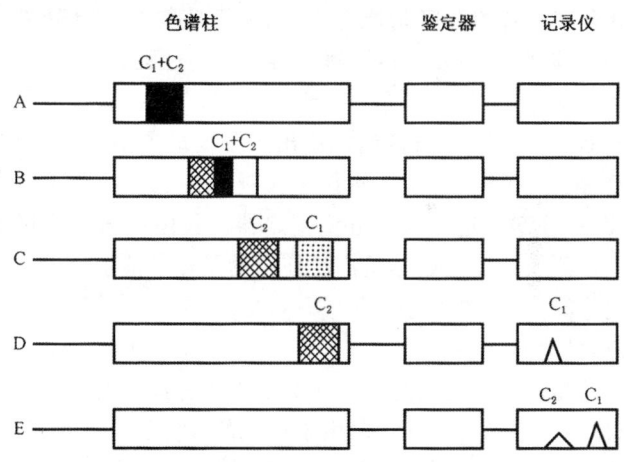

图3-5 色谱柱工作原理图

气固吸附色谱的基本原理就是使用吸附剂,利用固体表面对被分离物质各组分吸附能力的不同,从而使物质组分分离。在色谱柱中,它是一个不断吸附—解吸—再吸附—再解吸的过程。

气液分配色谱中流动相是气体,固定相是一种惰性固体(常称担体,它应该没有或只有很小的吸附能力)表面涂一层高沸点有机物的液膜(称为固定液)。气液分配色谱基本原理就是利用不同物质组分在装有固定液的固定相中溶解度的差异,从而在两相中有不同的分配系数

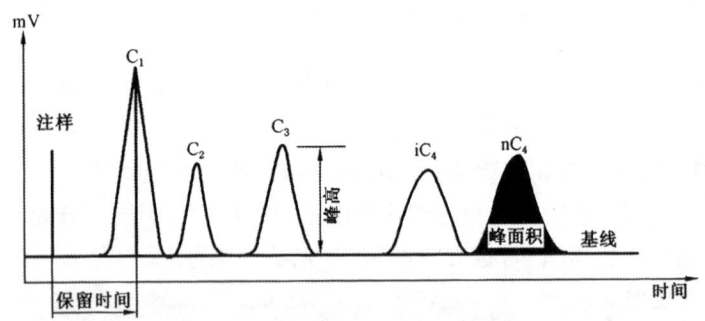

图 3-6 色谱分析峰值图

而使组分分离。各组分吸附能力不同,从而使物质组分分离。在色谱柱中,是一个溶解—挥发—再溶解—再挥发的过程。

3. 鉴定器

鉴定器(检测器)是将色谱柱流出组分变成电信号,从而鉴别各组分浓度及含量的仪器,它是色谱仪中关键部件之一。常用鉴定器可分为两类,即积分型鉴定器和微分型鉴定器。我国色谱气测仪采用的是微分型鉴定器。这类鉴定器最广泛使用的是热导池鉴定器和氢火焰离子化鉴定器等。

(1) 热导池鉴定器

不同的物质有不同的热传导系数。由于样品气与载气的热传导率不同,当样品气未通入热导池时由于载气的成分和流速是稳定的,调节热导桥使其输出为零(图 3-7),电桥平衡。当样品气通入热导池时,引起热敏元件的阻值发生变化,使电桥平衡破坏,产生电信号,被记录器所记录。样品浓度越大,引起热敏元件的阻值变化越大,电桥不平衡越显著,产生电信号就越大;在相反情况下,产生的电信号就越小。故热导池鉴定器是属于浓度鉴定器。

(2) 氢火焰离子化鉴定器

氢火焰离子化鉴定器是以氢气在空气中燃烧所生成的火焰为能源,使被分析的含碳有机物中的碳元素离子化,产生了数目相等的正离子和负离子(电子)。由于离子室的收集极和底电极(发射极)间有电位

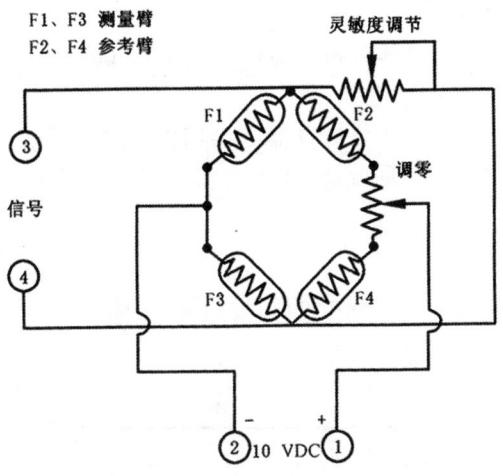

图 3-7 热导池惠斯登电桥原理图

差,在电场作用下,正负离子各往相反的电极移动,产生微电流。产生的电流将通过图 3-8 所示的高阻 R。电离电流越大,则这一电阻两端的电位差也越大,电位差经放大后输给记录器的电信号也越大。电离电流的大小与有机物的含碳量和浓度有关。因此,根据氢火焰鉴定器信号的强弱可以判断有机物的浓度。该鉴定器是碳离子鉴定器,一般只对含碳有机物有信号产生。

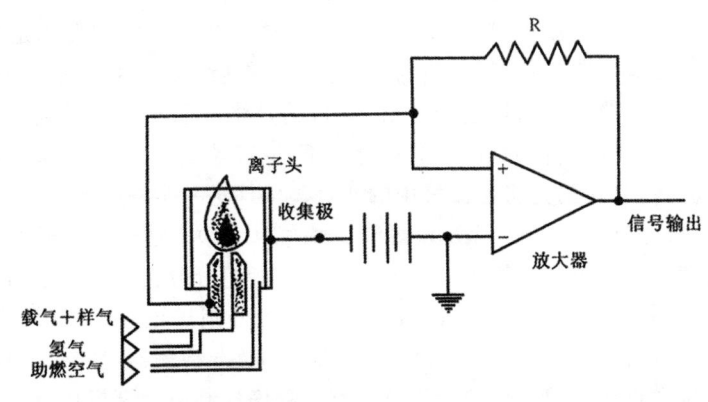

图 3-8 氢火焰离子化鉴定器测量原理图

4. 氢气发生器

氢气发生器为气体分析仪器提供用作燃气的氢气。

5. 空气压缩机

空气压缩机为气体分析仪器提供用作载气或助燃气的压缩空气。由单项电机、气体泵、储气罐、压力表、稳压阀、高低压力临界值调节装置等组成。

6. 气测仪工作原理

气测仪整机由以下单元组成：分析器、微电流放大器、程序控制器，见图3-9。

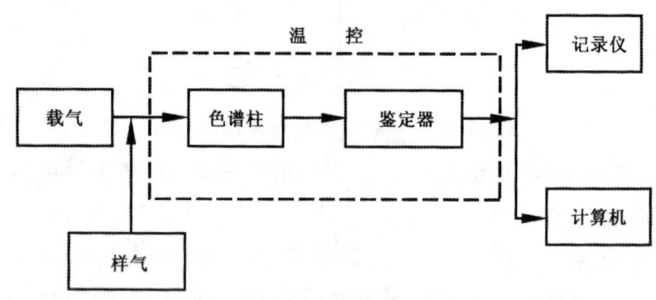

图3-9 气体检测仪工作原理图

仪器的主要功能是将随钻井液所携带出来的气体进行定性、定量分析。流程是经脱气器脱出的气体由电磁泵抽送到分析器中进行分析。气体分三路分析：第一路为全烃分析，它连续监测样品气中烃类气体的含量。第二路为烃组分分析，其目的是将样品气中的烃类组分进一步进行定性、定量分析，一般只分析 $C_1 \sim C_5$ 各组分。第三路为热导组分分析，其目的是将样品气中的非烃类气体进一步进行定性、定量分析，一般分析 $H_2(He)$、CO_2 及烃类甲烷气(CH_4)。通过计算机变更分析周期可分析更多或较少的组分。全烃和烃组分分析采用氢焰离子化检测器，其检测信号经微电流放大器放大后分别送记录仪和计算机做记录、显示打印和贮存。热导组分分析采用热导检测器，热导检测器输出信号则直接送记录仪和计算机。整机程序控制由计算机执行。在不使用计算机时则可由程序控制器单元来执行。

二、深度测量系统

深度测量系统主要用于测井深、悬重等与井深及悬吊系统重量有关的参数。主要有以下功能：

可以测量悬重、钻压、大钩高度、钻头位置、井深、钻时、钻速、管速等参数用于判断大钩重载(ON - HOOK)、大钩轻载(或称坐卡瓦,ON-SLIP)、钻头离井底(OFF - BOTTOM)等钻井状态,并可向记录仪发送时间及深度记号。

该系统有两个传感器:悬重传感器和井深传感器,分别用于测量井深及悬重。通过换算可得到其他参数,如钻压、钻时等。

1. 悬重传感器

悬重传感器是一个 5Pa 压力传感器,安装在钻机死绳固定器上,用以测量大钩负荷,即悬重。

该压力传感器是由一个用于传输油压的柱状液压油仓和一套电桥电路组成(图 3 - 10)。

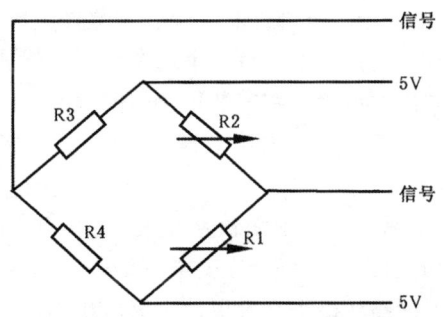

图 3 - 10 压力传感器工作原理
R1—测量电阻;R2—补偿电阻

该传感器是基于惠斯登电桥的原理制成的,其测量电阻是一块压力感应膜片。它的工作原理是应用半导体的压阻效应,即其电阻随作用应力的改变而改变。

当悬吊系统重量变化时,作用于死绳上的拉力将发生变化,通过马丁代克转换成液压油仓油压的变化,液压油压的变化迫使感应膜片变形,其测量电阻阻值 R1 发生变化,破坏电桥平衡产生电压信号。

为了解决感应片阻值受温度影响而变化的问题,采用补偿电阻 R2,其材料与 R1 完全相同,并置于相同的环境中。当温度条件变化时,R1 与 R2 同时变化,电桥仍保持平衡,电桥输出仅与油压有关。

2. 深度传感器

目前,综合录井仪常用的深度传感器有两种,即光学编码传感器及绞车传感器。

(1)光学编码传感器

该类传感器是通过与大钩直接相连的引绳牵引,当大钩运动时,引绳带动光学编码器,使其光学编码发生变化,进而转换成大钩位置的变化。

(2)绞车传感器

该传感器被安装在钻机滚筒轴上,通过测量钻机大绳收放时滚筒的角运动来监测大钩垂向运动,通过二次仪表或计算机转换大钩位置及井深等参数的变化。

该传感器是由一个定子部件和一个转子部件组成。定子部件为一个金属圆盘外壳,其上并排安装有两个马蹄形邻近探测头;转子部件为一个具有 12 个方齿的齿轮。在安装传感器时,转子与滚筒轴被固定在一起,定子部件固定不动。当大钩上提下放时,滚筒转动,转子随之转动(图 3-11)。

邻近探测头实际上是一个无触点开关,它由一个振荡器组成。在振荡线圈感应面的前方产生一个交变电磁场。当有金属片接近振荡线圈时,探测头附近的高频磁场在金属片中感应出涡流,造成较大的能量损失,输出一个低电压信号;当有金属片远离振荡线圈时,探测头附近的高频磁场的能量损失较小,此时输出的电压近似于传感器振荡线路供电电压,因此输出一个高电压信号。

当大钩运动时,传感器转子部件随滚筒一起转动,转子齿轮的齿与齿间空交替地通过探测头前方,使探测头电路输出一系列高电压与低电压相间的脉冲信号。这些脉冲信号被送到信号处理放大器和单稳线

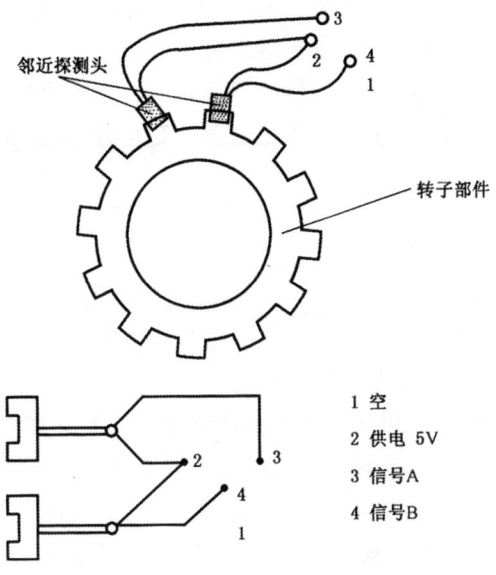

图 3-11 绞车传感器工作原理

路中加以处理,从而得出"不探测"(高电压)和"探测"(低电压)的脉冲信号。

以上是邻近传感器的工作原理。综合录井仪中应用的邻近传感器还有泵冲速传感器和转盘转速传感器等。

三、立管压力及套管压力传感器

立管压力又称泵压,是计算钻井水力参数及压力损失的一项重要参数。在钻井施工中,正确地控制立管压力,对于提高钻井效率具有重要意义。此外它还是反映钻井安全的重要参数,可以反映钻具刺穿、钻具断裂或脱落、钻头水眼堵塞及泵故障等多种地下或地面情况。在综合录井联机系统中是用于钻井状态判断的必不可少的参数之一。

套管压力是反映地层压力的一个重要参数。其工作原理与立管压力完全相同。

立管中的高压钻井液进入与其直接相连的压力转换器,转换成油压传递给通过高压软管相连或直接相连的压力传感器。

该传感器是基于惠斯登电桥的原理制成的,其测量电阻是一块压力感应膜片,它的工作原理参见悬重传感器。

当立管压力变化时,压力转换器及高压管路中的液压油油压变化,迫使感应膜片变形,其测量电阻阻值 R1 发生变化,破坏电桥平衡产生电压信号。

四、转盘扭矩传感器

转盘扭矩是反映地层变化及钻头使用情况的一项重要参数。
转盘扭矩的检测方式有液压式、霍尔效应式及直接测量式等。

1. 液压扭矩传感器工作原理

液压扭矩传感器包括一个压力转换器和一个压力传感器。

压力转换器由承压轮、承压室、液压软管及支架等组成。安装在钻机传动链条下面,链条移动时带动承压轮转动。当转盘扭矩增大时,柴油机负荷增大,链条拉紧,承压轮向下移动,承压室内的液压油被挤加压,通过液压软管将压力传递到压力传感器。

压力传感器是利用半导体的压阻效应及惠斯登电桥的原理制成的。其工作原理参见悬重传感器。

2. 霍尔效应扭矩传感器工作原理

霍尔效应扭矩传感器是根据霍尔效应原理制成的用以测量转盘扭矩的传感器,见图 3-12。霍尔效应扭矩传感器套在电动钻机转盘动力电缆上,当电缆线中有电流通过时,在电缆线周围产生一个磁场,且

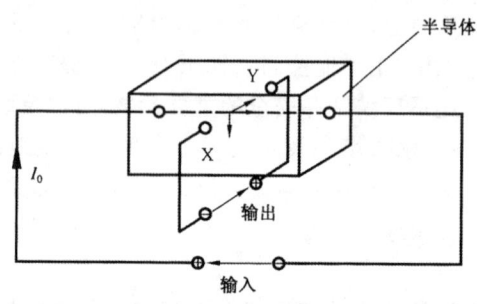

图 3-12 霍尔效应扭矩传感器工作原理

磁场强度与通过电缆线的电流成正比。这个磁场使处于其中的霍尔元件产生一个电势，称霍尔电势。当传感器的激励电流恒定时（一般为100mA），霍尔元件输出的电势与所处的磁场强度成正比。

当转盘扭矩变化时，转盘动力电机的负荷变化，因此通过动力电缆的电流变化，从而引起传感器输出信号变化。

五、泵冲速传感器

泵冲速指单位时间内泥浆泵作用的次数，单位为 min^{-1}。它是计算钻井液入口排量及钻井液迟到时间的重要参数，还可用于判断泵故障，与立管压力等参数综合分析可以判断井下钻具事故等。

泵冲速传感器也是一种邻近传感器。由一个长柱形外壳及邻近探测头组成。

泥浆泵工作时，其活塞作往复运动，安装在活塞上的金属片交替地通过探测头前方，使探测头电路输出一系列高电压与低电压相间的脉冲信号，这些脉冲信号被送到信号处理放大器和单稳线路中加以处理，从而得出"不探测"（高电压）和"探测"（低电压）的脉冲信号。

六、转盘转速传感器

转盘转速为单位时间转盘转动的圈数，单位为 r/min。它是进行钻井参数优选、钻井状态判断及地层可钻性校正和气测资料环境因素校正的必不可少的资料。

转盘转速传感器也是一种邻近传感器。由一个长柱形外壳及邻近探测头组成。其工作原理参见泵冲速传感器。

七、钻井液密度传感器

钻井液密度是实现平衡钻井、提高钻井效率的一项重要的钻井液参数，也是反映钻井安全的重要参数。在正常情况下，泵入井内和从井内返出的钻井液密度应相等。但当有流体侵入时，返出的钻井液密度减小；钻入造浆地层或地层失水过大时，会引起密度增加。因此，监测钻井液密度的变化是及时发现井内异常，防止井喷、井漏等事故发生的重要手段。

钻井液密度的测量方式很多,下面仅介绍压差式测量原理。

密度传感器由两个压力感应元件和一个电容感应元件组成,见图 3-13。

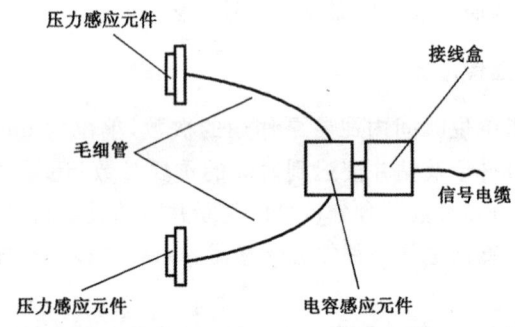

图 3-13 压差式钻井液密度传感器测量原理

在正常工作时,密度传感器垂直安装在钻井液中,两个压力感应元件在钻井液中的深度不同。因为液体中的物体所受的压力与该物体所处的深度及液体的密度有关,而两个压力感应元件之间的距离恒定,因此其间的压差仅与钻井液的密度有关。当已知两压力感应元件间的压差 D_p 时,若其间距为 H,根据下式可得出钻井液密度值 ρ:

$$\rho = \frac{10 \times D_p}{H}$$

式中　ρ——钻井液密度,g/cm^3;

　　　D_p——压力感应元件间压差,g/cm^2;

　　　H——压力感应元件间距,cm。

电容感应元件的作用是接收来自两个压力感应元件的液压信号,将压差转化成电容量,进而转化成 4~20mA 的电流信号。

八、钻井液温度传感器

钻井液温度是在地面检测的进出口钻井液温度,是反映地层温度梯度的参数。根据钻井液温度变化可判断井下侵入流体的性质及地层压力变化情况。

常见的钻井液温度传感器是一个热电阻式传感器,它是由纯铂(Pt)电阻丝感应头、绝缘导管组成,见图3-14。

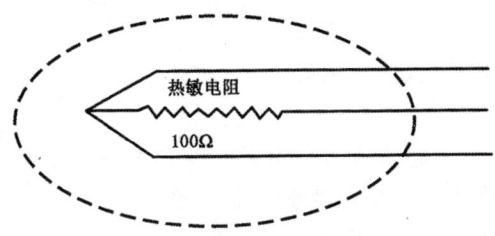

图3-14 温度传感器工作原理

金属导体和某些半导体的阻值随温度的变化而变化,热电阻传感器就是根据这一原理制成的。常见的热电阻有铂、铜等。铂电阻的特点是精度高、稳定性好,在温度不太高时(0~630.74℃),其阻值与温度存在近似线性关系,线性度好。

感应头的铂阻丝经过热处理,并密封到一个耐热玻璃筒中,经调节使其阻值与温度保持良好的线性关系。

九、钻井液电阻(导)率传感器

钻井液电阻(导)率是分析评价地层流体性质的一个重要参数,同时是检测钻井液中矿化度的基本方法。

电解质溶液与金属导体一样是电的良导体,当电流流经电解质溶液时,呈现出一定的电阻。

$$R = \rho \frac{L}{S}$$

式中　R——溶液的电阻,Ω;

　　　ρ——溶液电阻率,$\Omega \cdot m$;

　　　L——导电溶液长度,m;

　　　S——导电溶液截面积,m^2。

所以,电阻率的公式可写成

$$\rho = R \times \frac{S}{L}$$

从另一方面讲,溶液具有一定的电导及电导率:

$$G = \frac{1}{R} = \frac{1}{\rho} \cdot \frac{S}{L} = \gamma \cdot \frac{S}{L}$$

$$\gamma = \frac{G \cdot L}{S}$$

式中　G——溶液的电导,S(等价于 $1/\Omega$);

　　　γ——溶液电导率,S/m。

电阻(导)率传感器通常采用无电极方式,是由两个线圈组成的感应元件、温度补偿元件及支架等组成,见图 3-15。

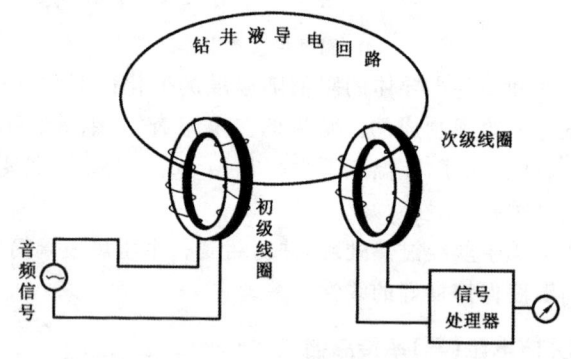

图 3-15　钻井液电导率传感器工作原理

感应元件的两个线圈,一个称为初级线圈,一个称为次级线圈。给初级线圈提供一个 20kHz 的交变电流驱动信号,在其周围产生一个交变电磁场,在次级线圈中感应出电流。当传感器处于空气中时,由于空气的导磁率很小,在次级线圈中感应出的电流很小。

设想有一根导线通过两磁环而闭合,那么初级线圈中磁通的变化会在该闭合导线中感应出电流,而该电流又会在次级线圈中感应出电信号,而且次级线圈中感应电势的大小取决于闭合导线中电流值。当初级线圈中所加的交流电压一定时,该电流值的大小又由闭合导线的电流值决定。综上所述,次级线圈感应电势的大小,完全取决于闭合导线的电阻值,这种情况的等效电路如图 3-15 所示。这两个线圈和导线可以看做是两个理想变压器。

如果把初级线圈置于钻井液中,则钻井液就起了闭合导线的作用。在理想情况下,次级线圈的输出电压的大小与钻井液的电阻率成反比。

传感器的温度补偿装置,补偿了由于温度变化而产生的电阻率的变化。

十、钻井液体积传感器

在钻井液循环过程中,连续地监测钻井液体积是及时发现钻井液增加或减少的基本方法,是预报井喷、井漏,保证钻井安全的必不可少的资料。

目前,检测钻井液体积的传感器有浮子式、超声波式、雷达式等。通过检测泥浆池液面的高度,进而计算出钻井液体积。

浮子式钻井液体积传感器有两种:一种是滑动电阻式。它是通过随钻井液液面而升降的浮子,带动导杆内部滑动探头,改变滑动电阻的阻值,而检测钻井液液面位置的。另一种为多圈电位计式。它是通过随钻井液液面升降而升降的浮子,直接改变多圈电位的阻值,而检测钻井液液面位置的。

超声波钻井液体积传感器是根据超声波测距原理进行液面位置检测的。

雷达式钻井液体积传感器是根据雷达测距原理进行液面位置检测的。

思考题:

1. 常用的脱气器有哪几种?工作原理是什么?
2. 简述气相色谱法的分析原理。
3. 简述氢火焰离子化鉴定器的工作原理。
4. 简述热导池鉴定器的工作原理。
5. 简述惠斯登电桥的工作原理。
6. 简述绞车传感器的工作原理。
7. 简述霍尔效应扭矩传感器工作原理。
8. 简述压差式钻井液密度传感器测量原理。

第三节 联机系统工作原理及资料处理

一、联机系统硬件结构及主要功能

目前,引进综合录井仪及大部分国产综合录井仪的计算机联机系统大都采用网络化的结构,实现了井场范围内及井场与基地范围内的网络化通讯,实现了信息的快速传递及成果共享。

1. 硬件结构

计算机联机系统主要由以下五部分组成,即实时计算机、图形计算机、服务器、地质工作站及输出设备。下面以 ALS-2 为例,介绍计算机联机系统的结构及主要功能。ALS-2 联机系统结构见图 3-2。

2. 主要功能

计算机系统功能主要有实时数据采集、以时间和井深为坐标的数据存储、数据库管理、工程应用(包括水马力、井斜、井涌、冲击和抽汲等)、应用解释(包括气体、超压、实时漏泄试验等)、图形或数字数据输出、实时数据传输等。以下对主要硬件部分的功能分别加以阐述。

(1)实时监控计算机(RTM)

接收数据采集板(DAP)发送的所有数据;实现钻井状态判断;实现石油工程计算,如迟到时间、迟到井深、钻时、钻压、dc 指数等;内外部参数报警管理;实时打印机管理;井深数据库存储;实时监控画面的存储等。

(2)实时图形计算机(RTG)

自实时监控计算机(RTM)接收数据;实现以井深或时间为坐标的图形显示;在网络服务器上存储时间及井深数据库;存放有与实时监控计算机(RTM)相同的软件,必要时可以应急替换实时监控计算机(RTM)。

(3)网络服务器(SVX)

负责联机系统网络管理;硬盘上存有时间及井深数据库;所有网上工作站可以同时在服务器存取数据;管理脱机打印机。

(4)主控工作站(TDX)

与数据采集板(DAP)直接连接,用户可以通过 TDX 实现所有采集参数和气体检测设备的标定及岩性描述等地质资料的人工置入;实现数据库管理及应用软件处理等。

(5)输出设备

综合录井输出设备有实时数字打印机、实时图形打印机、应用软件处理打印机或绘图仪等,主要实现实时采集资料及应用处理资料的数字及图形输出。

二、联机系统主要软件功能

实时联机系统是综合录井仪的核心,它担负着录井参数的实时采集及处理、钻井状态的判断、石油工程数据的计算、参数的实时修改、数据库管理、数据通讯、实时及计算数据的显示、打印和存储等任务。

1. 钻井状态的判定

联机系统可以根据实时采集参数的变化自动判断当前钻井工作状态。这不但为操作人员及时了解钻井工况提供了方便,而且使系统本身智能化。为及时确定钻井状态,对不同的采集参数采用不同的采集周期,对变化速度快的参数如悬重、大钩高度等进行高速采样,以使系统迅速确定当前钻井状态。钻井状态包括初级钻井状态和次级钻井状态,系统根据采集参数首先判别初级钻井状态,然后确定次级钻井状态。

(1)初级钻井状态的判定

初级钻井状态主要根据设置的参数门限值判别。

1)大钩重载(ON—HOOK)和轻载状态(ON—SLIP)的判定。

为了判断大钩重载或轻载,设计了两种模型,即双限模型和差值模型。双限模型设置坐卡门限和解卡门限,差值模型设置坐卡门限和差值门限。

① 双限模型:若大钩负荷＜坐卡门限时,初级钻井状态为轻载(ON—SLIP);若大钩负荷＞解卡门限时,初级钻井状态为重载(ON—HOOK),见图 3-16。

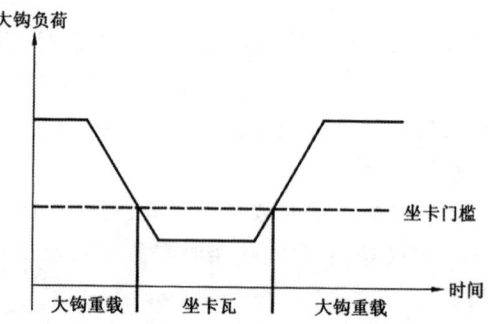

图 3-16 初级钻井状态双限模型

② 差值模型:若大钩负荷＜坐卡门限时,初级钻井状态为轻载(ON—SLIP);若大钩负荷＞坐卡门限时,则需进一步判断。

若计算悬重—大钩负荷＞重量差值门槛时,则为轻载,反之为重载,见图 3-17。

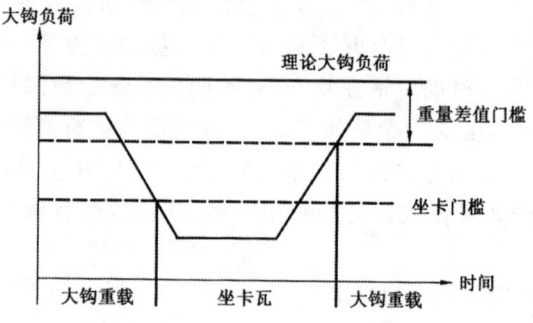

图 3-17 初级钻井状态差值模型

2) 钻井液循环状态的判定。

为判断循环系统是否正在循环,设置了一个立管压力门限,即最小循环压力 $P_{最小}$。

若立管压力 $SPP \geq$ 最小循环压力 $P_{最小}$ 时,判为循环,反之为停循环。

为了保证判断无误,当入口流量 $FLOW \geq 10L/s$ 时,亦判为循环。

3)钻头离井底状态的判定。

根据钻头离井底门限值和当前钻头位置及当前井深判断钻头是否离井底。若井深与钻头位置的差值大于钻头离井底门限值,则钻头离井底。

4)方钻杆接卸的判定。

当大钩负荷小于卸下方钻杆门限值时判别为方钻杆已卸下,反之判为方钻杆已接上。在判为方钻杆卸下时,如果此时为循环状态,则判为方钻杆仍为接上状态。

(2)次级钻井状态的判定

次级钻井状态分为钻进、离井底、划眼和起下钻四个状态。它代表了整个钻井过程的不同工况。判断次级钻井状态的主要根据是钻头与井底的相对位置、是否循环泥浆、有无转速、方钻杆是否接上等参数状态,以及前序次状态。

根据起下钻门槛、离井底门槛与井深和钻头位置的差值的比较,可分成四个带,见图3-18。

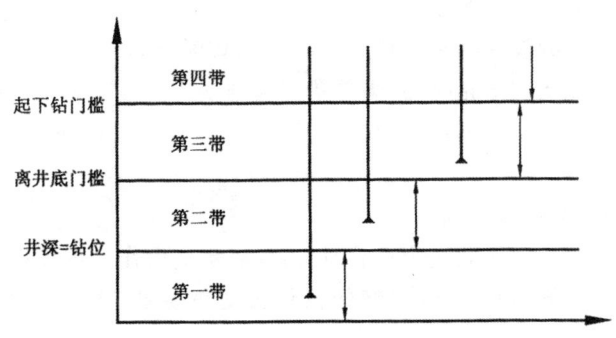

图3-18 次级钻井状态分区

第一带:井深-钻头位置≤0,此时次级钻井状态为钻进。

第二带:0<井深-钻头位置≤离井底门槛,此时四种次级钻井状态均可能出现,要根据原钻井状态加以判定。处于此带时继续延续原来的钻井状态。

第三带:离井底门槛<井深-钻头位置≤起下钻门槛,此时可能存

在的钻井状态为离井底、划眼和起下钻。处于此带时继续延续原来的钻井状态,若原钻井状态为钻进,则变为离井底。

第四带:井深-钻头位置＞起下钻门槛,此时可能存在的钻井状态为划眼和起下钻。对于划眼和起下钻的区分可根据是否接有方钻杆来判定。若接有方钻杆,则为划眼;否则,为起下钻。

根据以上分区,各次级状态的判定原则如下。

1)钻进状态的判定:

若测量井深-钻头位置≤钻头波动门槛,则判为钻进。

若测量井深-钻头位置≤离井底门槛,且钻压大于0,并有泥浆循环时,判为钻进。

2)钻头离井底的判定:

若测量井深-钻头位置＞离井底门槛时,判定为钻头离井底。

3)起下钻状态的判定:

若测量井深-钻头位置＞起下钻门槛,且方钻杆卸下时判为起下钻。

4)划眼状态的判定:

若测量井深-钻头位置＞离井底门槛时,循环、转速不等于零,且前序主状态为起下钻时,判当前状态为划眼。

如果以上判别不能确定当前钻进状态,则当前钻井状态持续前序状态。

(3)接卸钻具的判断

当主状态由轻载变为重载时,需要确定此操作是否接卸了钻具,是接钻具还是卸钻具,以及接卸的钻具长度和接卸的钻具类型。类别方法如下:

当主状态由重载变为轻载时记下此时的大钩高度 H_{ho},而由轻载重新变回重载时的大钩高度为 L_2,则钻具接卸长度为:

$$L = L_2 - H_{ho}$$

当 $L>0$ 时,为接入钻具;当 $L<0$ 时,为卸下钻具。

1)接卸短节。

如果 $|L|$ <最小钻杆长度时,则说明接卸短节。

2)接卸钻杆。

如果最小钻杆长度＜|L|＜最大钻杆长度时,则说明接卸钻杆。

3)接卸立柱。

如果|L|＞最大钻杆长度时,则说明接卸立柱。

4)钻具运动方向的判定。

当$L>0$时,向下运动;当$L<0$时,向上运动。

5)钻井液循环的判定。

当立管压力≥最小循环压力门槛值时为循环;当立管压力＜最小循环压力门槛值时为不循环;

2. 计算模式和计算方法

实时联机系统的数据计算分为多个服务子程序。对不同的计算参数一般设计了不同的计算门限,这大大减少了不必要的重复计算。因计算过程中涉及到许多逻辑判断,现只把主要的计算公式介绍如下。

(1)初始化计算参数

系统联机后首先根据井身结构和钻具结构确定一些参数的基值。随着井深的增加和井内钻具的变化,在基值基础上进行累加或递减,从而避免了数据的重复计算。当井身结构或钻具结构变化时,重新进行初始化参数计算。初始化计算参数如下:

1)钻具重量及钻具内容积的计算。

① 钻具重量 W:

$$W = 9.81 \times \frac{\sum(L_i \times W_i)}{1000}$$

式中　W——钻具总重量,kN;

　　　L_i——井内第 i 段钻具长度,m;

　　　W_i——井内第 i 段钻具线密度,kg/m。

② 钻具内容积 V_i:

$$V_i = \frac{\pi}{4} \times \sum(d_i^2 \times L_i) \times 10^{-6}$$

式中　V_i——钻具内容积,m³;

　　　d_i——井内第 i 段钻具内径,mm;

L_i——井内第 i 段钻具长度,m。

2) 钻具体积 V_p 的计算。

$$V_p = \frac{W}{9.81 \times 7.88}$$

式中　V_p——钻具体积,m³;

　　　W——钻具重量,kN。

3) 井筒总容积 V_h 的计算

$$V_h = \frac{\pi}{4} \times \sum(D_i^2 \times L_i) \times 10^{-6}$$

式中　V_h——井眼总容积,m³;

　　　D_i——第 i 段井眼直径,mm;

　　　L_i——第 i 段井眼长度,m。

4) 环空体积 V_a 的计算

$$V_a = V_h - V_p - V_i$$

在初始化时,按当时井深输入实际井身结构。随着井深的增加,系统将自动修正有关计算参数。钻具结构按当前井内实际的钻具结构输入。钻头位置或井深变化时,系统自动判断并修正有关计算参数。

(2) 实时计算参数

1) 钻头位置的计算。

$$B_p = B_{po} + (H_{ho} - H_h)$$

式中　B_p——钻头位置,m;

　　　B_{po}——钻头初始位置,m;

　　　H_{ho}——初始大钩高度,m;

　　　H_h——大钩高度,m。

钻头位置在重载时才计算,当系统由轻载到重载时令 $B_{po} = B_p$。

2) 井深、垂深、井底上空的计算。

井深:若钻头位置 $B_p > H$,则井深

$$H = B_p$$

垂深:

$$H_v = H_{vo} + (H_{ho} - H_h)\cos\alpha$$

井底上空：
$$H_u = H - B_p$$

式中 H_v——垂直井深，m；
H_{vo}——初始垂深，m；
H_u——井底上空，m；
α——井斜角。

3）大钩速度的计算。
$$v_h = (H_p - H_{po}) \times \frac{1}{\Delta t}$$

式中 Δt——大钩高度由 H_{po} 变为 H_p 时的时间间隔。

在位移大于设定的大钩高度间隔或时间间隔大于设定的大钩时间间隔时，才计算大钩速度。大钩向上运动时大钩速度为正，向下为负。

4）坐卡瓦时间 T_s 与大钩重载时间 T_h 的计算。
$$T_s = T_{so} + \frac{\Delta t}{60}$$

$$T_h = T_{ho} + \frac{\Delta t}{60}$$

式中 Δt——时间累加间隔，s；
T_{so}——初步坐卡瓦时间，s；
T_{ho}——初步大钩重载时间，s。

坐卡时开始累计卡瓦时间，解卡后令 $T_s = 0$；
大钩重载时开始累计大钩时间，坐卡后令 $T_h = 0$；
大钩时间和卡瓦时间只计本次操作时间。

（3）瞬时计算参数

1）计算悬重。
$$WOH_c = W_k + W_h + W_p \times \left(1 - \frac{MW_{in}}{7.88}\right) + \varepsilon$$

式中 WOH_c——计算悬重，kN；
W_k——方钻杆重量，kN；
W_h——大钩重量，kN；

W_p——钻杆重量,kN;

MW_{in}——入口钻井液密度,g/cm³;

ε——悬重校正偏差,kN。

2）计算钻压。

$$WOB = WOH_c - WOH$$

式中　WOH_c——计算大钩负荷,kN;

WOH——测量大钩负荷,kN。

3）计算钻盘总转数。

$$R = R_o + RPM \times \frac{\Delta t}{60}$$

式中　R——钻盘总转数,r;

R_o——原钻盘总转数,r;

RPM——钻盘转速,r/min;

Δt——数据采集时间间隔,s。

4）计算出口流量。

$$FL_{out} = FL_{in} + \frac{(SUM - SUM_a)}{\Delta t}$$

式中　FL_{out}——出口流量,m³/s;

FL_{in}——入口流量,m³/s;

SUM——总池体积,m³;

SUM_a——总池体积平均值,m³。

5）计算钻头运行总时间。

$$T_{bit} = T_D + T_t + T_O + T_R$$

式中　T_{bit}——钻头运行总时间,h;

T_D——钻进时间,h;

T_t——起下钻时间,h;

T_O——离井底时间,h;

T_R——划眼时间,h。

（4）钻进过程计算参数

1）瞬时钻时。

$$ROP_{inst} = \frac{T_{int}}{H - H_O}$$

式中　T_{int}——时间间隔,min;
　　　H——标准井深,m;
　　　H_O——上次计算瞬时钻时的井深,m。

2)纯钻时间。

$$T_D = T_{DO} + \frac{T_{int}}{60}$$

式中　T_{DO}——初步纯钻时间,min。
换新钻头后 $T_D = 0$。

3)钻头进尺。

$$F_{bit} = H - H_{bitO}$$

式中　F_{bit}——钻头进尺,m;
　　　H_{bitO}——钻头开始井深,m。

4)整米钻时。

$$ROP = \frac{T}{H - H_O}$$

式中　T——进尺为 $H - H_O$ 时所用时间,min;
　　　H_O——上次计算整米钻时井深,m。
当 $H - H_O \geqslant$ 存盘深度间隔时计算整米钻时。

5)钻进成本。

$$COST = \frac{COST_{bit} + COST_{rig} \times (T_T + T_D + T_O)}{F_{bit}}$$

式中　$COST$——钻进成本,元/m;
　　　$COST_{bit}$——钻头成本,元/m;
　　　$COST_{rig}$——钻机成本,元/m;
　　　T_D——纯钻时间,min;
　　　T_T——起下钻时间,min;
　　　T_O——划眼时间,min。

6)迟到井深、迟到时间。
井底岩屑返出地面所需时间即为迟到时间:

$$T_{\text{lag}} = \frac{V_{\text{a}}}{FL_{\text{in}}}$$

三、资料处理

综合录井资料有记录仪或打印机输出的原图及应用软件处理的图表。综合录井资料的处理包括数据库维护、实时资料处理及成果资料处理三部分。

1. 录井原图的检查与整理

根据不同地区的录井标准或规范的要求,进行原图的各种标注、校正和记录工作。

2. 数据库维护

数据库用以存储录井资料数据,因此要确保数据库完好,并妥善管理,要及时检查数据库数据,对于个别错误数据要及时修改,定期备份数据库资料,以免数据库丢失。

3. 实时录井资料处理

实时录井资料包括录井原图、原始记录及计算机实时采集或人工置入的数据。按录井标准的要求对录井原图进行标注和必要的整理,及时填写原始记录。计算机实时数据表和实时录井图的处理由软件控制,在钻井过程中,按时间或深度间隔自动输出。

4. 成果资料处理

综合录井成果资料是指运行应用软件而处理的报告或图表。

(1)综合录井图绘制

按原中国石油天然气总公司颁布的《综合录井资料录取整理有关规范》中要求的内容、格式和图例绘制完井综合录井图。

(2)气测解释

进行气测资料的处理、解释,绘制成果图。包括气体评价图、比值图、三角图及气测综合解释图。

(3)数据回放

对实时采集参数及计算参数进行组合绘图。参数项目、纵横向比例可根据用户需要选择。

(4)上覆地层压力计算

根据压裂试验数据、声波测井数据、密度测井数据等计算上覆岩层压力梯度、基岩应力系数和泊松比,并回归出上覆岩层压力梯度与井深、基岩应力系数与井深的曲线方程。打印输出原始数据及计算数据的有关参数报表。绘图输出声波、地层密度、上覆岩层压力梯度、基岩应力系数与井深的关系曲线。

(5)地层压力检测报告

采用 dc 指数法和 Sigma 法计算地层压力、地层破裂压力和地层孔隙度。绘制 dc 指数录井图、Sigma 录井图、地层压力录井图,打印 dc 指数数据表、Sigma 数据表、地层压力数据表。

(6)钻头报告

对钻井数据进行处理,打印钻井数据表、钻头报告及全井钻头列表,绘制钻井成本曲线图。

(7)工程日报

总结当日(班)录井情况,打印输出综合录井班报、钻井日报。

(8)井身结构图

绘制井身结构图。

(9)井涌分析与处理

显示、打印、绘制井涌压井数据图表。

(10)定向井、水平井数据处理

井斜数据处理,绘制井身水平投影图、垂直投影图及三维图,打印井斜数据表。

(11)固井设计与施工

计算并输出固井时所需水泥用量、水泥浆密度及配方等数据。

(12)钻井参数优选

根据试验数据优选钻井参数,绘制钻井参数优选图。

(13)套管柱设计

进行套管柱的设计,输出设计数据。

(14)钻具管理系统

打印钻具数据表。

(15) 钻井水力学

根据实际工程和泥浆参数,计算各部分压力损失和泥浆流速、水马力等参数,打印水力学报告。

(16) 工程进度图

绘制工程进度图。

(17) 套管综合描述

绘制、打印套管数据图表。

思考题:

1. 联机系统的主要功能有哪些?
2. 联机系统是如何实现钻井状态判断的?
3. 如何进行悬重计算?
4. 综合录井基本的计算机处理资料有哪些?

第四节 气测录井资料解释与应用

气测录井是综合录井的重要组成部分,是随钻油气发现和评价的重要手段。利用气测录井资料进行随钻油气层评价是每一个录井工作者所必须掌握的技能之一。

一、基本概念

要掌握气测资料的解释应用,必须首先了解与气测录井资料有关的基本概念(图 3-19)。

1. 气体零线(Zero Gas)

气体零线是一条人为确定的气测曲线的基线,是读取气体含量的基准。

1) 真零值(True Zero)是指气体检测仪鉴定器中通入的气体不是来自钻井液中的天然气,而是纯空气时的记录曲线。

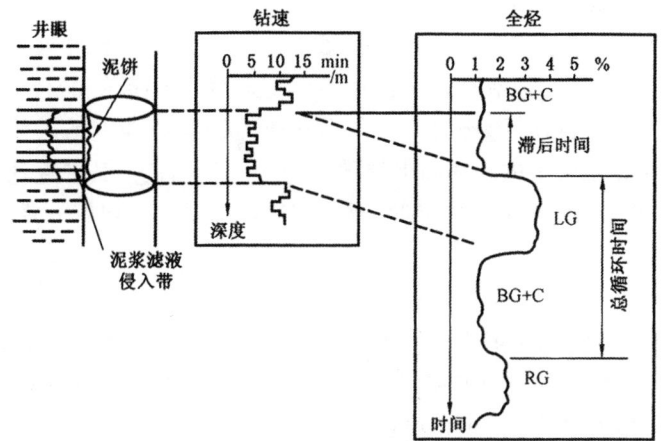

(a)当井底循环压力＞地层压力时,在地面分离测量出的气体

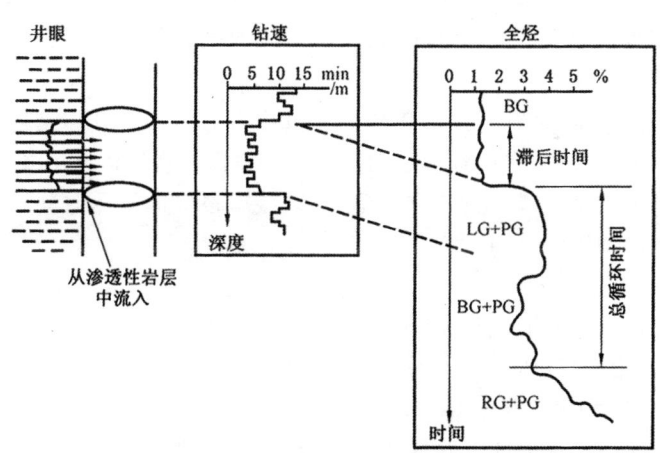

(b)当井底压力≤地层压力时,在地表分离测量的气体

图 3-19 气测录井基本概念

BG—背景气;LG—释放气;RG—重循环气;C—污染气;PG—生产气

2)系统零值(System Zero)是钻头在井下转动,但未接触井底,钻井液正常循环时气测仪器所测的天然气值。

2. 背景气(Background Gas)

1)钻井液池背景气(Ditch Background)指停泵时钻井液池中冷钻井液所含气体的初始值。一般情况下,它与气体真零值相符。

2)背景气(Background Gas)当在压力平衡条件下钻入粘土岩井段,由于粘土岩中的气体和上覆地层中一些气体侵入钻井液使全烃曲线出现变化很小、相对稳定的曲线,称这段曲线的平均值为背景气,又称基值。

3. 起下钻气(Tripping Gas)

起下钻时,由于钻井液长时间静止,已钻穿的地层中的油气侵入钻井液。当下钻到底开泵循环时,在气测曲线上出现的气体峰值称起下钻气。

4. 接单根气(Connection Gas)

1)接单根时,由于停泵,钻井液静止,井底压力相对减小,另外由于钻具上提产生的抽汲效应,导致已钻穿的地层中的油气侵入钻井液。当再次开泵循环恢复钻进时,在对应迟到时间的气测曲线上出现的气体峰值称接单根气。

2)接单根后,在新接的单根和钻具中夹有一段空气。这段空气通过钻柱下到井底,再由环形空间上返到井口而出现气体显示峰值,该峰值也称为接单根气,又称"空气垫"。该接单根气的显示时间相当于钻井液循环一周的时间。

5. 钻后气(Post-Drilling Gas)

已被钻穿的油气层中的流体向井眼中渗滤和扩散而产生的气显示,亦称生产气(Producted Gas)。

6. 重循环气(Recyled Gas)

进入钻井液中的天然气如果在地表除气不完全,再次注入井内而产生的持续时间较长的气显示。它往往使背景气逐渐升高。

7. 钻井气(Drilled Gas)

钻进过程中,由于破碎岩柱而释放出的气体而形成的气显示,又称释放气(Liberated Gas)。它是钻井液中天然气的主要来源之一。

8. 气显示(Gas Show)

钻遇油气层时,由于破碎岩层及地层中油气渗滤和扩散而形成的高于背景气的显示。这部分气体反映油气层的情况,是录井中最重要的部分,又称气测异常。

9. 试验气(Calibrated Gas)

为了检查脱气器、气管线或气测仪的工作状态,从脱气器、气管线或气测仪前面板注样,而形成的气显示峰值。

10. 岩屑气(Cutting Gas)

储藏在岩屑孔隙中的气体称为岩屑气或岩屑残余气。它可以通过搅拌器搅拌或热真空蒸馏的方法而取得。岩屑气是评价油气层的重要参数。

二、气测录井的影响因素

1. 地质因素的影响

(1) 天然气性质及成分

石油天然气的密度越小,轻烃成分越多,气测显示越好,反之越差。

对于热导池鉴定器,天然气中若含有二氧化碳、氮气、硫化氢、一氧化碳等气体时,由于它们的热导率低于空气,仪器读数为负值,会使气体全量减小;若有大量氢气存在,由于氢气的热导率约是甲烷的 5 倍,会引起全量曲线大幅度增加。

对于氢火焰离子化鉴定器,当地层气成分与标定仪器时的气体组成相差太大时,会产生较大的显示误差。

(2) 储层性质

当储层厚度、孔隙度、含气饱和度越大时,钻穿单位体积岩层进入钻井液的油气越多,油气显示越好,反之气显示越差。

(3) 地层压力

若井底为正压差,即钻井液柱压力大于地层压力时,进入钻井液的油气仅是破碎岩层而产生的,因此显示较低。对于高渗透地层,当储层被钻开时,发生钻井液超前渗滤,钻头前方岩层中的一部分油气被挤入地层,因此气显示较低。正压差越大、地层渗透性越好,气显示越低,甚至无显示。

若井底为负压差,即钻井液柱压力小于地层压力时,进入钻井液的油气除破碎岩层而产生外,井筒周围地层中的油气在地层压力的推动下,侵入钻井液,而形成高的油气显示,且接单根气、起下钻气等后效气显示明显。钻过油气层后,气测曲线不能回复到原基值,而是保持一高显示,从而使气测曲线基值升高。负压差越大,地层渗透性越好,气显示越高,严重时会导致发生井涌、井喷。

(4)上覆油气层的后效

已钻穿的油气层中的油气,在钻进过程中或钻井液静止期间侵入钻井液,使气显示基值升高或形成假异常。如接单根气、起下钻气等。

2. 钻井条件的影响

(1)钻头直径

当其他钻井条件不变时,钻头直径越大,单位时间内破碎的岩石体积越大,钻井液与地层接触面积越大,因此,气显示越高。

(2)机械钻速

当其他钻井条件不变时,机械钻速越大,单位时间内破碎的岩石体积越大,钻井液与地层接触面积越大,因此,气显示越高。反之,气显示越小。钻井取心时,由于机械钻速小,破碎岩石少,故气测显示低。

(3)钻井液密度

钻井液密度越大,液柱压力越大,井底压差越大;反之,井底压差越小(参见地层压力的影响)。

(4)钻井液粘度

粘度大的钻井液对天然气的吸附和溶解作用加强,故脱气困难,气显示低。粘度越大,气显示越低。

(5)钻井液流量

钻井液流量增加,单位体积钻井液中的含气量减少,但单位时间通过脱气器的钻井液体积增加,因此对气显示的影响不大。

(6)钻井液添加剂

部分钻井液添加剂,如铁铬盐、磺化沥青等,在一定条件下可以产生烃类气体;钻井液中混入原油或成品油,会使钻井液中烃类气体含量急剧增大。这些均可造成假异常。

3. 脱气器安装条件及脱气效率的影响

不同类型的脱气器脱气原理和效率不同,因此气显示高低不同。脱气效率越高气显示越高。脱气器的安装位置及安装条件也直接影响气显示的高低。电动脱气器可直接搅拌破碎循环管路深部的钻井液,但安装高度过高或过低都会降低脱气效率,甚至漏失油气显示。

4. 气测仪性能和工作状况的影响

气测仪的灵敏度、管路密封性好坏及标定是否准确都将对气测显示产生重大影响。因此必须保证仪器性能良好,工作正常。

三、气测资料的整理与标准化

1. 气体含量的标准化校正

在钻井液从井底返回到井口的过程中,储集层流体受到诸多钻井条件的影响,因此利用气测井资料难以进行井与井之间的对比,甚至本井纵向上的对比也很困难,很难确定油气层的划分标准。为此,我们将随钻气测录井数据进行环境因素校正,校正到某一标准条件下,这样可进行纵横向的对比,为油气层的定量分析打下了基础。标准化校正公式如下:

$$G_n = G_a \cdot \frac{R_n \cdot \pi \left(\frac{D_n}{2}\right)^2 \cdot Q_a}{R_a \cdot \pi \cdot \left(\frac{D_a}{2}\right)^2 \cdot Q_n \cdot Z}$$

式中　G_n——标准气体含量,%;

　　　D_n——标准钻头直径,mm;

　　　G_a——实测气体含量,%;

　　　D_a——实际钻头直径,mm;

　　　R_n——标准钻速,m/h;

　　　Q_n——标准钻井液流量,L/s;

　　　R_a——实测钻速,m/h;

　　　Q_a——实测钻井液流量,L/s;

　　　Z——脱气效率。

脱气效率

$$Z = \frac{G_a}{G_q + G_c} \times 100\%$$

式中　G_q——钻井液热真空蒸馏含量,%;

　　　G_c——岩屑残余气含量,%。

式中实测值可由随钻录井资料取得,标准值是在某一区域或产区选择的最能代表盆地内钻到的有价值地层的钻井平均值或有代表性的经验值。

济阳坳陷第三系砂泥岩地层的标准化条件,经实验设定为:
$D_n = 244mm, R_a = 3m/h, Q_a = 40l/s$。

则标准化校正公式可简化为

$$G_n = 7442 G_a \cdot \frac{Q_a}{R_a \cdot D_a^2 \cdot Z}$$

应当指出的是标准参数应选用当地的典型值,气体含量的标准化校正公式只能在平衡钻进或近平衡钻进的情况下使用。

2. 求地面含气量

如果钻井液中所含的气体只是来自钻井过程中岩屑破碎的气体(必须除去气体背景值),在平衡钻井的条件下,钻头前面无冲洗作用,并且所有破碎岩石中的气体全部进入钻井液,那么,在地面条件下,单位时间内从钻井液中释放出的气体体积与单位时间内破碎的岩石体积之比,就叫储层地面含气量。计算公式为

$$C_f = \sum \frac{(G_{nn} - G_{ni}) \cdot 10^{-2} \cdot Q_a}{R_a \cdot \pi \cdot \left(\frac{D_a}{2}\right)^2}$$

式中　C_f——储层地面含气量,无量纲;

　　　G_{nn}——标准异常值含气量,%;

　　　G_{ni}——标准基值含气量,%。

由于储层地面含气量(C_f)是在地面气体膨胀后计算的,因此对地面含气量作任何定量解释都是不可能的。但是,它是一个很好的实时指标。利用这个指标可以比较不同程度的各种含油气地层和全井的气体显示情况。通过对比也可以说明岩石的相对孔隙度大小,也可以作为邻井同一层段气体对比指标。

3. 求地层含气量

在井底条件下,每钻进单位体积岩石所得到的钻井气体积,叫地层含气量。它是通过井底压力和温度换算成地面体积,求出地层内的气体浓度。计算公式为

$$C = C_f \cdot B$$

式中　C——地层含气量,%;

　　　B——气体体积系数,为标准状况下(1atm,0℃),1m³ 气体在地层条件下所占的体积。

$$B = \frac{T_B}{T_S} \cdot \frac{1}{P_B \cdot F_Z} \times 100\%$$

式中　T_B——井底温度,℃;

　　　T_S——地面温度,℃;

　　　P_B——地层压力,MPa;

　　　F_Z——气体可压缩系数(或称偏差因子),它是 1mol 真实气体在特定压力和温度条件下,实际占有的体积与假设它具有理想气体性质时所占有的体积之比。一般在 0.7~1.0 之间。

4. 求地层含气饱和度

在井底条件下,岩石孔隙中的气体充满程度,叫地层含气饱和度。计算公式如下:

$$S = 100 \cdot \frac{C}{\phi_t}$$

式中　ϕ_t——地层总孔隙度,%。可应用分析化验数据或根据实钻资料求得。

由实钻资料求取地层总孔隙度的公式如下:

$$\phi_t = \frac{S - 0.93P_f - 0.02H}{S - H} - 0.93 \times \left(\frac{d_{cs}}{d_{cn}}\right)^{12}$$

式中　S——上覆地层压力梯度,g/cm³;

　　　P_f——地层孔隙压力梯度,g/cm³;

　　　H——地层孔隙静水压力梯度,g/cm³;

　　　D_{cs}——修正的地层可钻性指数,无量纲;

D_{cn}——理想的地层可钻性指数,无量纲。

四、气测资料解释方法

钻井液录井中烷烃色谱分析对确定储集层流体性质和生产能力起了重要作用。但直接应用从仪器中分析出来的天然气组分对储集层流体性质和产能进行评价是困难的。利用参数标准化或比值的方式消除环境因素的影响,利用多参数综合分析定量评价油气层是气测资料解释方法。常用的气测资料解释方法有以下几种:

1. 对数比值图版解释法

该方法是利用色谱分析的烃类组分比值 C_1/C_2、C_1/C_3、C_1/C_4、C_1/C_5 的大小,采用对数比值图版来判断油气层的性质。

(1)标准图版的制作

制作适合一个地区的标准图版,是气测比值图版解释的基础。根据已知性质的储集层的流体样品的资料,以 C_1/C_2、C_1/C_3、C_1/C_4、C_1/C_5 为横轴制作一个图版,并在气测比值图版上划分区域(图 3-20)。

(2)解释方法

标准图版一般分为三个区,其上部、下部为无产能区,中部为油区或气区。一般地,有如下规律:

1)油区:$C_1/C_2 = 2\sim10$;
　　　　$C_1/C_3 = 2\sim14$;
　　　　$C_1/C_4 = 2\sim21$。
2)气区:$C_1/C_2 = 10\sim35$;
　　　　$C_1/C_3 = 14\sim82$;
　　　　$C_1/C_4 = 21\sim200$。
3)无产能区:$C_1/C_2 < 2$ 或 $C_1/C_2 > 35$;
　　　　　　$C_1/C_3 < 2$ 或 $C_1/C_3 > 82$;
　　　　　　$C_1/C_4 < 2$ 或 $C_1/C_4 > 200$。
4)若只有 C_1,则是气,C_1 很高则为盐水层。
5)若在油区内 C_1/C_2 较低或在气区内 C_1/C_2 较高,则为无产能。
6)若曲线斜率为正,则有产能。

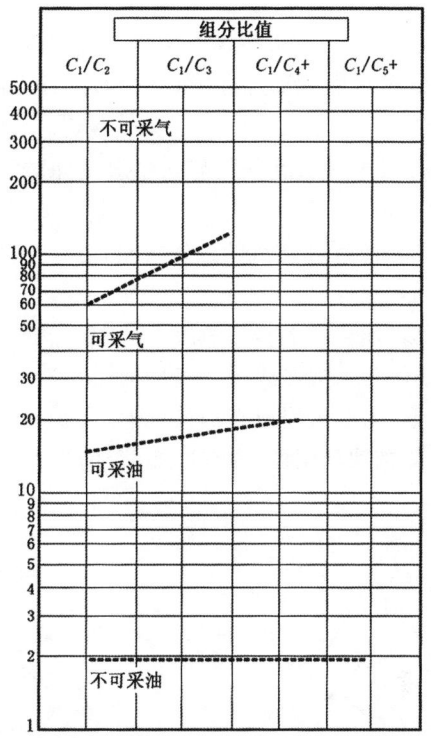

图 3-20 气测比值图版

7) 若曲线斜率为负,则无产能。

将气测取得的色谱组分比值数据在图版上画出曲线,曲线落在哪个区域,储集层则属于什么性质。

2. 三角形比值图版解释法

(1) 三角形比值图版的制作

三角形比值图版由三角形坐标系和坐标系中的椭圆形的储层产能划分区域组成(图 3-21)。三角形坐标系为一个正三角形,三角形的三条边分别代表坐标系的三个轴——C_2/SUM、C_3/SUM、C_4/SUM。三角形图版中的椭圆区域是根据大量的统计资料而圈定的,它是有产能的划分界限,根据它可以对储层的产能进行评价。

(2)解释方法

1)计算组分比值:C_2/SUM、C_3/SUM、C_4/SUM。

2)将各比值在对应的轴上标出,然后通过轴上的点作一平行的直线,可得到相应的三角形。

3)将得到的三角形顶点分别与三角形坐标对应的零点相连,得到一个交点(相似中心)。

根据所作的三角形和交点的位置可对储层进行评价:

① 正三角形(顶点向上),为气层。

② 倒三角形(顶点向下),为油层。

③ 大三角形,为干气层或低油气比油层。

④ 小三角形,为湿气层或高油气比油层。

⑤ 若交点在椭圆形圈内,为有产能,否则为无产能。

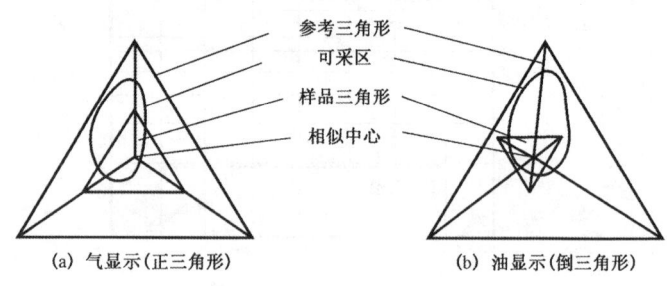

图 3-21 烃类比值三角图版

3. 烃类比值统计图版解释法

烃类比值统计图版解释法同前面不一样,它处理的数据来自联机录井数据库,一次可处理多个井段的色谱资料,它使用 C_3/C_1、C_2/C_1 对有意义的储集层的性质和油气演变情况进行分析。

(1)图版制作

统计图版的横轴为 $1000\times(C_3/C_1)$、纵轴为 $1000\times(C_2/C_1)$,图上用长线标出了储集层油气组成的划分区域。横轴的下面为各划分区域对应的油气组成组分,分别为干气区、凝析油区、油气水混合物区、油区、气区、氧化油或沥青区。划分区域是根据大量已证实的油气资料而定的。

(2)解释方法

若某井段的点有大多数落在某一区域,则说明该井段的油气主要成分为对应的成分。

4.3H 轻质烷烃比值法

这种方法引用了烃的湿度值 Wh,烃的平衡值(对称值)Bh 和烃的特性值 Ch 三个参数,其录井图实例见图 3-22。

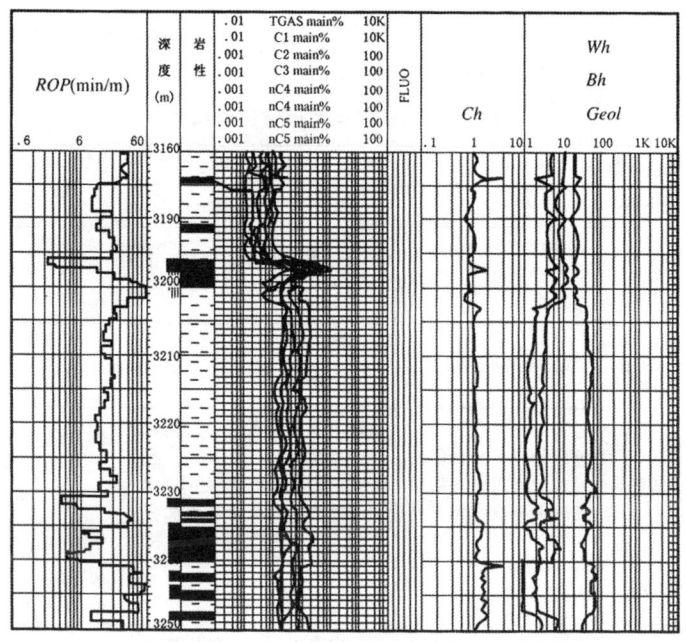

图 3-22 3H 法烃类比值录井图

(1)烃湿度值(Wh)

烃湿度值是重烃与全烃之比,它的大小是烃密度的近似值,是指示油气基本特征类型的指标。计算公式如下:

$$Wh = \frac{C_2 + C_3 + iC_4 + nC_4 + C_5}{C_1 + C_2 + C_3 + iC_4 + nC_4 + C_5} \times 100\%$$

(2)烃平衡值(Bh)

烃平衡值反映气体组分的平衡特征,可以帮助识别煤层效应。

$$Bh = \frac{C_1 + C_2}{C_3 + C_4 + C_5}$$

(3)烃特征值(Ch)

烃特征值是对以上两种比值的补充,解决使用以上两种比值时出现的模糊显示。三种比值参数要组合使用。

$$Ch = \frac{C_4 + C_5}{C_3}$$

式中,$C_1 \sim C_5$ 系各烷烃所测含量,C_4 与 C_5 包括所有的同分异构体。这种方法的解释规则见表 3-1。

表 3-1 $3H$ 法烃类比值评价标准

序号	项目参数	Wh	Wh Bh	Wh Bh Ch
1	分区值	$Wh<0.5$	$Wh<0.5, Bh>100$	
1	解释	该区含有极轻的,非伴生的天然气,但开采价值低	该层仅含有极轻的没有开采价值的干气	
2	分区值	$0.5<Wh<17.5$	$0.5<Wh<17.5$ $Wh<Bh<100$	
2	解释	该区为有开采价值的天然气且天然气的湿度随 Wh 值增大	该层含有可采的天然气同时 Wh 值与 Bh 值二者越接近(即 Wh 越大 Bh 越小)则表明所含天然气的湿度和密度越大。可产气层	
3	分区值	$17.5<Wh<40$	$0.5<Wh<17.5$ $Bh<Wh$	$0.5<Wh<17.5$ $Bh<Wh, Ch<0.5$
3	解释	该区为有开采价值的油层且油的相对密度随 Wh 的减小而降低	该层含有可采的凝析气或者该层为低相对密度、高气油比油层	该层有可采的湿气或凝析气
4	分区值	$Wh>40$	$17.5<Wh<40$ $Bh \leqslant Wh$	$0.5<Wh<17.5$ $Bh<Wh, Ch>0.5$
4	解释	该区可能含有低开采价值的重油或残余油	含有可开采价值的石油(两条曲线会聚的时候,石油相对密度降低)。可产油层	可产低相对密度或高气油比油
5	分区值		$17.5<Wh<40$ $Bh \ll Wh$	
5	解释		含有无开采价值的残余油	

表 3-1 中"可开采"或"无开采价值"不是很严格的,因为某一油气区的生产能力是由储层厚度和渗透率及基本的经济可行性决定的。

五、油气水综合解释

1. 储集层的划分

以钻时、dc 指数、岩性及分析化验资料为主划分储集层。

2. 显示层的划分

根据气体全量(烃)、岩屑及岩心含油显示等资料划分油气显示井段,并根据地层压力变化、钻井液性能变化及地层含气量等资料综合评价油气显示井段。

3. 流体性质的确定

应用气体烃组分比值、岩心(屑)含油气显示级别及含水性、地化录井成果等,结合非烃气录井资料、钻井液参数(密度、温度、电阻率、体积、粘度)的变化和槽面油气显示,应用计算机软件综合评价划分流体性质。常用的油气划分的方法有三角图版法、比值图版法、$3H$ 法等。

4. 气测井油气层计算机解释系统

气测井油气层计算机解释系统是我们在人工经验及烃类比值图版解释的基础上,研究出来的一种新的气测井油气层多参数评价技术,目前在国内外气测录井行业中较为先进。它具有以下四个特点:

1)采用多参数,不仅包括烃类比值,也采用烃组分浓度及有关的地质参数,这些参数较全面地反映了油气特征。

2)逐一将两种不同流体应用于费歇准则,用大量的已知井建立判别模型,求取判别向量。该方法准确地计算了各种参数在两两判别中的权数,大大提高了判别效果。

3)以标准化校正公式及分类和比值等方法进行了参数校正,适应性强。

4)系统操作简单,解释周期短。

思考题:

1. 简述气测录井基本概念。

2. 影响气测录井的因素有哪些?
3. 常用的气测资料解释方法有哪些? 分别简述其评价方法。
4. 写出 3H 法烷烃比值法的计算公式。
5. 简述油气层综合解释方法。

第五节 随钻地层压力检测

"正常"的地层流体压力大致等于流体液柱中的静水压力。地层流体压力有时比静水压力高,有时比静水压力低。两种"不正常"的压力条件都能引起钻井事故,而工业生产中最为关心的是异常高压,有时称之为地质压力。

一、基本概念

1. 静水压力(Hydrostatic Pressure)

静水压力是指单位液体重量与静液柱垂直高度的乘积。它与液柱的直径和形状无关。

静水压力的计算公式如下:

$$P_h = \frac{g\rho H}{1000} \approx \frac{\rho H}{100}$$

式中　P_h——静水压力,MPa;

ρ——钻井液密度,g/cm^3;

H——垂直深度,m。

2. 帕斯卡定律(Pascal's Law)

帕斯卡定律阐述了静止流体中任何一点上各个方向的静水压力大小相等。通过流体可以传递任何施加的压力,而不随距离的变化而变化。

根据帕斯卡定律,静水压力在液柱中给定的深度上,作用于任何方向上。

3. 静水压力梯度(Hydrostatic Pressure Gradient)

静水压力梯度是指每单位深度上静水压力的变化量。这个值描述了液体中压力的变化,表示为单位深度上所受到的压力。其计量单位是 kgf/cm²/m。

录井人员常用体积密度(g/cm³)来描述静水压力梯度,以便于同钻井液密度相对比。静水压力梯度的计算公式如下:

$$H_{PG} = \frac{P_h}{H} = \frac{\rho}{100}$$

式中　H_{PG}——静水压力梯度,MPa/m;
　　　P_h——静水压力,MPa;
　　　ρ——单位体积质量,g/cm³;
　　　H——实际垂直深度,m。

应用体积密度(g/cm³)时,静水压力梯度 H_g 的计算公式如下:

$$H_g = \frac{100 P_h}{H} = \rho$$

式中　H_g——静水压力梯度,g/cm³。

4. 地层孔隙压力(Pore Pressure)

地层孔隙压力是指作用在岩石孔隙中流体上的压力。对于现场计算,孔隙压力与流体液柱的密度及垂直深度有关。

对于正常压力系统的地层,给定深度的真实孔隙压力等于液柱压力与流体流动的压力损失及温度效应的总和。

计算孔隙压力的公式为

$$P_f = \frac{\rho_f H}{100}$$

式中　P_f——孔隙压力,MPa;
　　　ρ_f——流体密度,g/cm³;
　　　H——真实垂直深度,m。

5. 地层孔隙压力梯度(Pore Pressure Gradient)

地层孔隙压力梯度是指单位深度上地层孔隙压力的变化量。

计算公式如下:

$$P_{fg} = \frac{P_f}{H} = \frac{\rho_f}{100}$$

式中　P_{fg}——孔隙压力梯度,MPa/m。

孔隙压力梯度等于或接近于静水压力梯度时称为正常孔隙压力梯度；低于静水压力梯度时称为低压异常孔隙压力梯度，简称低压异常；高于静水压力梯度时称为超压孔隙压力梯度，简称超压。后两种孔隙压力梯度都称为异常孔隙压力梯度。同一地区，在不同的深度，可能会有几种不同的孔隙压力梯度。孔隙压力的上限通常等于上覆岩层的压力。

6. 上覆岩层应力(Overburden Stress)

上覆岩层应力是指覆盖在该地层以上的地层基质(岩石骨架)和孔隙中流体的总重量所造成的压力。在石油领域中，上覆地层应力的数值可用与钻井液密度等效的压力或压力梯度表示。

上覆岩层应力的计算公式为：

$$S = \frac{\rho_b \times H}{100}$$

式中　S——上覆岩层应力，MPa；

　　　ρ_b——区间平均体积密度，g/cm³；

　　　H——深度，m。

岩石的体积密度与岩石骨架的密度、岩石孔隙流体的密度以及岩石孔隙度有关。

表3-2是有代表性的各种岩石、矿物和流体的体积密度。

表3-2　常见岩石及液体平均密度

物质	平均密度(g/cm³)
砂岩	2.65
灰岩	2.71
白云岩	2.87
硬石膏	2.98
岩盐	2.03
石膏	2.35
粘土	2.7～2.8
淡水	1.00
咸水	1.03～1.2
石油	0.8(平均)

对于给定岩层的体积密度用以下公式加以定义：
$$\rho_b = \phi \times d_f + (1-\phi)\rho_m$$

式中　ρ_b——体积密度，g/cm³；
　　　ϕ——孔隙度，%；
　　　ρ_m——岩石骨架密度，g/cm³；
　　　d_f——孔隙流体密度，g/cm³。

7. 上覆岩层压力梯度（Overburden Pressure Gradient）

上覆岩层压力梯度是指单位高度上的上覆岩层应力。其计算公式为

$$P_{OBG} = \frac{\sum S}{\sum L}$$

式中　P_{OBG}——上覆岩层压力梯度，MPa/m；
　　　S——上覆岩层压力，MPa；
　　　L——某段地层的厚度，m。

8. 基岩应力

当一个固态的物体受到压力时，在其中某一点上测得的压力可能在不同的方向上并不相同。基岩应力这个术语就是用来描述固体物质的压力分布的。基岩应力的集中可以形成地层压力异常，并在很大程度上影响了岩石的破裂压力。岩层的破裂压力又决定了油井的套管程序和允许使用的最大钻井液密度。因此，基岩应力是在分析地层压力异常成因及参数分析计算时不可忽视的因素。

9. 正常地层压力（Normal Formation Pressure）

正常地层压力是由所在地层以上的所有流体所施加给该地层的压力。上覆岩层压力全部由岩石骨架所承担，地层流体仅承载上覆孔隙液体的压力。

因为水是岩石中普遍存在的流体，一个给定深度的正常地层压力是地层水密度的函数。地层水密度主要与地层水矿化度有关。

10. 异常地层压力（Abnormal Formation Pressure）和压力异常（Pressure Anormalies）

异常地层压力(Abnormal Formation Pressure)是指地层流体压力大于或小于计算所得的静水压力。

压力异常(Pressure Anormalies)是指任何地层流体液柱高度或密度与井眼中的流体液柱的差异所作用的结果。

对于任何异常地层流体高压,部分上覆地层载荷已经从岩石骨架转移到了地层流体中。如果钻井液的压力低于地层流体压力,就会发生流体溢出,直到压力平衡为止。这种流体溢出就是通常所说的井涌(Kick)。

11. 当量钻井液循环密度(ECD—Equivalent Circulation Density)

当量钻井液循环密度(ECD)是相当于井底循环压力(BHCP)的钻井液密度。井底循环压力等于钻井液的静水压力加上以实际钻井液流速在环空中损失的压力(ΔP_{ann})。

12. 压差(Differential Pressure)

压差(ΔP)是井底计算压力和地层压力之间的差值。

$$\Delta P = P_{bhc} - P_f$$

式中 ΔP——压差,MPa;

P_{bhc}——计算井底压力,MPa;

P_f——地层压力,MPa。

ΔP 是在现场钻井活动中与其他许多活动有关的重要参数之一。

如果 ΔP 是负值($P_f > P_{bhc}$),可能会产生如下结果:

1)来自地层的油气侵入井眼。

2)钻速(ROP)加快。

3)非渗透岩层坍塌。

4)渗透性岩层发生井涌。

5)软岩层出现井眼垮塌。

如果 ΔP 的值接近于零($P_f = P_{bhc}$),可能会产生如下结果:

1)岩屑中有较好的气体显示。

2)由于循环暂停和钻杆的运动,钻井液柱压力下降,出现起下钻气体显示。

如果 ΔP 是正值($P_f < P_{bhc}$),可能会产生如下结果:

1)钻速(ROP)降低。
2)由于钻井液对地层的冲洗,渗透层的气体显示较差。
3)由于钻井液对地层的冲洗,电测响应差。
4)使钻井中的固体物质注入地层孔隙中,储层被破坏。
5)可能从地层已有的裂缝中发生井漏。

在大多数钻井条件下,ΔP 必须大于零。这样做虽然会导致钻速小于最优钻速,但可以使钻进过程中井涌发生的可能性变得最小。更为重要的是,有一个较小的正压力差,可以补偿起下钻时的抽汲压力降。

13. 地层破裂压力(Formation Fracture Resistance)

地层破裂压力或地层抗破裂压力,是将地层压裂所需要的液柱压力。地层破裂压力是石油工业上研究最多的课题之一。油井开采中常常故意压裂储层岩石以增加低渗层的产量。但是,钻井过程中发生的地层岩石被压裂破碎却可能引起严重的问题,甚至可以使油井报废。

当钻穿异常高压带时,钻井人员必须提高钻井液的密度以平衡地层流体压力。可是,钻井液的循环压力却不能大于井眼中最弱的岩层的破裂压力。

对应于不同的深度,把一口设计井的所有的破裂压力值绘成一幅曲线图,用来描述破裂压力梯度。破裂压力梯度可以帮助我们确定下技术套管的深度,确定控制井涌时的最大环空压力,实施增产措施时,控制人工破碎储层的压力。

大多数情况下,在一个给定的裸眼井中,最软的岩层往往是位于最后一层套管鞋下面的第一个渗透层。如果钻井液压力大于破裂压力,该岩层就会发生井漏。井漏的发生又可能导致在漏失层的下部负压差的出现,可能引发井涌或井喷。因此,就限定了有一个极限的深度,即在没有下入另一层套管的情况下,在异常压力带可以钻达的最大深度。

14. 泄漏试验(Leak-Off Test)

地层泄漏试验是在现场确定裸眼井段允许使用的最大钻井液密度的一种试验方法。在新下入套管位置以下钻入几米,由钻井施工人员进行测试。如果在这之下没有更高渗透率的岩层存在,这个部位就是最软的部位。测试的结果转换成相应的钻井液密度,从而确定该层位在不发生井漏的情况下允许使用的最大的钻井液密度。

作业公司通常仅在一个新区的最先打的几口井才作泄漏试验。这项测试应当在下入套管的坚硬地层以下的第一个孔隙地层里进行。测试包括在地面关井,然后加压,直到钻井液开始注入地层。

典型的泄漏试验包括如下步骤:

1)下套管固井后,下钻循环,试压,再钻穿套管鞋,钻入套管鞋下面新的地层最少3m。

2)起钻到套管鞋。

3)使钻头位于套管鞋深度,停泵,使钻井液静止,关闭方钻杆旋塞及防喷器(环空及钻杆防喷器芯子)。

4)使用固井设备从节流管线缓慢地向井眼环空注入钻井液。注钻井液过程中注意压力的变化以及注入钻井液的体积。

5)在钻井液开始挤入地层之前,压力的增加基本上是呈线性的。开始脱离线性变化那一点的压力就是漏失压力(图3-23)。

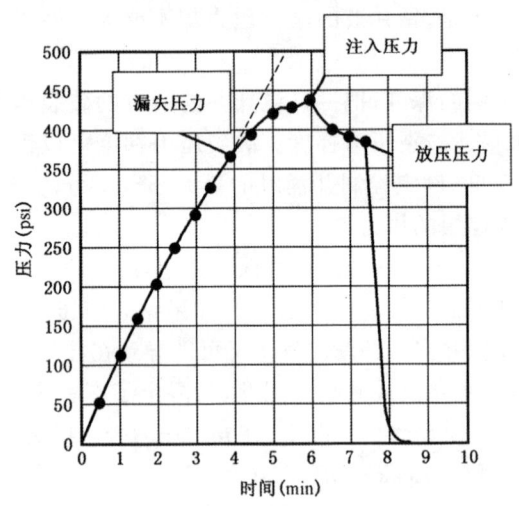

图3-23 地层泄漏试验压力演变图

6)继续注入钻井液后压力曲线变得平缓,直到压力不再增加。在压力不变的那个点上,就开始向地层孔隙和裂缝中注入钻井液。该点的压力就是注入压力。

7)到达注入压力点,立即停泵,关闭节流管线,注视压力的变化。正常情况下,关闭压力将下降,到达一个略高于漏失压力的平衡点。该平衡点上的压力叫做放压压力。

应监控测试过程中注入的钻井液的量以及放压以后回收的钻井液量;损失部分或全部钻井液意味着地层的漏失或固井失效。

8)维持放压压力几分钟以确保没有岩层破裂发生。

9)如果放压压力保持不变,打开节流阀排出剩余压力,钻井可继续进行。测试结果可能很难解释。偶尔钻井液会在软地层中完全漏失,操作者必须进行处理才能继续钻进。注意,井漏发生处是整个垂直井深中最弱的点(常常位于套管鞋下),不一定是井底。

漏失压力确定了漏失点的井底压力,据此可以确定所允许使用的最大钻井液密度(ECD)。

漏失井底压力:

$$P_{bh} = \frac{\rho_m H}{100} + P_{lot}$$

式中　P_{bh}——井底压力,MPa;

ρ_m——钻井液密度,g/cm³;

H——垂直深度,m;

P_{lot}——漏失压力,MPa。

最大允许使用的钻井液密度:

$$\rho_{max} = \frac{100 P_{bh}}{H}$$

泄漏试验有可能会引起地层完全破裂,因此,有时使用一种新的测试方法,即所谓的地层完整性测试(Formation Integrity Test)或者叫地层注入测试(FIT—Formation Intake Test)来代替地层泄漏试验。在FIT测试中,钻井人员对套管鞋以下地层施加一个稍微比估计破裂压力小的压力。如果在该压力下没有井漏发生,测试就算成功。FIT测试有一个缺点就是不能测出真实的漏失压力。如果在钻井过程中钻井液密度必须提高到FIT限定的密度值以上时,有可能引起井漏。

综合录井应用软件中一般均配备有泄漏试验程序，它可以实时地监控和记录测试压力。测试数据可以根据时间、体积、以及体积和时间进行回放。测试结果可以被打印出来，作为生产报告的一部分。

二、异常地层压力的成因

异常地层压力可能比静水压力高或者低，但是在石油和天然气勘探开发中，人们最关心的是异常高压。

有很多地质过程影响压力的形成，大多数的异常压力可能是由下列诸多因素的相互作用引起的。压力"封闭层"、压实作用、大地构造效应、成岩作用、温度效应、流体密度效应、流体运移效应等。对一个特定地区的异常压力条件可能是由以上几个因素的结合引起的。

1. 压力"封闭层"（Pressure"Seal"）

压力"封闭层"的作用是限制地层流体从高压区向低压区的运移或压力的散失。压力"封闭层"是形成地层压力异常的必要条件。

压力"封闭层"类型包括：

1）低孔隙度岩石的沉积，如致密的碳酸盐岩、岩盐、石膏或硬石膏、粘土岩或页岩。

2）盐类或页岩的刺穿构造的形成。

3）断层在渗透性岩层中置入非渗透性岩层，限制了流体的流动。

4）盖层的厚度控制着由于漏失而使压力达到平衡的总体时间。

5）任何其他的阻止地层流体流动的物理或化学条件。

2. 压实作用（Compaction Effects）

在沉积作用过程中，大多数的沉积物含有一些水（自由水或结合水）。尤其是海相的粘土物质在掩埋时有高达 80% 的含水量。作用在沉积物孔隙水上的上覆沉积物的重量（上覆压力）随着埋藏深度的增加而增加。

如果有一个向上排替水的运移通道，压力就会维持正常静水压力。有时，由于某种因素限制了地层的渗透性或者埋藏的速度超过了水被排挤出的速度。这种情况下，压实作用减慢，把部分其后沉积的固体物质的重量施加到孔隙流体中。孔隙流体就会呈现异常高压，见图 3-24。阻挡流体流动、减慢压实作用的因素就是压力"封闭层"。封闭层(岩盖)可能就在异常压力岩层的内部,也可能位于流体流动方向的上部。

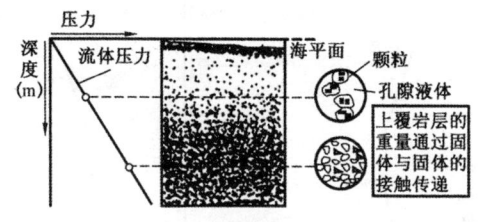

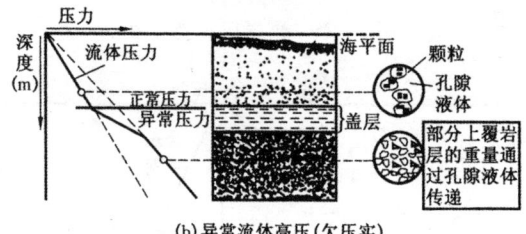

图 3-24 地层压实作用原理图

(1)压实趋势

在许多地区海相粘土物质的孔隙度随着深度的增加按可以预测的趋势减小。许多地区粘土孔隙度的减小呈一条指数曲线。

将一种纯粘土胶结的沉积物孔隙度曲线绘制在半对数坐标中,大致呈一条直线。这条曲线形成一种压实趋势,可以用它来预测在任何深度上同种沉积物的孔隙度(或密度)。根据趋势线的偏差,可以很容易地看出"正常"孔隙度曲线上的变化量。不同地区有各自的压实趋势,它是应力、温度和化学作用的综合影响的结果,见图 3-25。

(2)压力过渡带(Transition Zone)

在岩石层序中若包含有厚层的海相页岩,来自渗透层异常高压带的流体可以渗透到上覆页岩中去。从静水压力到异常压力随着深度的变化形成了一个过渡带,见图 3-26。

如果粘土胶结的沉积物中包含有一个异常高压带,那么该带的孔隙度比同样深度的正常压实地层的要高。因此,把与孔隙度相关的参

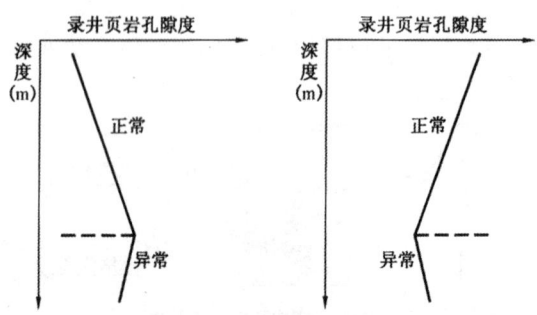

图 3-25 页岩压实趋势图

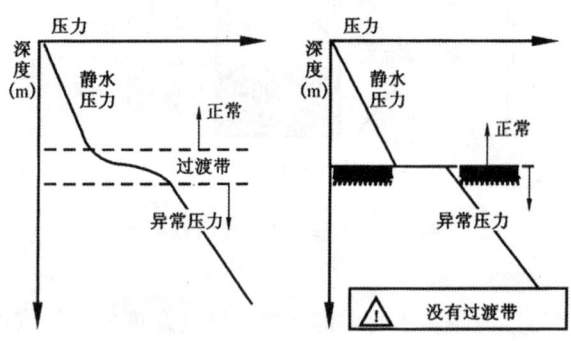

图 3-26 压力过渡带示意图

数绘制在半对数坐标纸上,可能表现为背离沉积趋势线上的一个过渡带。趋势线的变化可能是突变的,也可能是渐变的,这与压力"封闭层"的类型和压实作用有关。

钻井过程中及时发现和识别压力过渡带是实现地层压力预测的前提。压力过渡带是对下部地层压力异常的预警。

异常压力地层并不总是有过渡带。在许多地区,由于粘土或页岩层太薄或者同其他沉积物混杂或者由于压力盖层可能是一个断层或者是非渗透性的岩层等原因,过渡带很薄或者并不存在。

3. 构造因素

在构造作用活动区域,构造因素无疑是异常压力形成的主要原因。

由于现场资料的缺乏,构造作用效应很难定量化。

(1)正常压实地层的抬升

地壳上升力和地表侵蚀力的共同作用,可以把埋藏在深部的岩层抬升到近地表。如果在抬升和侵蚀过程中有某种因素限制了流体的运移,该地层就会由于深度因素而形成异常高压。

压力梯度的大小与埋藏深度和抬升量有关。抬升量相同时,埋藏深度越浅压力梯度越高。图3-27显示了不同抬升深度的效果。

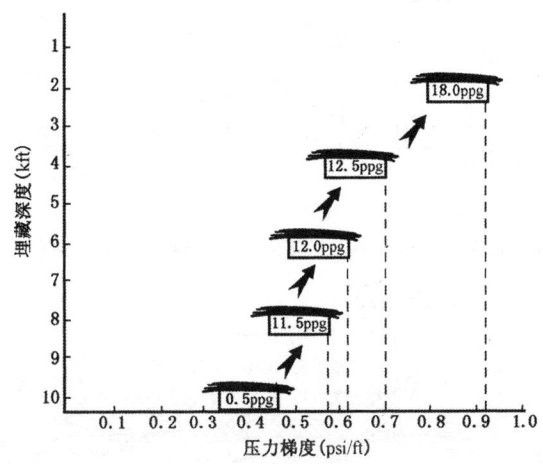

图3-27 地层抬升过程形成异常压力的原理

1psi/ft=22.6kPa/m;1ppg=0.1g/cm³

(2)应力场的变化

构造活动导致了区域应力场中力的大小和方向发生变化。构造应力和上覆应力影响着沉积物沉积的速度和岩石固化的速度。

在特定的沉积物中,构造应力的聚集比流体的排替速度快,就出现流体超压。在披覆构造中,上覆非渗透性沉积物的快速堆积可能引起极度的超压层的出现。

构造力有利于维持超压。流体压力比上覆压力高时,可能引起流体压裂地层和上覆岩层的抬升。但是如果上覆岩层是致密的(如白云岩),构造应力就可以帮助建立一个压力"桥",使上覆岩层固定在一个适当的位置上(图3-28)。局部来讲,压力的"桥"是一个盖层。在少数地区,地层流体压力可以比上覆岩层压力高出40%。

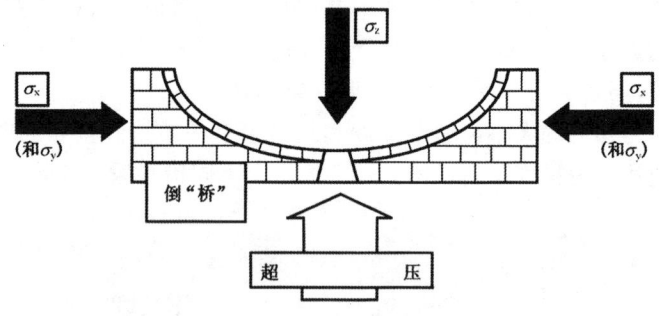

图3-28 压力"桥"的概念

σ—压力分量

(3)断层和断裂

对于地层流体压力,断层可能有几个不同的效应,这与断层的位置和类型有关(图3-29)。

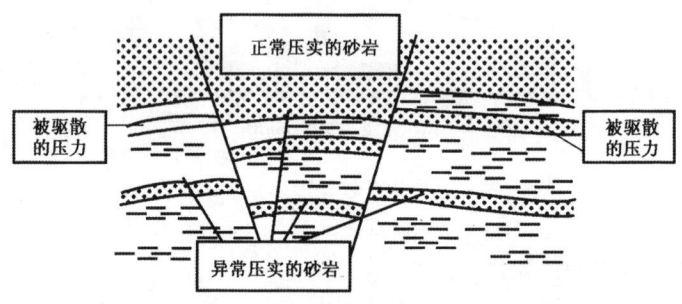

图3-29 封闭断层对异常压力分布的影响

1)正断层往往是开放的,形成有效的流体通道。当储层断开与非渗透层接触时可形成有效的遮挡。

2)逆断层往往是关闭的,形成有效的遮挡物,尤其是在周围地层发生变化的情况下。

3)节理是一种位移很小或没有位移的断裂,往往是有效的流体通道。但在塑性地层(盐岩、粘土、硬石膏等)中的断裂能产生一定的封闭作用。

(4)刺穿作用。

盐丘对上覆岩层的侵入(刺穿)可以导致盐丘的顶面和侧面形成异常地层压力(图3-30)。刺穿作用给盐丘周围的围岩施加应力,非渗透性的天然盐限制了流体的运移。

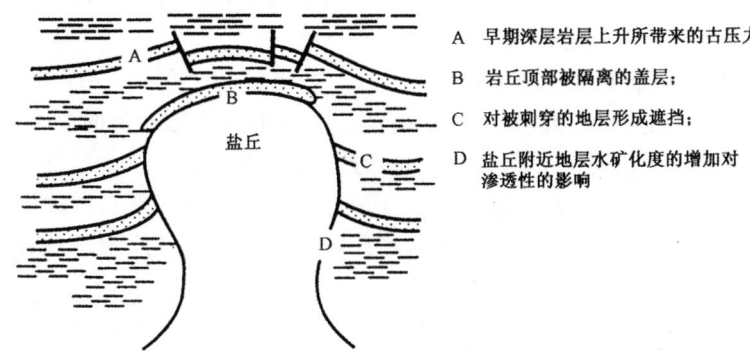

A 早期深层岩层上升所带来的古压力;
B 岩丘顶部被隔离的盖层;
C 对被刺穿的地层形成遮挡;
D 盐丘附近地层水矿化度的增加对渗透性的影响

图3-30 盐丘刺穿造成的异常压力效应

4. 成岩作用

成岩作用是使岩石矿物在地质过程中发生化学变化的过程。粘土胶结的沉积物和一些蒸发岩沉积物,经过成岩作用形成正常压实地层。

石油和天然气的生成也是一个成岩作用过程。从固体有机质转变成液体或气体的碳氢化合物使其密度减小、体积增大,在封闭或半封闭环境中可以形成超高压。

(1)粘土的成岩作用

粘土矿物微观上呈片状,极易结合水(吸附水)。水在粘土物质中存在的形式有自由(孔隙)水和层间(结合)水。

沉积过程中,蒙托石(微晶高岭土)可能含有50%~80%的自由水和层间水。可以有多达10个夹层的层间水。

根据贝斯特(Burst)脱水模型(1969),随着埋藏深度的增加,蒙托石经过三个阶段的脱水,最终形成伊利石。如果这些脱出的水的运移受到限制,随着释放出来的水的体积的增加,有可能产生异常压力。

(2)从石膏转变成硬石膏和水的成岩作用

石膏($CaSO_4 \cdot 2H_2O$)在被埋藏以后,很快脱水转变成硬石膏($CaSO_4$)。转变的深度(大约为600m)随上覆压力、地温梯度、原始含水饱和度而有所变化。

转变过程使固体物质的体积减小了38%,但是总的体积却增加了,这是由于压实过程中释放出来了结合水。在硬石膏层与束缚水的结合带可能形成异常高压。

(3)碳氢化合物的成岩过程

碳氢化合物的形成也是一个成岩过程,并可能引起超压的形成,尤其在该过程产生自由气体时更是如此。在浅层(小于250m),细菌作用使沉积物中的有机质腐败,产生生物沼气。由于缺乏非渗透性的盖层,气体会向地表扩散。但是在有些地区,可形成浅层气。钻遇这种浅层气是浅层钻井的主要灾害。

随着埋藏深度增加,有机物质的化学"裂解"形成碳氢化合物,同时使重烃裂解形成轻烃。烃分子数量的增多意味着它将会占据更多的空间。很明显,在半封闭的环境中的含烃带地层压力将会升高。

烃类油藏容易产生压力异常,尤其是在有大量气体存在时更是如此。

5. 温度效应

沉积物的重力载荷往往会使沉积物内部的温度升高。另外,在埋藏时形成的地温梯度,随着沉积物总体密度的不同而有所变化。在温度升高时,水的体积略有增大。这就意味着地层水的温度对异常压力也有影响。

由于温度对成岩作用的影响,那么温度就是影响异常压力的一个间接因素。

沉积物埋藏过程中,压实效应和温度效应都有助于在被盖层隔离的含水沉积物中产生异常的流体压力。

6. 流体运移效应

流体运移效应包括钻开的岩层与超压层的联通以及地层流体等势面的差异造成的压力异常,如图3-31所示。

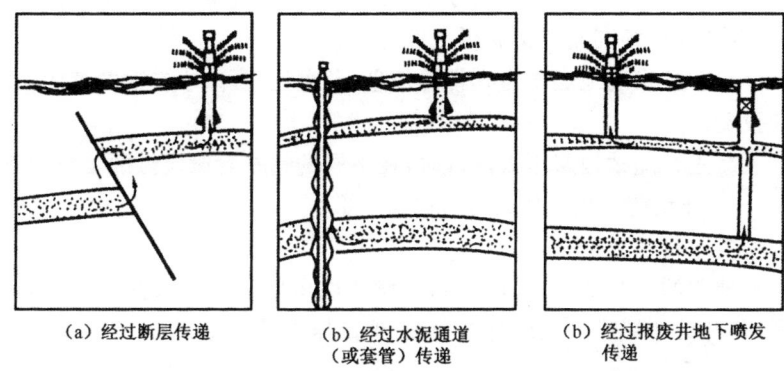

(a) 经过断层传递　　(b) 经过水泥通道　　(b) 经过报废井地下喷发
　　　　　　　　　　　（或套管）传递　　　　传递

图 3-31　不同压力系统联通的实例

在低于含水层等势面的地面上钻井,当钻入含水层时,使用"标准"密度的钻井液也会导致井涌或井喷(图 3-32)。

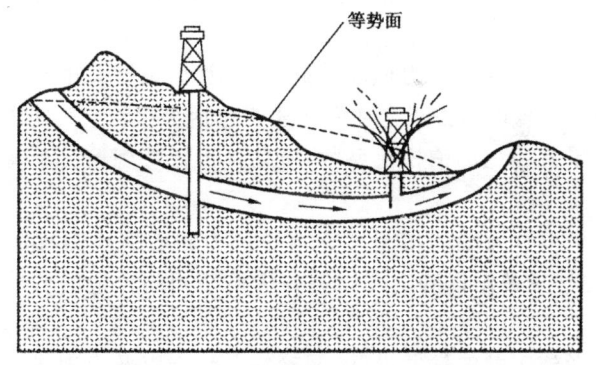

图 3-32　从等势面产生的压力异常实例

三、随钻地层压力的检测工作程序

联机工程师有以下四点主要责任:

1)通过对钻井中获得的测量参数进行分析对比,确定或调整估计的地层流体压力值。

2)通过利用钻井阶段的实测资料,确定或调整地层破裂压力值。

3)帮助现场钻井人员优选钻井液密度及其他常规井控所需要的参数,定期或经常同用户交流压力信息。

4)一旦发现地层压力异常的信息,及时处理,减小二次井控的风险和投资。

在进行随钻地层压力评价时,在不同的钻井阶段应做的工作如下:

1. 开钻前收集与压力有关的资料数据

需收集的数据有:

邻井的电测井资料(声波和补偿地层密度测井)、邻井的随钻录井图、邻井的地层压力或综合录井图、地震压力预测图、邻井完井报告。

2. 录井前准备

1)使用压力图以预计该地区"正常"地层压力梯度以及异常压力带的顶部位置。

2)检查综合录井图和完井报告,寻找异常压力信息、可能的漏失带、可能引起压力评价困难的地质条件(碳酸盐岩/蒸发岩带、不整合、断层等)。

3)如果有该区域压力梯度数据,应计算出设计井中到第一个套管鞋位置的压力梯度。如果是在海上还要包括水深和空气间隔的计算。

4)如果有当地的泊松比系数,应估计设计井到第一个套管鞋深度的破裂压力梯度。

5)如果没有当地的用于计算上覆压力和破裂压力梯度的有关系数,分析岩性录井图以确定开始钻井应该使用的合适的软地层或硬地层系数。

6)参考施工井的钻井设计,明确钻井计划以及出现异常压力的可能深度。

7)在海上,如果实际的水深和空气间隔与设计值不符时,重新计算上覆压力梯度。

8)同地质监督和用户商讨,确定对压力报告的要求:系统单位、录井图比例、每天汇报时间以及当压力参数变化时应该向谁汇报等。

9)选择压缩深度比例(1:5000或更小)绘制所有与压力相关的录井图,以便于确定趋势线和允许进行的校正处理。

3. 钻井过程中应做的工作

1)根据设计井区的地质特征,确定使用合适的地层压力检测方法,使用"d"指数及 Sigma 指数的一种或两种方法同时使用。选用最适合当地条件的工作方法,尽可能进行实时解释。

2)对所有井段的纯页岩按采样间隔测定页岩密度。

3)通过背景气的出现或消失、单根气和起下钻气监控压差变化。

4)如果是定向井,在进行解释和提交给现场人员之前,重新按照定向井的真实垂直深度计算压力参数。

5)每天最少绘制出两份综合录井图和压力检测图供地质监督和用户查阅,保证任何时候录井图都是及时绘制的。

6)如果出现井涌,使用关井钻具压力(SIDPP)来计算地层流体压力。

7)要保证对所有录井图的及时备份,录井房内悬挂综合录井图,以便于快速查阅。

8)作好钻井日志,记录与压力相关的事件,对专门的压力评价过程和方法要保持单独的文件目录,以便让其他录井人员参考。

4. 在每次下套管时应做的工作

1)收集声波测井资料,以便重新计算各井段的上覆压力梯度。

2)如果有重复地层测试器(RFT)的压力值,使用它们来计算正常地层流体压力梯度。

3)当钻穿新的套管鞋时,如果有地层泄漏试验数据的话,使用这些数据来重新计算破裂压力梯度和当地泊松比系数。

5. 完井时应做的工作

1)使用电测井资料(声波、RFT 等)重新计算上覆压力系数。地层流体压力梯度和泊松比系数。

2)应用中途测试(DST)的初始关井压力(ISIP)值来对地层流体压力梯度进行重新计算。

3)使用校正后的参数,作出最终的综合录井图和压力录井图。

4)评价在该井中使用的压力评价方法的经验及教训,并在完井报告中反映出来。

5) 把遇到的任何特殊情况,使用新的压力检测方法或其他事项告诉当地油田基地,以便能够帮助他们今后改进在该地区的钻井服务。

四、d 指数地层压力检测法

1. d 指数来源和基本计算方法

钻速(ROP)受岩石体积密度和压差的影响。欠压实地层的体积密度比该深度下的预计密度要小。因此,钻速是异常压力的重要标识。

但是钻速方法是压力检测中的不可靠的方法。所有类型的地面和井下参数都对钻速的变化产生影响。比如,很难区分出是压实效应还是由于钻压的变化引起的钻速变化。

钻速在钻头和地层表面的一个复杂的交互面上受地层可钻性的影响。为计算方便,地层可钻性由宾汉(Bingham,1964)给出的一个钻进速度方程来定义:

$$\frac{R}{N} = a \times \left(\frac{W}{D}\right)^d$$

式中　R——钻速,ft/min;
　　　N——转盘转速,r/min;
　　　W——钻压,lb;
　　　D——钻头直径,in;
　　　a——岩性常数,无量纲;
　　　d——压实指数,无量纲。

约翰(Jordan)和希尔利(Shirley,1966)省略了岩性常数"a",并用其他经验常数来解决宾汉的"d"指数问题。

为了求解"d"指数,约翰和希尔利方程成为:

$$d = \frac{\lg \frac{R}{60N}}{\lg \frac{12W}{10^6 D}}$$

式中　R——钻速,ft/h;
　　　N——转盘转速,r/min;
　　　W——钻压,kN;

D——钻头直径,cm。

1971年由雷姆(Rehm)和迈克林顿(McClendon)第一次提出了校正的"d"指数(dc)。钻井液密度校正公式为

$$dc = d \cdot \frac{d_1}{d_2}$$

式中 d——"d"指数,无量纲;

dc——校正"d"指数,无量纲;

d_1——正常静水压力梯度(等效钻井液密度单位),ppg;

d_2——当量钻井液密度(ECD),ppg。

Ceoservlces使用另一种校正版本的"d"指数,叫做dcs。dcs与dc的不同在于引入了一个钻头磨损系数。而大多数的泥浆录井公司使用dc指数(校正钻井液密度或ECD)进行压力计算。在API单位制下dcs方程是:

$$dcs = \frac{\lg \frac{f(Z)^p}{R \cdot N}}{\lg \frac{12W}{10^6 D}} \times \frac{d_1}{d_2}$$

式中 R——钻时,min/ft;

W——钻压,lb;

N——转盘转速,r/min;

D——钻头直径,in;

$f(Z)$——钻头磨损系数,无量纲;

d_1——正常静水压力梯度(等效钻井液密度单位),ppg;

d_2——当量钻井液密度,ppg;

p——钻头类型指数,无量纲。

"p"指数值和与之对应的IADC值见表3-3。

表3-3 "p"指数与IADC的对应关系

IADC	"p"指数
1	0.6
2	0.5
3	0.4

续表

IADC	"p"指数
4	0.3
5	0.2
6	0.1
7	0

国内常用的 dc 计算公式如下：

$$dc = \frac{\lg\left[\dfrac{3.282}{RPM \times ROP}\right]}{\lg\left[\dfrac{0.0684 \times WOB}{D_b}\right]} \times \frac{G_n}{ECD}$$

式中　dc——校正 d 指数值，无量纲；
　　　RPM——转盘转速，r/min；
　　　ROP——钻速，m/min；
　　　WOB——钻压，kN；
　　　D_b——钻头直径，mm；
　　　G_n——正常液压梯度，g/cm³；
　　　ECD——当量钻井液密度，g/cm³。

2. dcs 及其解释

在正常压实页岩中，在半对数坐标上绘制出 dcs—井深图，描述了压实作用增加的一种线性趋势（dcn）。该图与页岩密度图相似。虽然在地质情况清楚的地区可以使用标准的趋势线，但是地质专家还是绘制出了对于每个地区的经验趋势线（图 3-33）。

为了确定趋势线，联机工程师必须选择具有代表性的纯页岩的 dcs 值。通常，有代表性的岩性层段必须大于 150m。选择井段的起始井深的平均值和终止井深的平均值将作为计算 dcn 的基本值。然后联机工程师就可以计算出曲线的斜度系数和趋势线的偏移量。

趋势线的斜度 a：

$$a = \frac{\lg\left(\dfrac{dcn_2}{dcn_1}\right)}{H_2 - H_1}$$

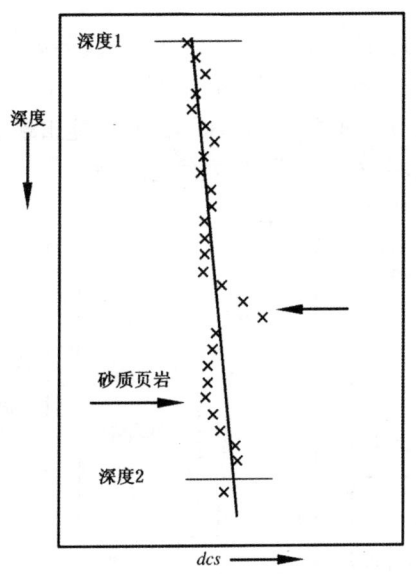

图 3-33 dcn 趋势线的确定概要图

偏移量系数 b：
$$b = \lg dcn_1 - a \times H_1$$
式中 H_1——上部 dcn 值的深度；
H_2——下部 dcn 值的深度；
dcn_1——上部 dcn 值；
dcn_2——下部 dcn 值。

如果选择井段具有不间断的压实史，趋势线将延伸到具有基值的井段以上或以下，可以用作计算机计算和地层压力评价。趋势线上的任何一点上的位置都可以通过下式计算：
$$\lg dcn = a \times H + b$$
式中 H——目标层深度，m。

一般地说，整口井的斜率有一固定值，而偏移量随着钻井过程的进行而不断变化。在纯页岩层中，dcs 值变到 dcn 趋势线左边表示有欠压实或负压差过渡带的存在。而 dcn 的值向右偏移，说明是中性的或正压差,或"超压实",比如盖层带。

通常,砂岩的孔隙度比页岩的平均孔隙度要高。因此,钻穿砂岩层时,由于与压实作用有关的原因,可能导致 dcs 趋势线向左偏移(参见图 3-34)。通过 dcs 对砂岩地层压力计算可能出现错误的超压值。为了消除这个问题,引入了一个"砂岩线"截断法。

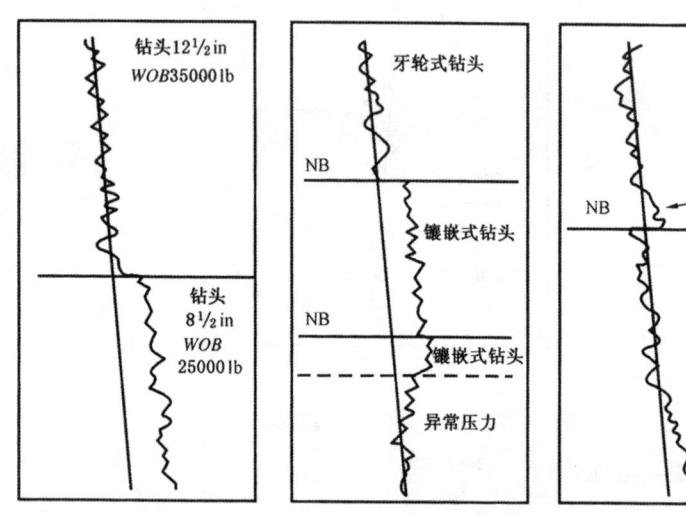

图 3-34 dcs 随钻头、底部钻具组合特征变化示意图

注意了解 dcs 和 dcn 之间的关系。当在斜井计算 dcs 时,特别注意要根据实际垂直井深(TVD)而不是测量井深来计算出 dcs 值和压实趋势线。另外,有几个与钻头和地层有关的因素可能使 dcs/dcn 的值发生偏移。

图 3-34 显示 dcs 是如何随钻头、底部钻具组合特征而发生变化的,即使采用了钻头磨损系数校正因子时也是如此。当井眼直径、钻头类型、钻具组合和水动力发生变化时,dcs 的值也会随着发生偏移。

图 3-35 显示 dcs 是如何随地层条件发生变化的。在页岩段,通过适当的解释,计算往往是理想的。例如,在浅井钻探中,未固结的岩层可能产生错误的 dcs 值。在这样的地层,钻头主要的作用是介于对钻井液的喷射和牙轮的冲击之间。

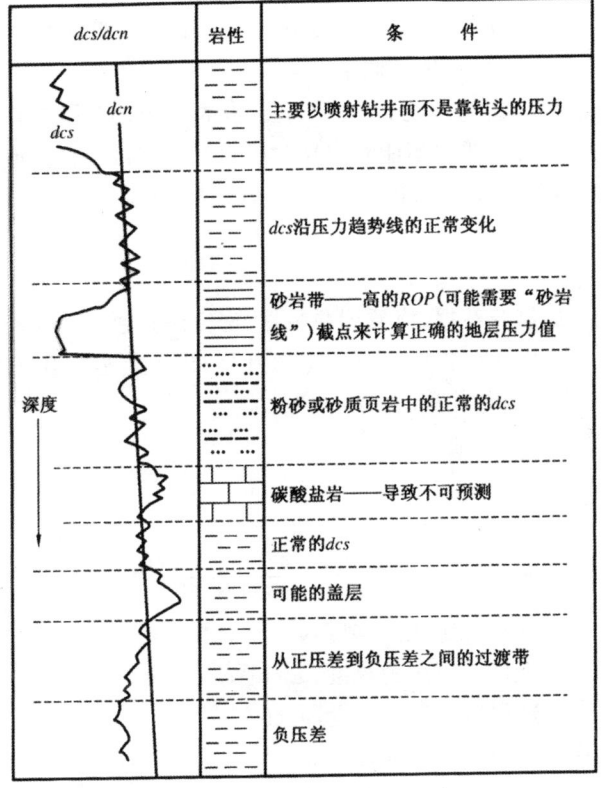

图 3-35 由于地层条件而引起的 dcs 的变化

钻穿不整合面时,由于压实趋势的间断,引起 dcs 值向右偏移。而趋势线斜率(在对数坐标上)应该维持不变。

砂质泥岩层的值可能不可靠。岩层中的孔隙度的变化可能导致错误的 dcn 的值。

非页岩层提供的结果也是不可靠的。砂岩带的钻进速度比页岩带快,因此,dcs 的值主要是向左偏移。而碳酸盐岩提供分散的、错误的值。

有时联机工程师必须手工移动 dcs 和 dcn 曲线,以使它们维持适当的关系。如果原来的偏移明显地是由于钻头变换和地层的不整合造成的,那么只需移动 dcs 或 dcn 其中之一。不要用相关的偏移量对其他任何地层的"d"指数进行调整。

对于某种类型的地层,dcs 计算是非常有用的(比如在压实页岩层),但是公认仅仅凭它不能断定异常压力层。应该结合其他与压力相关的参数,并仔细检查计算机处理的 dcs 值,以便得出更加准确的判断。

3. 上覆压力计算

根据压裂试验数据、声波测井数据、密度测井数据等计算上覆岩层压力梯度、基岩应力系数和泊松比,并回归出上覆岩层压力梯度与井深、基岩应力系数与井深的曲线方程。

(1)基岩应力系数 K

$$K = \frac{G_f - G_p}{G_o - G_p}$$

$$G_f = \rho_m + \frac{P_1 - 9.81 \times 1.05 \times (H_b - H_w)}{9.81 \times H}$$

式中　G_p——地层孔隙压力梯度,g/cm³;

G_o——上覆岩层压力梯度,g/cm³;

G_f——地层破裂压力梯度,g/cm³;

ρ_m——井内泥浆密度,g/cm³;

P_1——地层漏失时立管压力,kPa;

H——井深,m;

H_b——海床深度,m;

H_w——海水深度,m。

(2)上覆岩层压力梯度 G_o

$$G_o = \sum \rho_b \times \frac{\Delta H}{H}$$

$$\rho_b = \rho_{rm} - 2100 \times \frac{\Delta t_i - \Delta t_{rm}}{\Delta t_i - \Delta t_f}$$

式中　ρ_b——地层密度,g/cm³;

ΔH——井深间隔,m;

H——井深，m；

ρ_{rm}——基岩密度，g/cm³；

Δt_i——地层声波时差，μs；

Δt_{rm}——基岩声波时差，μs；

Δt_f——泥浆声波时差，μs。

（3）上覆岩层压力

上覆岩层压力和泊松比的计算是根据初始给定数据和公式进行的。

$$S = A \times (\ln H)^2 + B \times \ln H + C$$

式中　H——垂深，m；

A,B,C——系数。

法国GEOSERVICES公司的推荐值为

硬地层：$A=0.0334, B=-0.3439, C=2.9986$；

软地层：$A=0.0301, B=-0.3278, C=2.9015$。

（4）泊松比 μ

根据输入的泊松系数首先求基岩应力系数 K

$$K = e^{(K_A \times \ln H + K_B)}$$

式中　K_A, K_B——系数，推荐值为

硬地层：$K_A=0.354, K_B=-3.1846$；

软地层；$K_A=0.266, K_B=-2.351$。

泊松比：

$$\mu = \frac{K}{1+K}$$

4. 地层压力计算

（1）正常压力层

当 dc 指数曲线位于左边界右侧时，则认为该地层为正常压力层，地层压力等于正常的地层液压梯度，根据地区不同一般在 $0.97 \sim 1.06$ g/cm³。即

$$P_f = G_n$$

式中　P_f——地层压力系数。

(2) 渗透性地层

当 dc 指数曲线位于砂岩线左侧时,则认为该地层为渗透性地层,该段地层压力继承上覆欠压实地层的地层压力。即

$$P_f = P_{FR}$$

式中　P_{FR}——上覆地层压力系数。

(3) 欠压实地层

当 dc 指数曲线位于左边界与砂岩线之间时,则认为该地层为欠压实地层,根据 dc 指数计算地层压力:

$$P_f = S - (S - G_n) \cdot \left(\frac{dcs}{dcn}\right)^{1.2}$$

5. 地层破裂压力计算

$$F_{rac} = P_f + \frac{\mu}{1+\mu} \cdot (S - P_f)$$

式中　F_{rac}——地层破裂压力。

6. 地层孔隙度计算

dc 指数在砂岩线左时:

$$\phi = \frac{S - 0.93P_f - 0.02G_n}{S - G_n} - 0.093 \cdot \left(\frac{dcs}{dcn}\right)^{1.2}$$

dc 指数在砂岩线右时:

$$\phi = 1 - \frac{\rho_v}{\rho_{mx}}$$

式中　ϕ——地层孔隙度,%。

　　　ρ_v——泥页岩体积密度,g/cm^3;

　　　ρ_{mx}——基岩密度,g/cm^3。

五、Sigma 录井

1. Sigma 录井的来源

Sigma 录井是另一种地层压力评价方法,是在 20 世纪 70 年代中期,由意大利石油公司 AGIP 在坡(Po)山谷钻探时提出来的。在不连续的砂泥岩层或石灰岩层中,从"d"指数计算出的压力数据不可靠,并且很难建立一条连续的压实趋势线。另外,"d"指数的计算也不能直

接补偿压差的变化,而压差对井眼的冲洗和钻速的影响都是非常大的。Sigma录井对这些参数进行了优选,并成功地运用在全世界的粘土质地层录井中。

另外,用户可以对用作压力计算的不真实的高值或低值进行处理。该项功能对应于用来计算"d"指数的"砂岩线"。

"d"指数的趋势线变换是对连续地层钻井参数进行补偿,而Sigma指数变换是对混合型的粘土质地层的钻井参数进行补偿。趋势线一般的斜率为0.088,它被证实在欧洲和北海地区都是正确的。其他的地区可能需要不同的斜率值,用户可以对斜率值进行修改。

2. 原始Sigma(σ_t)

基本的Sigma计算包括两个部分。第一部分是关于岩石的可钻性的确定,第二部分是关于压差的影响。

首先,需确定原始Sigma(σ_t)值,它是无量纲的:

$$\sqrt{\sigma_t} = \frac{WOB^{0.5} \times RPM^{0.25}}{D_h \times ROP^{0.25}}$$

式中　　WOB——钻压,t;

　　　　RPM——转盘转速,r/min;

　　　　D_h——钻头直径,in;

　　　　ROP——钻速,m/h。

不同参数之间的关系是经验性的。在理论上讲,在同样的深度钻穿相同的岩层,除不同的钻压、转速、钻头直径和钻速外,σ_t的值对于两个同类钻头应该相同。在实际运用中,由于钻井参数的不断变化,可能引起σ_t值的一些变化。

3. 对浅层井眼条件下校正后的原始Sigma值(σ_{t1})

当把σ_t的值对应于井深绘图时。有大量的σ_t的点比平均值大或小。这在浅井中尤为明显。正因为如此,计算中使用了一个校正系数计算调整后的原始Sigma值(σ_{t1}):

$$\sqrt{\sigma_{t1}} = \sqrt{\sigma_t} + 0.028\left(7 - \frac{H}{1000}\right)$$

式中　　H——井深,m。

一般说来,当$\sqrt{\sigma_{t1}}\leqslant 1$时代表砂岩,当$\sqrt{\sigma_{t1}}>1$时代表页岩。

4. 井眼清洗系数(n)

变量n是地层孔隙度和渗透率的函数。当井底压差为正值时,岩石的孔隙度和渗透率确定岩层内部流体压力何时才能与钻井液压力相等,反过来将影响到岩屑能被钻井液带到地面的速度(岩屑沉降效应)。因此,变量n描述钻井液把岩屑从钻头上冲洗掉的效率。

变量n的计算有两种方法,这与σ_{t1}的值有关:

如果$\sqrt{\sigma_{t1}}\leqslant 1$,则

$$n = \frac{3.2}{640 \times \sqrt{\sigma_{t1}}}$$

如果$\sqrt{\sigma_{t1}}>1$则

$$n = \frac{1}{640}\left(4 - \frac{0.75}{\sqrt{\sigma_{t1}}}\right)$$

由此可见页岩的n值比砂岩大,页岩层井眼清洗效率比砂岩的要低。

5. 压差的影响(F^*)

变量F^*描述了压差对地层可钻性的影响。这里要有一个已知的对于每个目标层的压差值。

实际的压力差为:

$$\Delta P = (\rho - P_H)\frac{L}{10}$$

式中　ΔP——压力差,kgf/cm^2;

ρ——钻井液密度,kg/L;

P_H——正常地层流体压力梯度,kg/L;

L——深度,m。

P_H的值是由局部地层流体的平均密度确定的。通常,由于缺乏对局部地层信息的了解,操作员必须估计出P_H。一般地说,ΔP值的增加引起钻速的减慢,而ΔP的减小引起钻速的加快。当ΔP的值为零或接近于零时,钻速最大。钻速相对于ΔP的变化是非线性的。

为了计算Sigma值,压差的影响被描述为一个系数F^*。对于每

个预计深度，F^* 满足方程：

$$F^* = 1 + \frac{1 - \sqrt{1 + n^2 \times \Delta P^2}}{n \times \Delta P}$$

式中　n——井眼清洗系数；

　　　ΔP——压差，kgf/cm^2。

6. 真实 Sigma(σ_o)

真实 Sigma(σ_o)值，也称为岩石强度参数。计算公式如下：

$$\sqrt{\sigma_o} = F^* \times \sqrt{\sigma_{t1}}$$

式中　σ_o——岩石强度参数。

7. Sigma 趋势值(σ_r)

岩石强度参数(σ_o)可被绘制成一系列互相连接的点(图 3-36)。与"d"指数不同的是，其横坐标是线性的。Sigma 值的范围从 0 到 1。

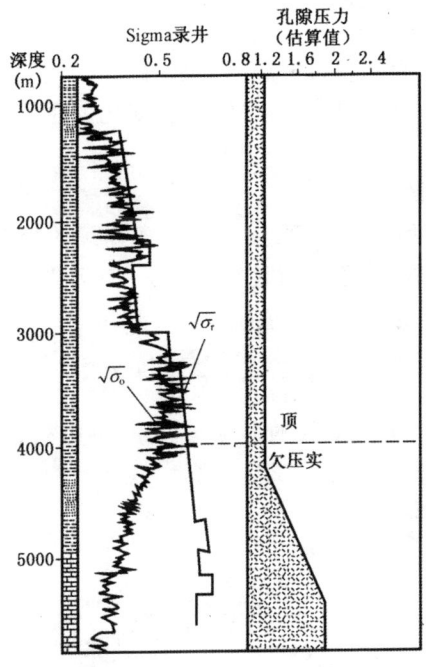

图 3-36　Sigma 录井图(岩石强度参数)

σ_o 的值在可钻性增大时具有向左偏移的趋势,而当可钻性减小时,具有向右偏移的趋势。发生偏移是由于岩石机械特性的变化(岩性或孔隙度)或钻井参数的变化(主要是井眼直径),或以上两种因素影响造成的。

对于一个岩性相同的地层剖面,σ_o 的值随着深度的增加而增大,为正常压实趋势(σ_r)。岩性的改变,如从页岩到砂页岩,或者钻井参数的重大变化,会引起 σ_o 值的突然偏移,接着从岩性或钻井参数开始变化的下一点,出现一个新的平均值。因此,当出现岩性变化、井眼直径或钻头类型变化时,要对 σ_r 的值进行偏移处理,以使它同 σ_o 维持适当的关系。

以下方程描述了趋势线在每个点的位置:

$$\sqrt{\sigma_t} = 0.088 \frac{H}{1000} + \beta$$

式中　H——井深,m;

　　　β——井深为零时的 σ_t 值,即坐标截距;无量纲。

当 σ_o 平均值变化时,σ_r 趋势线也会变化。注意:不要随意改变 σ_r 趋势线。

8. "标准化"的 Sigma

对孤立的 σ_r 线段进行重组,形成一条连续的趋势线,而在趋势线上的每一点维持着 σ_o 同 σ_r 的联系。图 3-37 示范了这个原理。

9. 正常趋势线上 Sigma 值 σ_r

$$\sigma_r = A \cdot \frac{H_v}{1000} + B$$

式中　A,B——正常趋势线的斜率与截距,可由初始化给定的两点确定。

一般 $A = 0.088$。

10. Sigma 地层压力 P_f

$$P_f = \rho \cdot \frac{20 \cdot (1-Y)}{n \cdot Y \cdot (2-Y) \cdot H_v}$$

$$Y = \frac{\sigma_r}{\sigma_t}$$

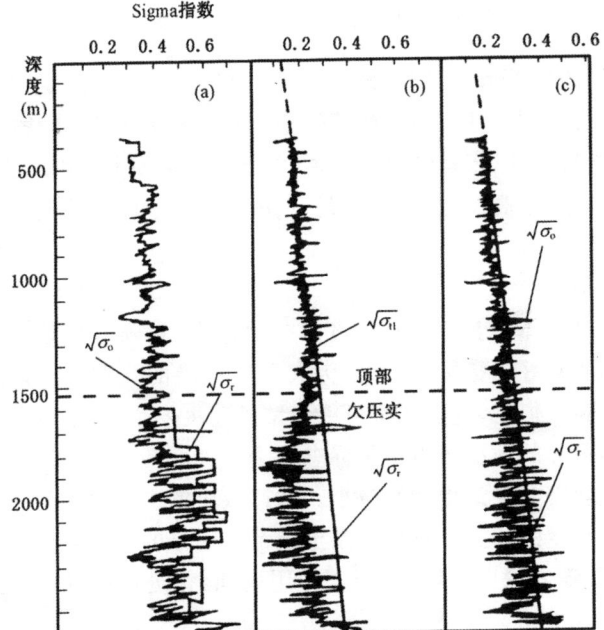

图 3-37 Sigma 录井图的标准化处理

(a)Sigma 偏移录井图;(b)没有压差补偿的标准化录井图;
(c)具有压差补偿的标准化录井图

式中　ρ——钻井液密度,g/cm^3;

H_v——垂直井深,m;

n——井眼冲洗系数。

11. Sigma 破裂压力梯度

$$F_{rac} = P_f + \frac{\mu}{1-\mu}(S - P_f)$$

式中　μ——泊松比,无量纲;

S——上覆岩层压力梯度,g/cm^3。

12 Sigma 孔隙度

$$\phi = \frac{1}{1.4 + 9 \times \sigma_t}$$

六、其他随钻地层压力评价方法

除 dc 指数 Sigma 值外,随钻录井过程中,还有许多定性的可用于的地层压力检测方法。在实际工作中,以 dc 指数、泥(页)密度、Sigma 值为主,参考岩性、出口钻井液温度、气测显示等资料,确定地层压力异常过渡带和异常高压地层的位置;利用计算机综合处理软件确定地层压力系数。

1. 钻速变化

钻速(ROP)作为相对孔隙度的指示标志,的确可能是一个异常地层压力的非常好的指示标志,因为欠压实地层的孔隙度比该深度预计孔隙度要高。但是,许多因素可能使钻进速度发生变化。因此,钻速又是一个不可靠的地层压力指示标志。

钻速随着深度的增加而减小。钻速减小的主要原因是由于被钻岩石的体积密度的增加。页岩和粘土显示出明显的压实效应。在正常压实条件下,随着深度的增加,压实作用增加,钻进速度或多或少会按照指数规律减小。

压差对钻速的影响较大。很难测量页岩等非渗透性岩层中的孔隙压力。然而,通过不同的测试已经显示,当出现负压力差时,钻速达到最大。

(1)根据钻速进行井涌预报

通常进入超压带的第一个标志就是进入渗透层前的钻速加快。而钻速加快通常是进入岩层孔隙度增加井段的标志。该井段可能是油气层,也可能是孔隙度较大的异常地层压力段。大多数石油公司要求司钻在出现快钻时 1~1.5m 后,立即停钻,观察钻井液流量的变化。

(2)钻速变化作为过渡带的指示标志

在异常压力的页岩段,位于该深度的岩石是欠压实的。在欠压实段钻速的增大可能是由于负压差造成的结果(图 3-38)。

2. 钻井气或抽汲气

钻井气含量高低是压差存在与否的有用的指示标志。在地面上检测出的气体可能有以下几个来源(图 3-39):在渗透层和非渗透层中

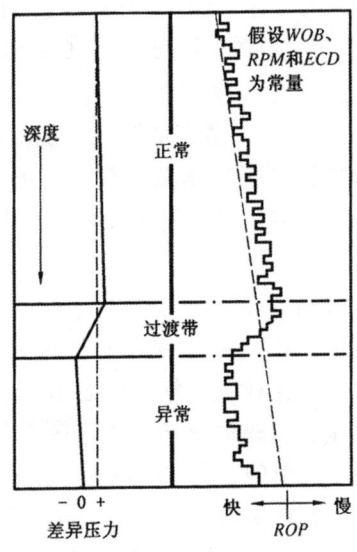

图 3-38　通过过渡带时钻速的变化

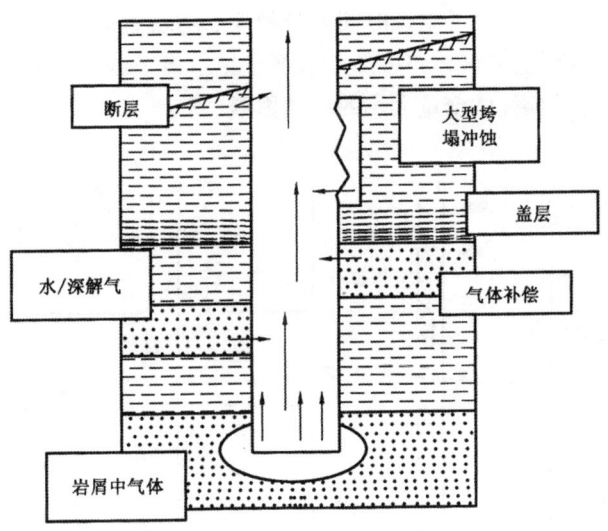

图 3-39　被钻开的气体来源(福特,1976)

钻开的岩屑中释放出来的气体;从井壁坍塌物和冲洗物中释放出来的气体;来自井眼周围的含气渗透性地层、开放断层和其他地层流体中有溶解气的地层。

另外,由于地面的污染和不适当的脱气可能增加测量出的碳氢化合物的量。录井人员应该把每种来源的气体作为平衡钻井的指示标志。气体在井眼中聚集的结果可以使钻井液柱压力减小,进而使压差减小。

(1) 钻井液中气体显示效果

在正常钻井过程中,地面监控设备能检测出一条相对平稳的从钻井液中脱出的气体曲线。这种背景气可以显示出由于钻速、钻井液流速和地层含烃量的变化所引起的偶然变化。在正常钻进条件下,背景气应当维持在该区域平均值的±50%范围内。当气体鉴定设备正常运转时,背景气完全消失,是一个进入低渗透层或压差过高的特征。

钻达欠压实层时背景气含量增大,存在以下诸方面的原因:
1) 高孔隙度导致地层气体含量增加;
2) 快速钻进增加了单位时间内带到地表的岩石的体积;
3) 压差降低,使气体更多地从岩屑中扩散出来。

压差是影响气体全量大小的主要因素(图3-40)。

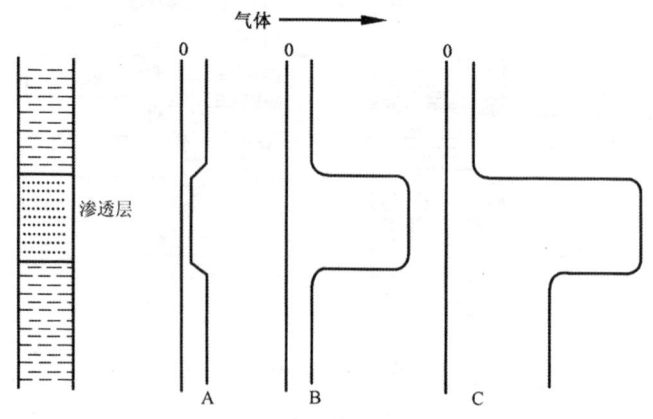

图3-40 压差和气体显示

单根气气体峰是压力近平衡的明显标志,抽汲是形成单根气的主要原因。钻具上提时,同时也带起了钻井液,它减小了井底压力。井底压力的降低程度和钻杆运动速度、钻杆直径、环空直径及钻井液流变性能有关。抽汲有助于建立一个负压环境或者使负压差加剧(图 3-41)。

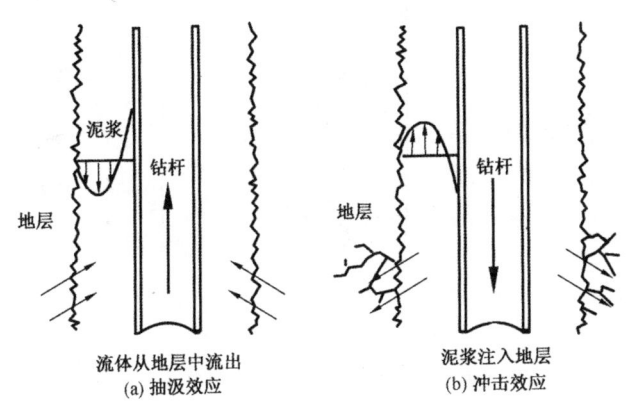

图 3-41 抽汲效应和冲击效应

接单根气和起下钻气是由钻井液柱压力和地层流体的压力不平衡引起的。如果在钻井液流动(循环)状态下,压差为零或接近零,如果停泵将引起负压差,地层中的气体将会扩散到井眼中。

如果接单根气随时间变化而增大,表明可能进入压力过渡带,并且现用钻井液密度已不能平衡地层压力(图 3-42)。如果单根气和背景气同时增大,则很可能存在负压差。

快速钻进和过度的抽汲可能把许多气体带进井眼,从而减小了静液面,而使压差减小。由于钻井液携带气体而减小的压差又能让更多的气体进入井眼。重循环气也会带来同样的问题。

静液面的降低对浅井的钻探尤其重要(大于 600m)。在这样浅的深度,静液面一个很小的降低就足以使地层流体喷出地面。这种情况可以发展得很快。所以说,当钻浅层探井时,录井人员必须密切注意气体含量的变化。

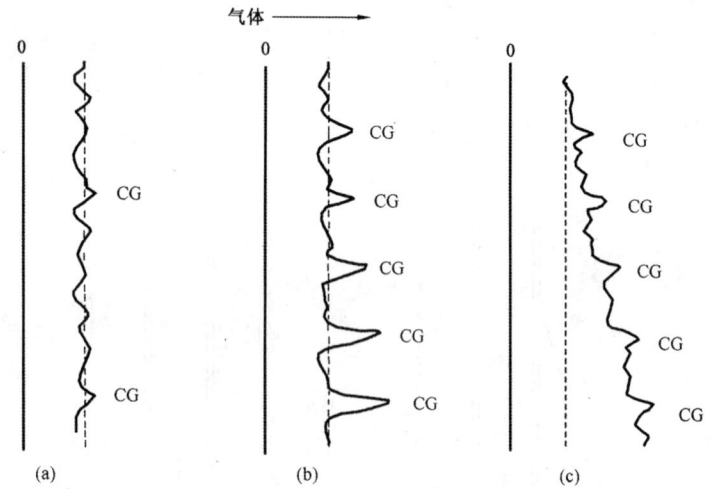

图 3-42 压差和单根气
(a)稳定的正压差;(b)逐渐降低的正压差(过渡带);(c)负压差

(2)异常压力的气体组分效应

在许多地区,如果从地面进行气体组分测量时发现,分子比甲烷(CH_4)大的重烃组分出现或增加,那么它标志着存在一个从正常压力到异常压力的过渡带。

由于碳氢化合物分子的大小不同,不同的碳氢化合物从地层岩屑中析出的速度是不同的。在欠压实地层,气体析出速度有变化,表现为地面测量到的重烃组分相对增加(比如 C_2/C_3 比值降低)。

3. 扭矩、超拉和拖曳(遇阻)

当在页岩和粘土岩中存在负压差时,地层可能剥落(垮塌)到井眼中去。当垮塌的速度超过了钻井液所能携带它们的速度时,大量的垮塌物会在井底堆积。垮塌物可能干扰钻头和扶正器的旋转。这种情况下,扭矩会增大。

4. 钻井过程中泥浆池液面上涨/流量增加

地层流体的侵入将排挤井眼内的钻井液。这种排挤必然导致钻井液系统的泥浆池液面的升高,或者(测量时)入口流量的增大。流量增大到一定时,可能会发生井涌。

5. 泥页岩垮塌

粘土质岩层的垮塌物是一个重要的压力异常识别标志。垮塌物也可能引起钻井事故,过多的充填物会堵塞钻杆环空,降低井眼的清洁效率,可以引起粘附卡钻。

随着深度的增加,泥岩和页岩会变得更为坚硬。在钻井过程中,如果有欠压实的信号出现,就表明随着深度的增加,有一个从固结(坚硬,固化)到未固结(疏松,粘性)的泥岩之间的过渡带。

另一个重要因素是岩屑的大小和形状。带有尖锐和平坦形状及断面凹凸不平的页岩垮塌物是由于超压或者是蒙托石脱水形成的,断面平坦的页岩垮塌物大多数是由机械因素造成的。

6. 页岩密度及页岩系数

页岩密度录井和页岩系数分析可以帮助我们识别与欠压实有关的异常地层压力。两种方法都要选择厚而纯的均质页岩才能有好的结果。录井迟到时间的计算也使用这些方法。

(1)页岩密度

页岩密度分析是在钻井过程中测量页岩和泥岩的体积密度。在正常压实地层,页岩的密度随着深度的增加而增大。页岩的密度画在半对数坐标上,形成一条"正常压实趋势线",大致是一条直线。以压缩比例绘制(大于1:2500)能更好地显示正常压实趋势线的变化情况。准确地测量页岩密度值,使我们通过比较正常密度趋势线与实际页岩密度就可以计算出地层压力。

超压带页岩具有相对于该井深而言较高的孔隙度。因此,超在带页岩体积密度要比通过趋势线预计的密度要低(图3-43)。有的情况下,覆盖在超压带上的盖层会在录井图上显示出比正常密度要高的密度值。

(2)页岩系数

当粘土成岩作用是造成异常压力的主要因素时,页岩系数可以帮助识别从正常压力到异常压力带之间的过渡带。页岩系数需要与其他参数结合使用,它也不是绝对的判断异常压力的标志。

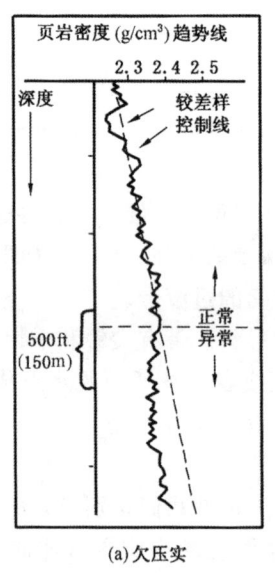 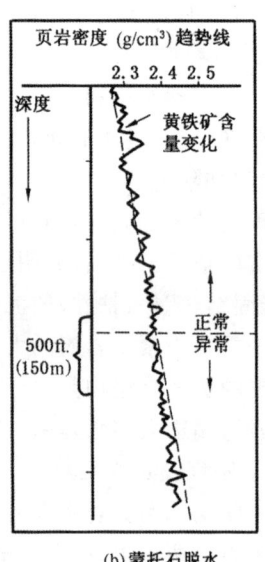

图 3-43 页岩密度反映曲线图

粘土的成分控制着其吸水能力。阳离子的置换能力越强,吸水能力就越强。某岩层的阳离子置换能力(CEC)与该岩层的粘土矿物类型有关。在正常压实带,CEC 随深度逐渐减小的趋势表明蒙托石逐渐转化为伊利石。

"页岩系数"是使用亚甲基蓝溶液滴定来估算 CEC 值的方法。该方法不需要计算每种粘土矿物,而只显示总的 CEC 随深度变化的曲线。录井工程师可以通过相似的实验来分析分散在钻井液中的固体物质,估计 CEC 值。

在欠压实区,水排驱能力的不足减慢了粘土成岩作用。该带的蒙托石含量较高。因此,在页岩系数图上,显示出异常压力带顶部页岩系数的升高和降低(图 3-44(a))。随着压力梯度的降低,页岩系数也将降低。

有时蒙托石的脱水也有利于形成异常压力(释放水进入地层孔隙空间)。在这样的条件下,页岩系数在异常压力带会降低(图 3-44(b))。

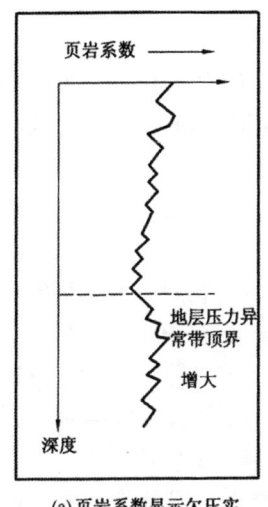 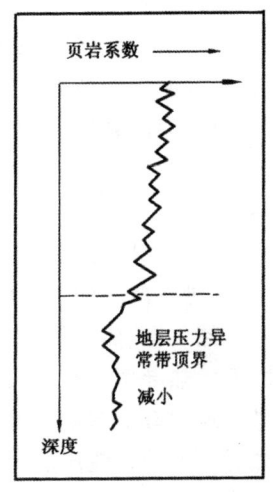

(a) 页岩系数显示欠压实　　　(b) 蒙脱石脱水时的欠压实

图 3-44　理想化的页岩系数响应曲线

页岩系数对检测粘土成分的变化很有用。但页岩系数并不是绝对的异常压力的标志。页岩系数可能受与异常压力无关的因素的影响而变化。当正常页岩系数趋势线出现任何偏移时应告诉地质师或用户。

7. 出口钻井液温度

钻井液循环过程中,地层中的热量向钻井液中传导。钻井液在由井底向上运移的过程中逐渐损失部分从地层中获得的热量。泥浆录井传感器可以通过检测出口钻井液温度,确定异常地层压力的变化情况。

(1) 地温梯度

地温梯度是地层温度随深度变化而增加的速度,表示为深度每增加 100m 地层温度增加的摄氏度数值。通过下式计算:

$$G_t = 100 \cdot \frac{T_2 - T_1}{H_2 - H_1}$$

式中　G_t——地温梯度,℃/100m;

H_1——点 1 深度,m;

H_2——点 2 深度,m;

T_1——深度为 H_1 时的地层温度,℃;

T_2——深度为 H_2 时的地层温度,℃。

根据地区不同,平均地温梯度值一般在 1.8～4.5℃/100m。由于地层岩性和流体的导热效率不同,即使同一地区,不同深度的地温梯度也是不相同的。

(2)热导率

任何两个不同深度之间的温度变化与这两个深度之间的岩石及流体的热导率(传导热能的能力)有关。具有相对较低热导率的岩层为隔热层。在隔热层下面,热量将会聚集起来,引起温度升高。

水、油、气的热导率比岩石的热导率都要小。异常压力地层比同样深度的正常地层含有更多的孔隙流体。因此,超压层的热导率比正常压力层的热导率要低。超压层区间的温度梯度比相应的正常压力层区间的温度梯度要高(图 3-45)。温度梯度的降低带可能出现在异常压力带之上。

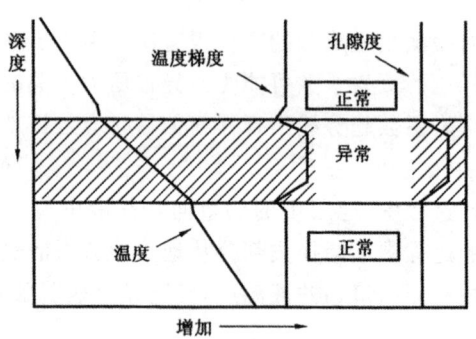

图 3-45 异常压力间隙温度剖面图

思考题:

1. 简述地层孔隙压力梯度、破裂地层压力梯度,上覆岩层压力梯度等概念。

2. 异常地层压力的成因主要有哪些?

3. 简述地层压实作用形成地层压力异常的原理。

4. 什么是压力过渡带?
5. 简述地层压力检测工作程序。
6. dc 指数地层压力检测法的原理及基本计算公式是什么?
7. Sigma 地层压力检测法的原理及基本计算公式是什么?
8. 常用的随钻地层压力检测方法有哪些?

第六节 实时钻井监控

根据综合录井资料组合,结合计算机处理资料随钻分析判断钻井状态,可以指导钻井施工,进行随钻监控,提高钻井效率,保证安全生产,避免钻井事故的发生。

一、实时钻井监控原理

钻井过程中的最重要的五项实时监控项目是:快钻时或钻进放空、钻井液体积的增加/减少、钻井液流量的增加/减少、钻井液密度的变化及油气显示。

1) 导致以上五项参数变化的原因见表 3-4。

表 3-4 录井参数变化及可能原因

参数变化	可 能 原 因
快钻时或钻进放空	低阻抗地层(较软,孔隙度/渗透率增加,欠压实地层),储层
钻井液体积的增加/减少	由于流体的侵入(井涌)而增加,由于地层漏失(井漏)而降低,由于地面流体的稀释而降低,由于地面损失而降低
钻井液流量的增加/减少	由于流体的侵入(井涌)而增加,由于地层漏失(井漏)而降低;由于泵故障而降低
钻井液密度的升高/降低	由于地面的钻井液的稀释而变化,由于流体的流入(井涌)而降低,由于水的损失(过滤)而增加,由于地层流体污染而变化
气体含量的增加	接单根/起下钻气,释放气体,生产气体,重循环气体,污染气体

注:任何情况之下的硫化氢(H_2S)报警都必须认为是真实的,直到查明实际情况。

2)钻速变化(瞬间变化)的原因及处理措施见表3-5。

表3-5 钻速变化的原因及处理措施

描述	可能起因	检查/查询	措施
钻进放空 (快钻时)	假信号； 低阻抗力地层(砂层、盐岩层等)； 欠压实储层	传感器电缆； 岩性对比	按照客户的指示进行流量检查； 按照地质师的指示把井底物质循环出来
钻时突然变大	电缆粘连或传感器故障； 钻头磨损； "泥包钻头"； 地层变化	对比岩性； 扭矩(增大)； 扭矩(减小)； 扭矩及先前的岩屑	维修或重新放置； 通知甲方代表； 通知地质师

3)钻井过程中泥浆池液面变化(瞬间变化)的原因及处理措施见表3-6至表3-8。

表3-6 钻井液体积增加的原因及处理措施

描述	可能起因	检查/查询	措施/通知
较慢和正常， 0.5到3m³/h 波动＜1m³/h	地面水或钻井液的加入； 水或油的低速侵入； 气体开始侵入； 浮船运动； 泥浆搅拌器	泥浆池/钻工； 阻抗/气体/流速记录 阻尼系数	注意体积图表； 通知司钻/甲方代表； 如果需要，重置传感器以减小变化
快而小， 1到3m³/h	水或油的侵入； 气体侵入(可能先前有气体膨胀的缓慢增加)	泵冲/压力记录； 司钻/钻工； 钻速/气体/流速/密度/阻率/H₂S记录	注意与图表有关的体积和泥浆池变化； 司钻/甲方代表/地质师；注意图表上体积变化
快速且较大， ＞20m³/h	停泵； 钻井液转移； 水或油的侵入； 气体侵入(先前有快速和正常的增加)	泵冲/压力记录； 钻工； 钻速/气体/流速/密度/阻抗/H₂S记录	注意与图表有关的体积与泵冲的变化； 司钻/甲方代表/地质师；如果需要就关井循环

表3-7 钻井液体积无变化的原因及处理措施

描述	可能起因	检查/查询	措施/通知
无变化	很缓慢； 漂流物的阻塞； 传感器安装在活动泥浆循环系统以外； 设备故障	钻速记录； 泥浆池； 钻工	清洗,重置或维修传感器

表3-8 钻井液体积下降的原因及处理措施

描述	可能起因	检查/查询	措施/通知
慢且规则，0.5到$3m^3/h$	井眼体积正常增加； 除泥设备工作； 在裸眼井中由于过滤作用而形成漏失	钻开井眼体积同钻井液体积下降量之比； 钻工	泥浆工程师
快速下降	钻井液被转移到没有安装传感器的泥浆池； 正常循环路线由旁路代替； 在地面上的损失（喷射,操纵阀不正确地打开）； 在裸眼井中部分或全部漏失到地层中	泵冲/压力记录； 钻工 钻速/流速/密度	司钻/钻工； 注意图表上体积的变化； 司钻/甲方代表/泥浆工程师

4）接单根过程中泥浆池液面变化（瞬间变化）的原因及处理措施见表3-9至表3-11。

表3-9 接单根过程中钻井液体积增加的原因及处理措施

描述	可能起因	检查/查询	措施/通知
瞬间的变化达到$3m^3/h$	接单根时停泵	泵冲/压力记录	
恢复钻进以后	钻井液混入或转移； 接单根时的抽汲	钻工/泥浆工程师 钻井液密度/钻井粘度记录； 注意图表上体积的增加和接单根时全烃图	

表 3-10 接单根过程中钻井液体积不变的原因及处理措施

描述	可能起因	检查/查询	措施/通知
当关泵时没有体积变化	设备故障；传感器安装在循环系统外	传感器位置/操作	清洁,重置或维修传感器

表 3-11 接单根过程中钻井液体积下降的原因及处理措施

描述	可能起因	检查/查询	措施/通知
瞬间的变化达至 4m³/h	重新开泵	泵冲/压力记录	
恢复钻进以后	在地面上的损失；由于正压力差造成的地层漏失	司钻；泵冲/压力/流速记录	注意图表体积变化；司钻/地质师；注意图表体积变化

5）在起下钻过程中泥浆池液面变化（瞬间变化）的原因及处理措施见表 3-12 至表 3-14。

表 3-12 起下钻过程中钻井液体积增加的原因及处理措施

描述	可能起因	检查/查询	措施/通知
起钻过程中的增加	钻井液混入或转移；井涌的开始（由于正压力差或抽汲）	泥浆工程师；井眼充填体积对钻具移开后的补偿；大钩速度	注意图表体积变化；司钻/甲方代表；如果需要关井循环
钻具在井眼中运动过程中的增加	替换钻井液的钻具体积；井涌开始	泥浆工程师；相当的钻具体积与泥浆池容积的增加量；替换量	注意图表体积的变化；司钻/甲方代表；如果需要就关井循环

表 3-13 起下钻过程中钻井液体积不变的原因及处理措施

描述	可能起因	检查/查询	措施/通知
起下钻过程中没有体积变化	一个或多个传感器故障起下钻池/活动钻井液循环	维修传感器	

表 3-14 起下钻过程中钻井液体积下降的原因及处理措施

描述	可能起因	检查/查询	措施/通知
起钻	不能快速替换由于钻具起出造成的空间；相当的钻具体积与泥浆池液面的减少量	注意图表体积的变化	
钻具在井眼中运动时引起的下降	地面损失；地层中的漏失(由于急放)	起下钻池/活动钻井液循环；替换体积；大钩速度	注意图表体积的变化；司钻/地质师；

6) 全烃及组分变化(迟到的)的原因及处理措施见表 3-15。

表 3-15 全烃及组分变化的可能原因及处理措施

描述	可能起因	检查/查询	措施/通知
背景气	甲方代表和地质师应该对钻井过程中遇到的最大可以容许的背景气含量提供说明，使工作人员注意含量的增加		
热导全烃的负值	检测器故障；高钻井液粘度；在混合样气中有 CO_2 和 N_2	色谱组分	维修或重新校正全烃检测器
接单根气(在接单根后一个迟到时间内有限的增加，接着是背景气回到正常)	钻杆运动中的抽汲动作	烃基线变换时间；理论迟到时间；以先前的峰值和后面的气体峰值进行校正	司钻/地质师；观察峰值开始出现和峰值变化
起下钻气(经起下钻恢复循环后的一个迟到时间内气体的增加)	钻杆运动中的抽汲动作	烃的基线偏移；以先前的峰值和后面的气体峰值进行校正	司钻/地质师；观察一个完整周期内的一个循环气体峰

续表

描述	可能起因	检查/查询	措施/通知
快钻时后一个迟到时间内的增加(然后回到背景气水平)	由于钻入大孔隙的岩层或破碎岩石体积增加而释放出来的气体	岩屑的岩性/样品的荧光性/烃类的百分含量	地质师/甲方代表;注意背景气/最大值/平均值含量
快钻时后一个迟到时间内的增加(然后连续维持高值)	从负压力差的渗透性岩层中释放出来的气体	泥浆池体积/流速/钻井液密度/样品的荧光性/估计地层压力	司钻/甲方代表/地质师;注意背景气/最大值
没有接单根气	钻井液的密度超重;地层孔隙度/渗透率很低	估计破裂压力梯度	甲方代表/泥浆工程师
先缓慢增加然后再降低(与接单根和快钻时无关)	循环气体/污染气体	与循环周期有关泥浆工程师	注意图表上的背景气/最大值含量

7)钻井液密度变化(瞬间的入口密度和出口密度)的原因及处理措施见表3-16。

表3-16 钻井液密度变化的原因及处理措施

描述	可能起因	检查/查询	措施/通知
不稳定的入口密度	钻井液中充气;泥浆池的搅动;传感器故障	传感器位置/情况	泥浆工程师;维修/重置传感器
不稳定的出口密度	搅动;空气或烃百分含量的变化;传感器故障	传感器位置/情况	泥浆工程师;维修/重置传感器
出口密度不连续,与入口密度的变化不一致	岩屑沉积物;传感器故障	传感器位置/情况	清除传感器上的岩屑;维修/重置传感器

续表

描述	可能起因	检查/查询	措施/通知
出口密度突然降低	气体侵入；水或油的侵入；接单根或起下钻气体	泥浆池的液面/流速/全烃/电阻率	司钻/甲方代表/地质师；注意图表上的变化
出口密度显著增大	地层中水的损失；返出钻井液中岩屑量增加	钻井液粘度；振动筛页岩密度	泥浆工程师；注意图表上的变化
入口密度下降	被稀释(有意的或意外的)	钻工	泥浆工程师；注意图表上的变化
入口密度增大	加重	钻工	泥浆工程师；注意图表上的变化

8)钻井液电导率变化(入口瞬间变化、出口迟到型变化)的原因及处理措施见表3-17。

表3-17 钻井液电导率变化的原因及处理措施

描述	可能起因	检查/查询	措施/通知
入口电导率增加	钻井液添加剂	钻工；泥浆工程师	地质师；泥浆工程师
入口电导率下降	附加的水/混入水	钻工；泥浆工程师	地质师；泥浆工程师
出口电导率增加	钻遇盐岩层；盐水侵入	钻速/泥浆池液面/岩屑	地质师/泥浆工程师/甲方代表
出口电导率下降	淡水侵入；油/气侵入；钻井液中充气	泥浆池液面/流速/全烃	司钻/地质师/甲方代表
无变化(零或正值)	传感器位于钻井液液面之上或被埋进岩屑；油基泥浆；传感器故障	传感器位置/安装条件；泥浆工程师	清洗、重置或维修
突然变化	传感器部分侵入	传感器位置	重置

9) 钻井液温度变化(入口瞬间变化、出口变化)的原因及处理措施见表 3-18。

表 3-18 钻井液温度变化的原因及处理措施

描述	可能起因	检查/查询	措施/通知
入口或出口温度无变化	传感器位于钻井液液面之上;传感器故障	传感器位置/安装条件	重置或维修
入口温度快速递减	地面上添加的流体;开放式泥浆池接受暴雨	钻工;泥浆池液面	调整性能
入口温度梯度递减	在欠压实的页岩中热导率下降	钻速/"d"指数	甲方代表/地质师

10) 其他参数变化的原因及处理措施见表 3-19。

表 3-19 其他参数变化的原因及处理措施

描述	可能起因	检查/查询	措施/通知
扭矩突然增大	钻遇井底落物;钻具上的泥饼粘附;地层变化	岩屑;钻速	司钻/甲方代表
扭矩逐渐增大	钻头磨损	岩屑中的金属物;钻头使用周期	甲方代表
扭矩突然下降	地层变化;钻头严重泥包	岩屑;钻速	司钻/甲方代表
泵压下降,下降之后又上升	钻井液密度增加	入口钻井液密度	调整性能
泵压缓慢下降	钻具刺穿;泵漏;钻井波密度变化	使泵转速稳定	司钻/甲方代表
泵压突然下降	传感器故障;钻具断裂;掉水眼	动力线路破损;查看液体中的泥浆;大钩载荷/钻速/扭矩	司钻(下次起钻时维修);司钻/甲方代表

续表

描述	可能起因	检查/查询	措施/通知
泵压突然升高	水眼堵	使泵转速稳定	司钻/甲方代表
泵压缓慢上升	钻井液粘度升高	使泵转速稳定;泥浆工程师	司钻/甲方代表
上提钻具时超拉	地层垮塌,压差卡钻	岩屑/扭矩	司钻/甲方代表
H_2S 传感器报警	H_2S 传感器被打湿;设备的测试;H_2S 气体流入	传感器;同事/井队人员/安全经理;气体含量;传感器	注意图表上的测试和故障信息;司钻/甲方代表;

11)地质参数变化的原因及处理措施见表 3-20。

表 3-20 地层、岩性等参数变化的原因及处理措施

描述	可能起因	检查/查询	措施/通知
岩性变化	可能由于硬石膏/盐岩的污染	用先前的样品进行校正	地质师/泥浆工程师
垮塌物	井壁侵蚀;软地层或塑性地层;异常流体压力	根据地层变化进行校正;钻速/烃/"d"指数/扭矩	地质师/甲方代表
荧光湿照	钻井液添加剂(如柴油);钻杆丝扣油(铅油);矿物荧光;原油	颜色;溶解测试(或切片);显微镜检查;样品气泡试验	注意录井图上的荧光颜色和类型;地质师;准备显示报告
岩屑荧光干照	沥青或"死油";原油	反射直照荧光;颜色;百分含量	地质师
岩屑中的金属物	钻头/钻具/套管磨损	扭矩/钻速/烃类中的氢含量	甲方代表;司钻

二、实时钻井监控方法

1) 钻具(或泵)刺穿：泵冲数及钻井液出口流量稳定，立管压力逐渐下降，钻时、扭矩增大。

2) 井涌：钻井液入口流量稳定时，体积增加、密度减小、出口流量增大、温度升高(油侵)或降低(水或气侵)、电阻率升高(油气或淡水侵)或降低(盐水侵)、立管压力下降。

3) 井漏：钻井液入口流量稳定时，体积减小、出口流量减小、立管压力下降。

4) 钻头寿命终结：钻压及转盘转速不变时，扭矩增大并大幅度波动、钻时增大、钻井成本增加、岩屑变细或有铁屑。

5) 溜钻或顿钻：钻压突然增大、大钩负荷突然减小、大钩高度和钻时骤减。

6) 卡钻：扭矩增大或大幅度波动、上提钻具时大钩负荷增大、下放钻具时大钩负荷减小、立管压力升高。

7) 掉水眼：入口流量不变时，立管压力突然减小、钻时增大。

8) 掉钻具：钻进时大钩负荷突然减小、立管压力下降、扭矩减小；起下钻过程中，大钩负荷突然减小。

9) 水眼堵：钻井液入口流量稳定时，立管压力增加、钻时增大、扭矩增大。

10) 井壁坍塌：扭矩增加。岩屑量增多且多呈大块状。

思考题：

1. 实时钻井监控的项目主要有哪些？
2. 简述实时钻井监控的原理、方法和处理措施。

第四章 录井新方法

第一节 岩石热解地球化学录井

岩石热解是20世纪70年代末发展起来的一种生油岩评价方法。岩石热解地化录井是根据有机质热裂解原理,利用岩石热解仪随钻对岩石样品进行分析,进而对烃源岩和储集层进行评价的录井方法。该方法在实验室 Rock-Eval 评价生油层的基础上,经移植改造用于地质录井现场并拓展到对储集层分析评价的。目前,岩石热解地球化学录井技术已在全国各油田普遍应用,并获得了较好的勘探效益。

一、岩石热解地化录井仪器结构及分析原理

1. 仪器组成

岩石热解地球化学录井仪器由气路系统、热解装置、氢焰离子化检测器(FID)、微电流放大器、温度程序控制系统、数据处理系统五部分组成(图4-1)。

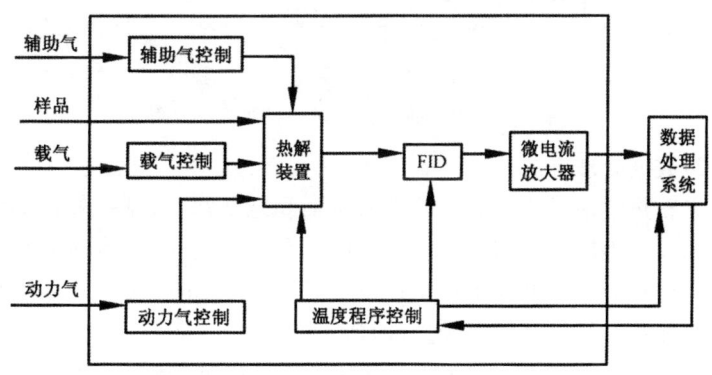

图 4-1 岩石热解地化录井仪器组成框图

数据处理系统以处理各项资料的计算机为核心,外围设备有前置可变增益放大器、A/D转换卡、打印机等(图4-2)。

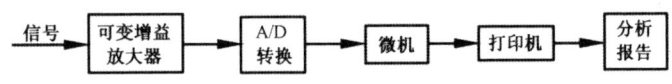

图4-2 数据处理系统原理方框图

岩石热解地化录井仪器具有自动化程度高、操作简便、岩样用量少、分析速度快等特点,应用于现场可快速进行随钻生油岩、储油岩定量评价。

2. 岩石热解地化录井仪器的分析原理

(1)仪器的分析流程

在特殊裂解炉中对定量的生油岩和储油岩样品进行程序升温烘烤,使岩石样品中的烃类和干酪根(生油母质)在不同温度范围内挥发和裂解,通过载气(H_2或He)的吹洗使其与岩石样品实现物理分离,由载气携带直接进入氢焰离子化检测器(FID)进行定量检测。检测结果经气电转换,将烃类浓度的不同转变成相应的电信号的变化,经放大进入计算机进行运算处理,得到烃类各组分含量和裂解烃峰顶温度。仪器的分析流程如图4-3。

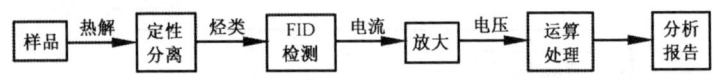

图4-3 岩石热解地化录井仪器分析流程

2)数据处理方法

岩石热解地化录井数据处理采用面积定量法,根据分析样品的出峰面积大小确定物质的含量。而出峰面积采用定基线、定时间窗口的方法进行积分。在相同操作条件下,用已知参数的标准物质响应值标定未知参数分析样品的含烃量,即外标法。

岩石热解地化录井数据处理采用了三种定量分析对分析样品的绝对量进行标定,三种定量分析的目的如下:

空白分析——校正基线；
标样分析——建立样品烃类含量的标定标准；
样品分析——分析样品中的烃类含量。

3. 岩石热解地化录井参数及意义

(1) 储集层热解地化参数的含义及计算

1) 分析参数：

S_0——小于等于 90℃时检测到的单位质量储层岩石中烃类含量，mg/g；

S_1——90～300℃检测到的单位质量储层岩石中烃类含量，mg/g；

S_2——300～600℃检测到的单位质量储层岩石中烃类含量，mg/g；

S_{11}——90～200℃检测到的单位质量储层岩石中烃类含量，mg/g；

S_{21}——200～350℃检测到的单位质量储层岩石中烃类含量，mg/g；

S_{22}——350～450℃检测到的单位质量储层岩石中烃类含量，mg/g；

S_{23}——450～600℃检测到的单位质量储层岩石中烃类含量，mg/g；

S_4——恒温 600℃经 6min 氧化，检测到的单位质量储层岩石热解后残余有机碳含量，%；

T_{max}——热解 S_2 峰的最高点相对应的温度，℃。

2) 计算参数：

① P_g——含油气总量，(mg/g)：

$$P_g = S_0 + S_1 + S_2 + \frac{10S_4}{0.9} \quad (三峰计算)$$

$$P_g = S_0 + S_{11} + S_{21} + S_{22} + S_{23} + \frac{10S_4}{0.9} \quad (五峰计算)$$

② GPI——气产率指数：

$$GPI = \frac{S_0}{S_0 + S_1 + S_2}$$

③ OPI——油产率指数:

$$OPI = \frac{S_1}{S_0 + S_1 + S_2}$$

④ TPI——油气总产率指数:

$$TPI = \frac{S_0 + S_1}{S_0 + S_1 + S_2}$$

⑤ P_S——原油轻重组分指数:

$$P_S = \frac{S_1}{S_2} \quad (三峰计算)$$

$$P_S = \frac{S_{11} + S_{21}}{S_{22} + S_{23}} \quad (五峰计算)$$

⑥ P_1——凝析原油指数:

$$P_1 = \frac{S_0 + S_{11}}{S_0 + S_{11} + S_{21} + S_{22}}$$

⑦ P_2——轻质原油指数:

$$P_2 = \frac{S_0 + S_{11} + S_{21}}{S_0 + S_{11} + S_{21} + S_{22}}$$

⑧ P_3——中质原油指数:

$$P_3 = \frac{S_{21} + S_{22}}{S_0 + S_{11} + S_{21} + S_{22}}$$

⑨ P_4——重质原油指数:

$$P_4 = \frac{S_{22} + S_{23}}{S_0 + S_{11} + S_{21} + S_{22} + S_{23}}$$

(2)烃源岩热解地化参数的含义

1)分析参数:

S_0——小于等于 90℃时,单位质量岩石中有机质热解烃含量,mg/g;

S_1——90~300℃时,单位质量岩石中有机质热解烃含量,mg/g;

S_2——300~600℃时,单位质量岩石中有机质热解烃含量,mg/g;

S_4——恒温 600℃经 6min 氧化,检测到的单位质量岩石热解后残余有机碳含量,%;

T_{max}——热解 S_2 峰的最高点相对应的温度,℃。

2)计算参数。

① P_g——生油岩中潜在的生油气量(mg/g)：
$$P_g = S_0 + S_1 + S_2$$

② COT——单位质量岩石中有机碳占岩石质量的百分数(%)：
$$COT = 0.083 \times (S_0 + S_1 + S_2) + S_4$$

式中　0.083 为转换常数。

③ C_p——能生成油气的有机碳(%)：
$$C_p = 0.083 \times (S_0 + S_1 + S_2)$$

④ I_H——氢指数,单位总有机碳热解所产生的热解烃量(mgHC/gCOT)：
$$I_H = \frac{S_2 \times 100}{COT}$$

⑤ I_{HC}——烃指数(mgHC/gCOT)：
$$I_{HC} = \frac{S_1 \times 100}{COT}$$

③ D——降解潜率,有效碳占总有机碳的百分比(%)：
$$D = \frac{C_p}{COT}$$

二、岩石热解地化录井储层评价

目前岩石热解地化录井在对碎屑岩含油气情况评价方面取得了良好效果,而对碳酸盐岩、泥岩、页岩和火成岩储层的含油气评价技术有待进一步研究。这类储层物性控制因素复杂且变化大,其规律和经验需进一步总结。本文仅对碎屑岩储层的评价方法进行探讨。

1. 岩石热解地化录井储层评价原理

岩石热解地化录井储层评价是 1990 年以后国内迅速发展起来的一门技术。其评价原理是岩石中含有的油气经高温热(裂)解,在不同温度区间产生低分子烃类物质,被岩石热解地化录井仪器接收、检测,得到原油轻、重组分含量和裂解烃峰顶温度。仪器检测到的岩石中轻、重组分含量经校正、恢复后,可得到地下原始状态下岩石的含油量。结合储层的物性参数、有效厚度以及原油有关参数,能够计算出储层的含油饱和度,进而应用多参数储层评价模型判断储层含油特征,评价储层的原始含油级别以及储层储量和产量的预测,并应用原油轻、重(组分)比参数定性评价储层中的原油性质。

2. 岩石热解地化录井储层评价参数的校正

岩石热解地化录井储层评价是建立在岩石样品(岩心、岩屑、井壁取心)热解数据的基础之上。由于地下原始状态下的储层流体中溶解有大量的气体,因而原油在地下的体积大于地面原油的体积。原油的体积系数与地下储层的压力、温度和原油中的溶解气量以及油气性质有关,其中溶解气量对原油体积的变化起主要作用。且岩石样品破碎至上返到地面有一定量的烃类损失,因而岩石样品的热解分析数据必须进行校正。

(1)岩心样品的烃类损失校正

岩石热解地化录井仪器检测到的岩心样品的热解烃量并不能真正反映储层的原始含油状态,这是因为在取心过程中钻井液对岩心的冲刷使烃类含量减少,随后在岩心从井底被提升至地面的过程中,溶解在原油中的气体随着压力的不断降低而逸出,并排驱部分原油,同时由于溶解气的逸出还会使岩心中的原油体积发生收缩。

长期的勘探开发实践已总结出了岩心含油饱和度校正方法,如胜利石油管理局地质科学研究院应用实验室测得的含油饱和度数据乘以 $1.15B_o$(原油体积系数),校正了由于流体的收缩、逸出和流体被排驱所引起的含油饱和度误差。

岩石热解地化录井对岩心样品的烃类损失校正可参照各油田的实际工作经验,制定出合理的岩心样品的烃类损失校正系数。

$$k = C \times B_o$$

式中　k——岩心样品的烃类损失校正系数;

　　　C——岩心样品的烃类损失校正常数;

　　　B_o——原油的体积系数。

(2)岩屑样品的烃类损失校正

岩屑样品自井底上返至地面,除了像岩心样品一样损失部分烃类外,由于钻井液的冲刷以及岩屑返出地面后的清洗,其表面原油大量损失,同时岩屑直接处于流动的钻井液中,与钻井液接触的面积较同量的岩心要大得多,因而钻井液滤液侵入岩屑而排驱的烃类较岩心为多。因此岩屑样品分析数据除了需用岩心的损失校正系数进行恢复之外,还需附加一个校正系数。

岩屑样品的烃类损失校正系数与钻头的类型、泵压、井底温度、岩屑上返时间以及岩石的岩性、物性等多种因素有关。在实际工作中,岩屑样品的烃类损失校正系数的选取应结合同深度的岩心。岩屑分析数据比值,确定合理的烃类损失校正系数。

$$k_1 = C_1 \times C \times B_0$$

式中　k_1——岩屑样品的烃类损失校正系数;

　　　C——岩心样品的烃类损失校正常数;

　　　B_0——原油的体积系数;

　　　C_1——岩屑的烃类损失校正常数(为岩心样品热解分析数据与同深度岩屑分析数据的比值)。

(3)井壁取心样品的烃类损失校正

钻井过程中,井壁长时间受钻井液浸泡,由于钻井液柱压力与地层压力差的作用,钻井液滤液侵入地层中,形成钻井液冲洗带和钻井液侵入带。地层的渗透率越高、浸泡时间越长,井壁附近地层中油气被冲洗的越彻底。因此井壁取心样品热解分析数据要比岩心样品低。

井壁取心样品的烃类损失校正系数与钻头的类型、泵压、井底温度、钻井液浸泡时间、钻井液柱压力与地层压力差以及岩石的岩性、物性等多种因素有关。实际工作中,井壁取心样品的烃类损失校正系数的选取应结合同深度的岩心、井壁取心分析数据比值,确定合理的烃类损失校正系数。

$$k_2 = C_2 \times C \times B_0$$

式中　k_2——井壁取心样品的烃类损失校正系数;

　　　C——岩心样品的烃类损失校正常数;

　　　B_0——原油的体积系数;

　　　C_2——井壁取心的烃类损失校正常数(为岩心样品热解分析数据与同深度井壁取心分析数据的比值)。

3. 油气水层评价

(1)可动水分析法评价油气水层的理论

在地层条件下,油、气、水层的动态规律一般服从于混相流体的渗流理论。因此一个储层到底是产油气、产水还是油水同出,归根结底取决于储层油、气、水相渗透率的大小。而决定储层中油、气、水相渗透率的主要因素是岩石的绝对渗透率以及储层中油、气、水的饱和度大小。对于某一储层,由于岩石的绝对渗透率已定,因而决定流体相渗透率的因素为储层中各流体的饱和度。

如果储层只存在两种流体,假设为油和水,根据储层中油、水饱和度的变化情况,相应有三种不同的情况(图4-4)。

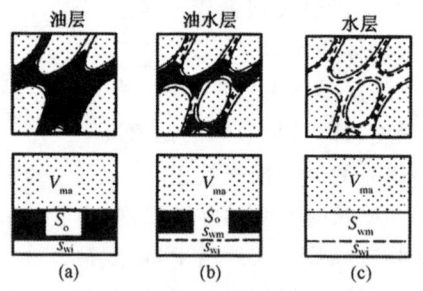

图4-4 储层中流体饱和度与储层性质的关系

(a)$S_w = S_{wi}$;(b)$S_w > S_{wi}$;

(c)$S_w > S_{wi}$,$S_w \to 1$,V_{ma}为岩石颗粒体积

1)当储层的含水饱和度 S_w 约等于束缚水饱和度 S_{wi} 时,储层中无可动水,即储层中可动水饱和度 $S_{wm} \to 0$,储层的孔隙空间为油和束缚水饱和。在这种情况下,油的相对渗透率 $K_{ro} \to 1$,而水的相对渗透率 $K_{rw} \to 0$,储层只产油,储层为油层。

2)当储层的含水饱和度 S_w 大于束缚水饱和度 S_{wi} 时($S_w < 1$),储层中除存在油和束缚水外,还存在一部分可流动水。因此,$0 < K_{ro} < 1$,$0 < K_{rw} < 1$,储层为油水层(油水同层与含油水层)。

3)当储层的含水饱和度 $S_w \to 1$ 时,含油饱和度 $S_o \to 0$ 或仅存少量残余油,水的相对渗透率 $K_{rw} \to 1$,而油的相对渗透率 $K_{ro} \to 0$,储层将只产水。储层为水层。

(2)影响储层评价的主要因素及其对油气水层评价的影响

从大量的油气田勘探开发实践经验中,我们已知影响储层评价的主要因素有:岩石含油饱和度(S_o)、含气饱和度(S_g)、束缚水饱和度(S_{wi})、可动水饱和度(S_{wm})、岩石有效孔隙度(ϕ_e)、原油粘度(μ)、岩石粒度中值(Md)等。

要准确地进行油气水层评价,必须首先搞清楚以上各因素之间的相互关系以及它们与油气水层评价结果之间的关系。

1)S_o、S_{wi}、S_{wm}之间的关系及其对储层评价结果的影响。

在油气聚集过程中,油、气排驱原存在于储层孔隙中的水越彻底,束缚水饱和度越低,其含油、气饱和度越高。地层中原存的水被油、气排驱的程度,取决于储层的孔隙结构,表面性质,油、气、水的理化程度及排驱能力等因素。

储层的孔隙结构是控制含油饱和度的主要因素。储层的孔隙越大,孔隙结构越简单,油排驱水时的阻力越小,含油气饱和度越高。相反,储层的孔隙越小,孔隙结构越复杂,油排驱水时所受阻力越大,往往只能把毛细管孔隙中的水部分排出,使束缚水饱和度变大,含油、气饱和度变低。

储层的颗粒越细,它的比表面就越大,吸附在颗粒表面的水越多,含水饱和度越高,导致含油饱和度变低。

从可动水分析理论我们已知:

$$S_o + S_{wi} + S_{wm} = 1$$

对于某一储层,Md、ϕ_e、μ恒定,储层含油气的差异取决于储层中是否存在可动水以及可动水饱和度的大小。

$$S_{wm} = 1 - S_o - S_{wi}$$

含油饱和度已由分析数据计算得出,S_{wi}对某储层来讲是定值,因此,可方便地得到该储层的可动水饱和度,进而确定储层的含油气性。

2)岩石有效孔隙度(ϕ_e)、粒度中值(Md)与岩石束缚水饱和度(S_{wi})的关系及其对储层评价结果的影响。

储层中的束缚水主要取决于岩石孔隙毛细管力的大小和岩石对流

体的润湿相。根据这一概念,束缚水主要由毛细管滞水和薄膜滞水两部分组成。毛细管滞水是指油藏形成过程中,驱动压力无法克服毛细管力而滞留于微毛细管孔隙和颗粒接触处的残存水。薄膜滞水是由于颗粒表面分子力的作用而滞留在亲水岩石孔壁上的薄膜残余水。

组成岩石骨架的颗粒粒径小或以水云母、蒙脱石为主呈分散状分布的粘土矿物含量大,是高束缚水储层普遍具有的特征。由于粒度中值变小和粘土矿物的填充,导致储层渗透率和有效孔隙度变小,束缚水饱和度增大。所以砂岩的束缚水饱和度 S_{wi} 可表示为粒度中值(Md)和有效孔隙度(ϕ_e)两者的函数。

根据岩心实测数据的统计,发现对于某一特定的粒度中值,束缚水饱和度是储层有效孔隙度的函数,即 $S_{wi}=F(\phi_e)$,其相关系数一般在 0.9 以上。在线性刻度的坐标轴上,S_{wi} 和 ϕ_e 之间关系曲线的拐点约为 $\phi_e=20\%$ 左右(图 4-5)。

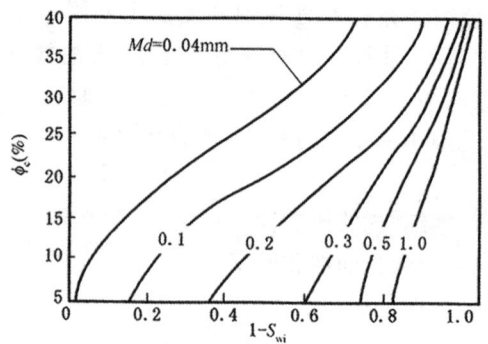

图 4-5 岩石粒度中值(Md),有效孔隙度(ϕ_e)
与储层($1-S_{wi}$)的关系

实际上,图 4-5 中的某一粒度中值的关系曲线可视为该岩石的油层界线,换言之,即某孔隙度的岩石含油饱和度 S_o 等于该点 $1-S_{wi}$ 值,储层应为油层(干层例外)。

从图 4-5 可以明显看出,粒度中值不同,所对应的储层油层界线相差很大,这是由于粒度中值不同所引起的束缚水饱和度变化所致。可以断言,使用固定的评价标准或图版对具有同样含油饱和度而粒度中值不同的储层进行评价,会产生完全错误的评价结论。

若将 ϕ_e、$1-S_{wi}$、Md 三变量做成三维模型,储层的 $1-S_{wi}$ 值在空间上可表示为 A、B、C、D 四条曲线所形成的曲面,如图 4-6 所示。

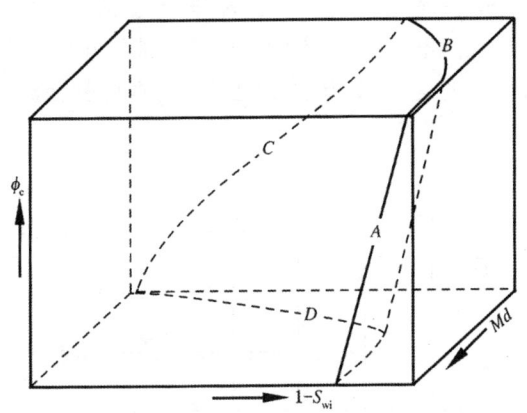

图 4-6 某储层岩石粘度中值(Md)、有效孔隙度(ϕ_e)
与储层($1-S_{wi}$)的空间关系示意图

3) 岩石有效孔隙度(ϕ_e)、渗透率(K)、原油粘度(μ)与油水层划分界线的关系。

由多孔介质中混相流体理论我们可知,岩石中油水流量之比为

$$\frac{Q_o}{Q_w} = \frac{K_{ro} \times \mu_w}{K_{rw} \times \mu_o}$$

式中　Q_o——油的流量,m^3/s;
　　　Q_w——水的流量,m^3/s;
　　　K_{ro}——油的相对渗透率,小数;
　　　K_{rw}——水的相对渗透率,小数;
　　　μ_o——油的粘度,$mPa \cdot s$;
　　　μ_w——水的粘度,$mPa \cdot s$。

油水相对渗透率是含油、水饱和度的函数,随着某一相流体饱和度的增加,流网扩大,导致该相流体有效渗透率增大。图 4-7 是根据储层岩心分析结果所作出的油、水相对渗透率与含油、水饱和度的关系曲

线。从图 4-7 中可以看出,当储层的含水饱和度在 A 点以下时,油的相对渗透率 K_{ro} 较高,而水的相对渗透率 K_{rw} 为零,储层只产油。A 点所对应的含水饱和度为临界含水饱和度。随着含油饱和度 S_o 的减少和含水饱和度 S_w 的增大,K_{rw} 增高而 K_{ro} 降低。当 S_w 达到 B 点时,K_{ro} 为零,储层只产水而不产油,B 点所对应的含油饱和度叫临界含油饱和度。而油、水饱和度处于 A、B 两点之间时,油水混合流动,储层油水同出。

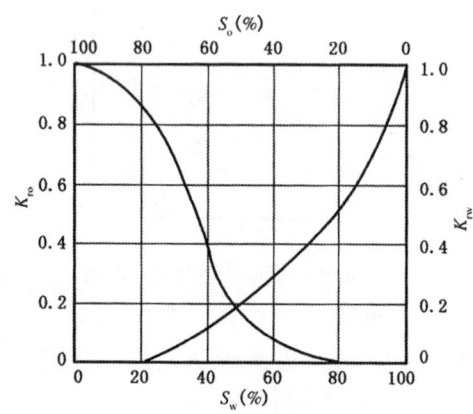

图 4-7 某储层油水相对渗透率与油水饱和度的关系

当岩石的含油、水饱和度恒定时,原油粘度成了影响储层评价的关键因素。

$$\frac{Q_o}{Q_w} \propto \frac{1}{\mu_o}$$

在实际储层评价工作中,我们也多次遇到类似的情况,如热解地化录井对轻质油评价结果偏低,而对重质油评价结果偏高。这一现象即是在评价过程中未考虑原油粘度对储层评价结果的影响所致。

在油气层求产及开采过程中,由于压力降低,导致地层中游离气的膨胀和溶解气的析出,一定程度上缓解了原油粘度对产液中油水比例的影响。因此,在考虑消除原油粘度对储层评价结果的影响时,须考虑消除原油的体积系数所造成的影响。

对于某粒度中值(Md)、岩石有效孔隙度(ϕ_e)一定的储层,其储层油、水层划分界线(S)与原油粘度(μ)、原油体积系数(B_o)间存在一定的函数关系。

$$S = f[B_o \times f(\mu)]$$

具体到某含油气区,可根据勘探开发经验数据定出其具体的数学关系。

以储层油水层划分界限与原油粘度的函数关系可做出两者之间的关系图(图4-8)。

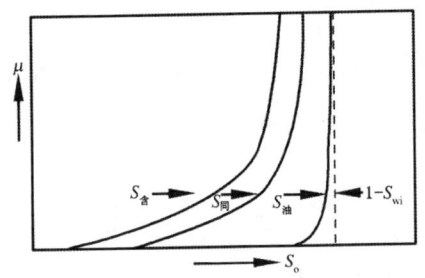

图4-8 原油粘度对储层评价界限的影响

(3)碎屑岩储层多参数评价模型的建立

1)评价模型的建立原则。

通过以上讨论,已经明确了储层多参数评价模型的建立框架,即以图4-6所示的$1-S_{wi}$界面为基础,用原油粘度μ、原油体积系数B_o对储层评价界限进行校正,结合各油田实际,制定出合理的油层、油水同层、含油水层评价界面,以实际录井中得到的含油饱和度为依据,确定出该储层数据的空间位置,进而较准确的进行储层定量评价。

2)碎屑岩储层多参数评价模型。

根据碎屑岩储层多参数评价模型建立原则,并参照胜利油田多年的勘探开发经验数据和热解地化录井十余年的解释经验,我们初步建立了胜利含油气区碎屑岩储层多参数评价模型。

评价模型采用了以数据库形式存储的经验数据(如各地区、油田不同层位储层的原油体积系数、原油粘度、粒度中值等)以及数学方程(如各地区、油田不同层位储层 $1-S_{wi}$ 数据与岩石粒度中值和有效孔隙度的关系、油水层判别界限等)。

以下为某油田某层位油层、油水同层、含油水层判别界限的数学关系：

油层界限：$S_{油}=0.9\times(1-S_{wi})+0.1\times(1-S_{wi})\times\left(1-\dfrac{1}{\lg\mu}\right)$

油水同层界限：$S_{同}=0.3\times(1-S_{wi})+0.7\times(1-S_{wi})\times\left(1-\dfrac{1}{\lg\mu}\right)^2\times\dfrac{1}{\sqrt{B_o}}$

含油水层界限：$S_{含}=0.17\times(1-S_{wi})+0.83\times(1-S_{wi})\times\left(1-\dfrac{1}{\lg\mu}\right)^2\times\dfrac{1}{\sqrt{B_o}}$

3) 评价模型的适用性。

碎屑岩储层多参数评价模型不受地域条件限制，关键在于找准各地区岩石有效孔隙度 ϕ_e、粒度中值 Md 及束缚水饱和度 S_{wi} 的关系。模型建立过程中需参照大量的地区性勘探开发数据。

碎屑岩储层多参数评价模型无法对干层进行定量评价。对干层的评价，必须结合储层厚度、物性等参数，依据本地区(层位)勘探开发经验数据定出判别界限。

4. 储层中原油性质的定性判别方法

原油是一种成分极其复杂的混合物；其主要成分为饱和烃、芳香烃、胶质和沥青质。不同性质的原油各组分含量相差较大，总体规律为胶质和沥青质含量越高，油质越重，反之则油质越轻。

原油性质不同表现在热解参数上的差异即 S_0、S_1、S_2（或 S_0、S_{11}、S_{21}、S_{22}、S_{23}）之间相对含量的不同。

原油轻重比参数 P_S 以及 P_1、P_2、P_3、P_4 与原油密度有较好的相关性，可依据多口井的数据建立原油密度与原油轻重比参数 P_S 以及 P_1、P_2、P_3、P_4 的关系图版，定性判别储层中的原油性质(参见表 4-1)。

表 4-1 储层中原油性质判别数据表

原油性质	S_1/S_2	原油指数
凝析油	5～10	$P_1 > 0.9$
轻质油	3～5	$P_2 = 0.8～0.9$
中质油	1～3	$P_3 = 0.6～0.8$
重质油	0.5～1	$P_4 = 0.5～0.8$
稠油	<0.5	

5. 储层储量预测

岩石热解地化录井储量预测的计算公式是由容积法计算石油地质储量的公式演变而来。

$$N = \frac{A \times h \times 2.3 \times kP_g}{10 \times B_o}$$

式中 N——单层地质储量，10^4 t；
A——含油面积，km^2；
h——油层有效厚度，m；
kP_g——储层中原始含油量，kg/t；
B_o——原油体积系数。

上式计算出的储量是单一储层的地质储量，要计算某一口井的总地质储量，应将各单层地质储量相加。

6. 储层产量估算

储层产量估算公式由达西定律近似导出：

$$q = \frac{h \times 10^{\frac{S_o}{a}} \times \frac{S_1}{S_2} \times C}{10}$$

或公式：

$$q = \frac{h \times \phi^2 \times kP_g \times OPI \times C}{1400}$$

式中 q——储层产量，t/d；
h——储层有效厚度，m；
S_o——储层含油饱和度，%；
S_1/S_2——原油轻重比参数；

a——渗透率校正系数；
C——原油粘度校正系数；
ϕ——储层有效孔隙度,%；
kP_g——单位质量岩石含油气量,kg/t；
OPI——油产率指数。

三、岩石热解地化录井烃源岩(生油岩)评价

烃源岩生成油气的数量和质量,主要取决于烃源岩的有机质类型、有机质丰度和成熟度。岩石热解地化录井对烃源岩的全面评价就是围绕着烃源岩的成熟度、有机质丰度和有机质类型三方面进行的。

1. 岩石热解地化录井评价烃源岩的原理

烃源岩的热演化程度随烃源岩的埋藏深度和地温梯度的增加而增高。在热演化作用下,不同类型烃源岩中的生油母质——干酪根生成了不同数量和质量的烃类。实践证明,干酪根生油气是按照化学动力学规律进行的,油气转化率取决于温度和时间,而且温度和时间这两个有机质热演化的决定因素可以相互转换。

岩石热解地化录井评价烃源岩的原理是建立在干酪根热降解生油气的基础上,即在实验室中热模拟自然界生油气的全过程。烃源岩中的干酪根随上覆沉积物的增加,温度逐渐上升,在漫长的地质历史时期内生成油气,这一过程今天已无法再现。由于温度和时间这两个有机质热演化的决定因素可以相互转换,在实验室中用提高生油岩温度的方法来补偿时间因素的作用,模拟干酪根生油气过程。即用高于实际生油气所需要的温度加热烃源岩,促使其在自然条件下需要几百万年至上亿年的油气生成过程在短暂的时间内完成。把温度和时间两个有机质热演化的决定因素转化为一个温度因素。

2. 烃源岩热解参数的恢复与校正

岩石热解地化录井是根据高温热解定量检测出的生油岩产生的油气量的多少定量评价烃源岩。进入生油门限后,烃源岩即趋于成熟并开始生成油气。随着埋深的增加,地温升高,烃源岩的成熟度越来越高,生成的油气量也越来越多,而剩余的产油潜量和残余有效碳含量越

来越少。因此,对于成熟烃源岩,尤其是高成熟烃源岩热解分析只能得到比原始产油潜量少得多的残余产油潜量。要客观地评价成熟烃源岩,必须恢复其原始产油潜量。

(1)成熟烃源岩原始产油潜量的恢复

根据成熟烃源岩的有机质类型和 T_{max} 值,从烃源岩热演化系数 K 与 T_{max} 值关系图版(图4-9)中查出 K 值,即可计算出成熟烃源岩的原始产油潜量 S_t。

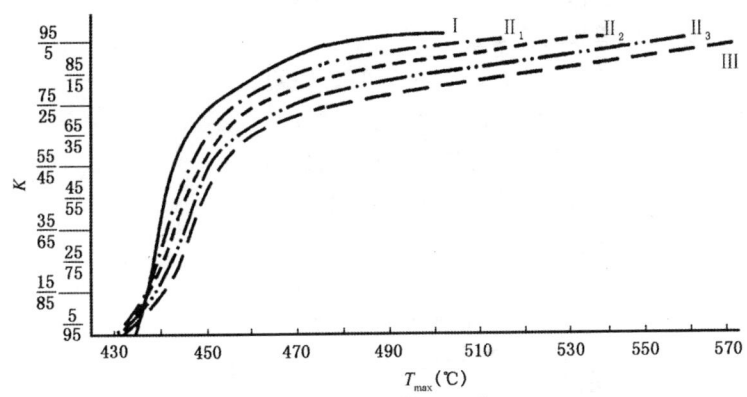

图4-9 各类烃源岩热演化系数 K 与 T_{max} 值关系图版

$$S_t = S_2 \times (1+K)$$

式中 S_t——成熟烃源岩的原始产油潜量,mg/g;

S_2——300~600℃时,单位质量岩石中有机质热解烃含量,mg/g;

K——成熟烃源岩热演化系数。

(2)原始有机碳和原始有效碳的恢复

1)原始有机碳的恢复。

$$COT_原 = COT + C_Q - C_S$$
$$C_Q = 0.083 \times S_2 \times K$$
$$C_S = 0.083 \times S_1$$

式中 $COT_原$——成熟烃源岩的原始有机碳,%;

COT——成熟烃源岩的残余有机碳,%;
C_Q——已生烃碳,%;
C_S——已存在烃碳,%。

2)原始有效碳的恢复。

$$C_{p原} = 0.083 \times S_t$$

式中　$C_{p原}$——成熟烃源岩的原始有效碳,%;
　　　S_t——成熟烃源岩的原始产油潜量,mg/g。

(3)原始氢指数和原始降解潜率的恢复

1)原始氢指数的恢复。

$$I_{H原} = S_t \times 100/COT_{原}$$

式中　$I_{H原}$——成熟烃源岩的原始氢指数;
　　　$COT_{原}$——成熟烃源岩的原始有机碳,%;
　　　S_t——成熟烃源岩的原始产油潜量,mg/g。

2)原始降解潜率的恢复。

$$D_{原} = C_{p原}/COT_{原}$$

式中　$D_{原}$——成熟烃源岩的原始降解潜率,%;
　　　$C_{p原}$——成熟烃源岩的原始有效碳,%;
　　　$COT_{原}$——成熟烃源岩的原始有机碳,%。

3. 烃源岩类型、丰度、成熟度评价

(1)烃源岩的类型

烃源岩的类型按表4-2烃源岩有机质类型评价标准进行评价。

表4-2　烃源岩有机质类型评价标准

类别	类型	$D(\%)$	$I_H(mg/gCOT)$	$S_t(mg/g)$
Ⅰ	腐泥	>50	>600	>20
Ⅱ₁	腐殖腐泥	20～50	250～600	5～20
Ⅱ₂	腐泥腐殖	10～20	120～250	2～5
Ⅲ	腐殖	<10	<120	<2

(2)烃源岩的定量分级

烃源岩的定量分级按表4-3烃源岩定量评价标准进行评价。

表4-3 烃源岩定量评价标准

烃源岩	S_1(kg/t)	C_p(%)
极好烃源岩	>20	>1.66
好烃源岩	6～20	0.5～1.66
中等烃源岩	2～6	0.17～0.5
差烃源岩	<2	<0.17

(3)烃源岩的成熟度

烃源岩的成熟度按表4-4我国烃源岩成熟度的T_{max}范围进行评价。

表4-4 我国烃源岩成熟度的T_{max}范围

T_{max}(℃) 成熟度 有机质类型	未成熟	生油	凝析油	湿气	干气
I	<437	437～460	450～465	460～490	>490
I$_1$	<435	435～455	447～460	455～490	>490
II$_2$	<435	435～455	447～460	455～490	>490
III	<432	432～460	445～470	460～505	>505

4. 烃源岩生油量、排烃量的计算

成熟烃源岩的生油量计算是在原始产油潜量恢复的基础上进行的。

$$Q_{生} = \frac{K \times S_2 \times h \times A \times d}{10}$$

式中 $Q_{生}$——成熟烃源岩已生油量,10^4 t;

S_2——300～600℃时,单位质量岩石中有机质热解烃含量, kg/t;

K——烃源岩热演化系数;

h——成熟烃源岩厚度,m;

A——成熟烃源岩分布面积,km^2;

d——烃源岩密度,g/cm^3。

烃源岩产生的烃类物质在地层压力作用下沿孔隙通道运移到储层中,运移出去的油气量为排烃量,即

$$Q_{排} = \frac{(K \times S_2 - S_o - S_1) \times h \times A \times d}{10}$$

式中 $Q_{排}$——成熟烃源岩的排烃量,$10^4 t$。

利用排烃量数据可在纵向上方便地找出主力生油层系。

上述生油量和排烃量的计算是针对某层而言,某井的总生油量和排烃量为各层生油量和排烃量之和。

思考题:
1. 简述岩石热解地化录井仪器的结构组成。
2. 简述岩石热解地化录井仪器的分析原理。
3. 简述岩石热解地化录井储层评价原理。
4. 简述岩石热解地化录井烃源岩评价原理。
5. 影响岩石热解地化录井储层评价的因素有哪些?
6. 评价成熟烃源岩为什么要对产油潜量进行恢复?

第二节 罐顶气轻烃录井

罐装样轻烃分析方法在国外出现于1970年前后,并成功地应用于单井油气、烃源岩评价。80年代以来,我国的江汉石油学院、南海西部石油公司等单位先后开展了这方面的分析和应用研究工作,并在生储层评价应用方面取得了较好的效果。1996~1997年,胜利录井公司开展了"罐顶气轻烃录井技术"推广应用工作。在推广过程中,修改和完善了罐装样轻烃分析方法,制定了一整套技术标准与规范,研究和总结出了罐装样轻烃录井油气层评价原理,提出了新的油气层判识标准,从而逐步发展为一种录井手段。1998年,罐顶气轻烃录井这一名称正式提出并作为一种录井手段应用于胜利油区探井录井工作中。

一、罐顶气轻烃录井原理

罐装样是将钻井过程中返到地面的岩屑(心)取出装罐,加入一定量的钻井液或水,然后加盖密封而成。罐顶气是指存于罐装岩屑(心)顶部空间,且与下部液体达到气—液相平衡的烃类、空气的混合气体,其中的烃类是岩屑(心)自然脱附出来的。

岩屑(心)在装罐前,轻烃已部分挥发和逸散。其挥发、逸散的速度和程度除取决于油层物性、原油性质、原油中轻烃含量外,还与钻井液的温度、粘度、密度及井深、岩屑破碎程度、时间等有关。因此,罐顶气轻烃实质上是岩屑(心)中的轻烃部分挥发后"剩余轻烃"自然脱附的结果。罐顶气轻烃与原始地层中的轻烃相比,轻烃组成(组分个数)相同,但轻烃丰度减少,轻烃的相对含量发生了较大变化。其变化主要体现在低沸点烃组分的相对含量减少,高沸点烃组分的相对含量增加,而对于结构和性质相似、沸点相近的烃组分来说,由于其挥发速度是相近的,所以它们之间的比值仍保持不变。罐顶气的轻烃组成反映了地层轻烃的组成,罐顶气轻烃的丰度与地层轻烃丰度及样品装罐前轻烃逸散、挥发程度密切相关;罐顶气轻烃的相对含量是地层中轻烃在油层物性、原油性质、原油中轻烃含量、钻井液性能等因素共同作用下的结果。罐顶气轻烃录井是以轻烃丰度为前提、以轻烃组成作参考、以轻烃相对含量为主要依据来判断轻烃的活跃程度,然后通过轻烃的活跃程度来推断油气层的活跃程度,最终达到油气层判识的目的。

二、罐顶气轻烃录井方法

罐顶气轻烃录井的过程是比较复杂的,其录井过程可概括为:现场取罐装样→室内取罐顶气→气相色谱分析→资料处理→生储层评价。下面分别加以介绍。

1. 现场取罐装样

罐装样按罐内所装物质分为岩屑和岩心罐装样两类,由现场地质人员采集。岩屑罐装样的取样位置有振动筛前、后两种,具体数量为岩样(振动筛前所取的是岩屑和钻井液的混合物,振动筛后所取的仅为岩屑)约80%,清水10%,顶部空间10%。岩心罐装样是在岩心出筒后,迅速取300~500g岩样装入罐内加清水密封。

罐装样密封后,要检查是否漏水,试漏合格后,贴上标签并倒置存放,填写送样清单,装入专用岩心盒,在规定时间内进行分析。

2. 室内取罐顶气

罐顶气取气方法有顶部空间取气法、水下取气法、排水取气法,专用仪器取气法四种。

3. 气相色谱分析

(1)气相色谱仪

罐顶气轻烃是由气相色谱仪分析的,该气相色谱仪必须具备以下基本配置:三气路流量控制、六通进样阀、分流/不分流进样口、毛细柱、FID检测器及色谱化学工作站。其主要分析条件为:

柱前压:0.03~0.05MPa;　　起始温度:25℃;
前恒温时间:5min;　　　　升温速率:10℃/min;
终止温度:90℃;　　　　　分流比:20:1~100:1。

(2)主要技术指标

检测下限:FID的检测下限5pg/s;

相对偏差:对于浓度为1%的甲烷标准气,相对偏差≤2%;

分析周期:11.5min。

(3)仪器分析原理

罐顶气样注入气相色谱仪后,在载气的携带下,进入装有固定相的毛细柱,此时烃组分分子与固定相发生吸附,那些性能结构相近的分子在两相间反复多次分配,从而使混合样品中的轻烃各组分得到完全分离。分离后各组分依次进入FID,检测出的信号由色谱化学工作站接受并处理,工作流程见图4-10。

4. 罐顶气轻烃分析结果

(1)原始分析结果

罐顶气轻烃是指原油中常见的C_1—C_7烃组分,它包括7个正构烷烃,13个异构环烃,8个环烷烃,1个芳香烃(苯),共29个单体组分,见表4-5。罐顶气经气相色谱仪分析、色谱化学工作站处理后所得到的

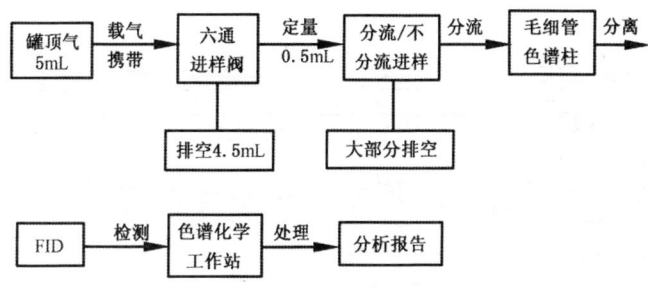

图 4-10 轻烃气相色谱分析流程图

结果是一张色谱图和一个数据表,见图 4-11。图 4-11 中半峰宽为 0.05min 左右的尖形对称峰叫色谱峰,每一个色谱峰对应一个烃组分,色谱峰旁的短划线表示该峰的起始位置,色谱峰顶部的数字是该峰对应烃组分的保留时间。数据表是色谱图数据化处理的结果,由保留时间、峰面积、峰高、峰标记、面积百分含量等组成。

表 4-5 轻烃组分表

峰号	化合物名称	化学式	峰号	化合物名称	化学式
1	甲烷	C_1	16	2,4-二甲基戊烷	$2,4-DMC_5$
2	乙烷	C_2	17	2,2,3-三甲基丁烷	$2,2,3-TMC_4$
3	丙烷	C_3	18	苯	Bz
4	异丁烷	iC_4	19	3,3-二甲基戊烷	$3,3-DMC_5$
5	正丁烷	nC_4	20	环己烷	CC_6
6	异戊烷	iC_5	21	2-甲基己烷	$2-MC_6$
7	正戊烷	nC_5	22	2,3-二甲基戊烷	$2,3-DMC_5$
8	2,2-二甲基丁烷	$2,2-DMC_4$	23	1,1-二甲基环戊烷	$1,1-DMCC_5$
9	环戊烷	CC_5	24	3-甲基己烷	$3MC_6$
10	2,3-二甲基丁烷	$2,3-DMC_4$	25	1,3-顺二甲基环戊烷	$1,C,3-DMCC_5$
11	2-甲基戊烷	$2-MC_5$	26	1,3-反二甲基环戊烷	$1,T,3-DMCC_5$
12	3-甲基戊烷	$3-MC_5$	27	1,2-反二甲基环戊烷	$1,T,2-DMCC_5$
13	正己烷	nC_6	28	正庚烷	nC_7
14	2,2-二甲基戊烷	$2,2-DMC_5$	29	甲基环己烷	MCC_6
15	甲基环戊烷	MCC_5			

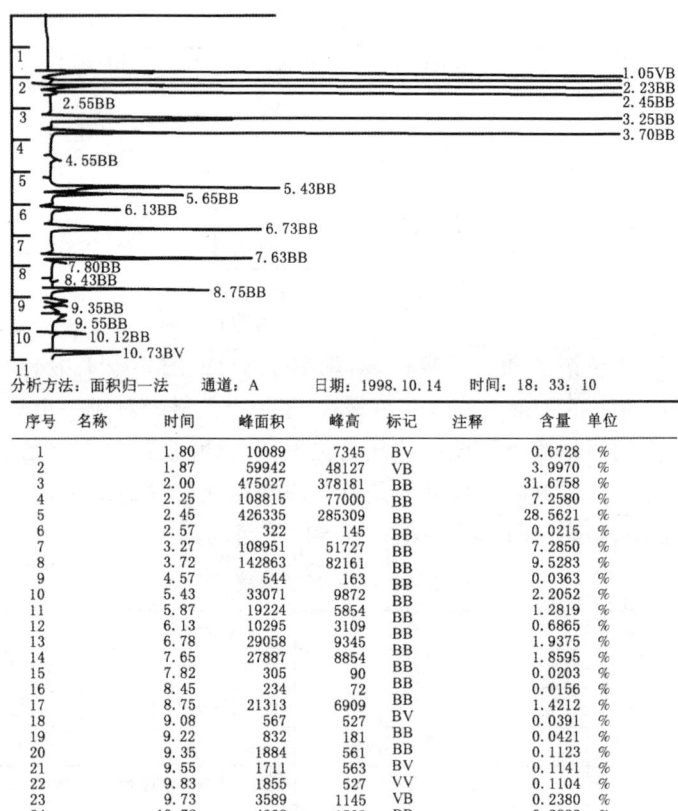

图 4-11 罐顶气轻烃录井气相色谱分析原始结果图

(2)数据处理及成果

1)定性:按保留时间和色谱峰先后顺序定性出图 4-11 中各组分。

2)定量:图 4-11 中各烃组分峰面积(峰高)与组分浓度、碳原子个数、进样量成正比,与分流比成反比,不能直接反映各烃组分含量。经轻烃数据处理程序处理可得到表 4-5 中 29 个烃组分的丰度(μL 气/L 岩石)、29 个烃组分的体积分数(%)、29 个烃组分的质量分数(%)及庚烷值、异庚烷值、苯指数、$\Sigma(C_1—C_4)$、$\Sigma(C_5—C_7)$、$\Sigma(C_5—C_7)/(C_1$

C_4)、MCC_6/$\Sigma DMCC_5$ 等共 94 个原始和计算参数。根据实际需要,可对 94 个参数进一步计算,得到其他派生参数。

三、罐顶气轻烃录井资料在储层评价中的应用

1. 原油中的轻烃化合物

地层原油中的轻烃由正构烷烃、异构烷烃、环烷烃、芳香烃四部分组成。其中轻质正构烷烃是原油的重要组成部分,特别是 C_5—C_7 范围的单体正构烷烃,可以在原油中达到最高值。储集层中微生物的降解和水洗作用会优先去掉正构烷烃及其他轻烃组分。原油中单体异构烃组分的最高含量在 C_6—C_8 之间,即 2 - 甲基(或 3 - 甲基)己烷(或庚烷),它们可占原油 1% 以上。环戊烷、环己烷及其低分子量同系物(C<10)也是原油的重要组分,特别是甲基环己烷常常是它们中最高的。原油中轻质芳香烃主要是烷基苯系列化合物,其中含量较高的组分一般不是母体分子,而是带 1~3 个碳原子的分子。原油轻烃化合物的含量和分布,不仅取决于原油的成因类型,而且在更大程度上取决于其遭受的热演化程度和次生演化强度。

2. 油气水层的识别与评价

(1)评价指标

在应用罐顶气轻烃分析资料进行油气水层评价方面,国内常见的有轻烃组分三角图法、轻烃比值法、轻烃丰度法。这些指标和方法在油气水层评价中收到了一定效果,但存在一定的局限性。其一是评价结论(好、中、差油/气层)与现油气水层划分标准不一致,适用性和对比性较差;其二是评价方法中所选用的指标以 C_1—C_4 组分为主,对 C_5—C_7 组分涉及较少,而这些组分恰恰是反映油层信息的主要组分;其三是判别结论与试油结论偏差较大;其四是上述方法均没有将岩屑罐顶气和岩心罐顶气区别对待。

胜利录井公司在上述评价方法的基础上,对油气生成、运移、富集、成藏后的变化及钻井过程中轻烃变化规律进行了探讨,将罐顶气轻烃分析资料与试油、气测、岩石热解、测井资料进行了详细对比,提出了适合胜利油区的油气水层判别指标。

1)轻烃组分数量:正常原油中 C_1—C_7 有 29 个组分,某些组分如 2,2-二甲基戊烷、2,2,3-三甲基丁烷等,由于含量很低,罐顶气轻烃分析很难检测到。罐顶气轻烃分析检测出的组分个数取决于储层中原油的总量和原油中轻烃的含量。当轻烃组分数量很少时,指示储层不含油。

2)C_1 百分含量:由于罐装样装罐前存在烃类逸散和挥发作用,而这种作用的程度与储层物性密切相关,所以 $C_1\%$ 的高低在某种程度上反映了储层物性的好坏。表 4-6 是对产油层和干层中 $C_1\%$ 分布的统计。从统计表可以看出:产油层和干层岩心样品罐顶气中 $C_1\%$ 有明显的差别。因此,$C_1\%$ 越小,储层物性越好,储层产油的可能性越大;$C_1\%$ 越大,储层物性越差,储层为干层的可能性越大。

表 4-6 岩心罐装样轻烃中 $C_1\%$ 的分布

	罐顶气中 $C_1\%$	0~10	15~20	20~25	25~30	30~40
产油层	占样品总数的百分数,%	68	5.3	2.7	9.3	5.3
干层	罐顶气中 C_1,%	0~20	20~30	30~40	40~60	>60
	占样品总数的百分数,%	8	8	36	20	28

3)轻烃丰度指标:$\Sigma(C_1-C_4)$、$\Sigma(C_5-C_7)$、$\Sigma(C_5-C_7)/\Sigma(C_1-C_4)$。没有显示的储层可能含有水溶气和较多的游离气,其罐顶气轻烃表现为 $\Sigma(C_1-C_4)$ 较大,$\Sigma(C_5-C_7)$ 很小;而油显示层罐顶气中 $\Sigma(C_1-C_4)$ 和 $\Sigma(C_5-C_7)$ 均较大,因此 $\Sigma(C_1-C_4)$、$\Sigma(C_5-C_7)$ 特别是 $\Sigma(C_5-C_7)$ 数值的大小是判别储层是否具有油气显示的重要指标。需要指出的是 $\Sigma(C_1-C_4)$、$\Sigma(C_5-C_7)$ 并不与油层质量成正比,孔渗性较差的油层,其 $\Sigma(C_5-C_7)$ 值可能更大,这是因为物性差的样品其轻烃逸散少的缘故。$\Sigma(C_5-C_7)/\Sigma(C_1-C_4)$ 反映了储层中液态轻烃与气态轻烃之间的关系,该比值越大,指示储层产油的可能性越大。

4)C_6 族组分指标:轻烃中的 C_6 族组分有一个正构烷烃、两个环烷烃、一个芳香烃(苯)、四个异构烷烃共八个组分,具有种类全、相对含量高的特点。C_6 族组分中各类烃的质量分数与储层流体性质有密切的关系,即随着地层中油水比例降低,苯从出现到不出现,苯指数、正构烷烃的质量分数逐渐降低,异构烷烃、环烷烃的逐渐增加,而且异构烷烃增加的速度要比环烷烃快。C_6各类烃之间的比值更能确切反映储层流体性质,如苯指数、iC_6/nC_6、iC_6/CC_6。三个参数中,尤以苯指数与储层流体性质对应关系最好。

(2)评价标准

岩屑与岩心罐装样差别较大。岩屑罐装样是混合样品,当取样深度位于生油门限深度之下时,由于生油岩具有生烃能力且自身吸附了一定量的轻烃,就使得岩屑罐顶气中的轻烃同时包含了来自生油岩岩屑和储集层岩屑中的轻烃,造成了生油岩岩屑中的轻烃对储层的"污染";而当取样深度位于生油门限深度之上时,由于生油岩不具备生烃能力且自身吸附的轻烃量很低,岩屑罐顶气中的轻烃可以看成仅来源于储集层岩屑。岩心罐装样则岩性单一,完整性好。因此在利用罐顶气轻烃录井资料评价油气水层时,应根据罐装样的类型及储层所在深度的烃源岩成熟情况,制定不同的评价标准。

胜利录井公司根据岩屑、岩心罐装样的上述不同特点,综合前述油气水层的轻烃评价指标和实际分析资料,提出了胜利油区油气水层评价标准(表4-7~表4-9)。需要指出的是重质油(原油密度>0.95g/cm³)所含轻烃的个数少,丰度低,单独利用罐顶气轻烃录井资料评价此类油层比较困难,下面的标准仅适用于气层和原油密度小于0.95g/cm³的油层。

表4-7 岩屑罐顶气轻烃录井油气层评价标准
(样品处于生油岩未成熟区)

项目	组分个数	C_1%	$\Sigma(C_5-C_7)$	$\Sigma(C_1-C_4)$	$\Sigma(C_5-C_7)/\Sigma(C_1-C_4)$	Bz	iC_6/nC_6	iC_6/CC_6	nC_7
油层	22~29	<20	>400	>800	0.08~2.5	出现	1.0~2.0	0.6~1.2	出现
油水同层	20~27	10~25	>400	>800	0.06~0.4		2.0~4.0	0.5~0.8	
含油水层	15~22	25~45	100~1000	200~1000	0.01~0.06	不出现	3.5~6.0	0.3~0.5	不出现
气层	<17	>80	<300	>1000	<0.04	不出现			不出现
干层	17~24	>40	300~1500	>2000	<0.06		0.8~1.8	0.8~1.5	

表 4-8 岩屑罐顶气轻烃录井油气层评价标准
（样品处于生油岩成熟区）

项目	组分个数	C_1%	$\Sigma(C_5-C_7)$	$\Sigma(C_1-C_4)$	$\Sigma(C_5-C_7)/\Sigma(C_1-C_4)$
油层	23~29	<40	>500	>1000	0.05~2.0
油水同层	22~27	<50	300~2000	>1000	0.04~0.2
含油水层	18~23	50~70	200~500	1000~2500	0.01~0.05
气层	<20	>80	<300	>1000	<0.04
干层	17~25	>50	400~1000	>2000	0.01~0.08

项目	iC_4/nC_4	iC_5/CC_5	Bz	iC_6/nC_6	iC_6/CC_6
油层	0.2~0.8	1.0~1.8	出现	1.2~2.2	0.8~1.5
油水同层	0.4~1.0	1.4~2.2		2.0~4.5	0.6~1.0
含油水层	0.6~1.0	2.0~3.0	不出现	4.0~6.0	0.4~0.6
气层			不出现		
干层	0.2~1.0	1.0~2.0		1.0~2.0	1.0~1.8

表 4-9 岩心罐顶气轻烃录井油气层评价标准

项目	组分个数	C_1%	$\Sigma(C_5-C_7)$	$\Sigma(C_1-C_4)$	$\Sigma(C_5-C_7)/\Sigma(C_1-C_4)$	Bz	苯指数	iC_6/nC_6	iC_6/CC_6	nC_7
油层	23~29	>30	>300	>600	0.08~2.0	出现	0.2~1.0	1.5~2.5	0.6~1.0	出现
油水同层	22~27	10~30	>300	>600	0.06~0.4		<0.5	2.0~4.0	0.4~0.7	出现
含油水层	15~22	20~40	100~500	600~2000	0.01~0.06	不出现		3.5~6.0	0.3~0.5	不出现
气层	<17	>80	<300	>1000	<0.04	不出现				不出现
干层	17~24	>30	200~1000	>1000	<0.06		>1.0	1.0~2.0	0.7~1.0	

（3）国外石油公司判断油气显示的标准

国外石油公司用岩屑顶部空间气体的 C_1-C_7 轻烃判断钻井油气显示和评价油气储集层，一般以轻烃的丰度（mg 气/kg 岩石）来判断油气显示，并以单体烃的比值来判断储集层性质（表 4-9～表 4-12）。

表4-10 美国大陆石油公司判断油气显示标准

油气显示	$\Sigma(C_1-C_4)(\mu L 气/kg 岩石)$	$\Sigma(C_5-C_7)(\mu L 气/kg 岩石)$
差	1000	600
良	1000~8000	600~6000
好	8000~20000	6000~18000
极好	>20000	>18000

表4-11 挪威大陆架研究所判断油气显示标准

油气显示	$\Sigma(C_1-C_4)(mg 气/kg 岩石)$	$\Sigma(C_5-C_7)(mg 气/kg 岩石)$
差	10~1000	100
良	1000~3000	100~1000
好	>3000	>1000

表4-12 美国大陆石油公司储层性质判断标准

储层性质	$\Sigma(C_5-C_7)/\Sigma(C_1-C_4)$	$\Sigma(C_2-C_4)/C_1$
差气层	0.3	0.4
油气层		0.4~1
油层	>0.3	>1

(4)油气层解释实例

罐顶气轻烃录井的分析参数较多,其油气层评价的指标也较多。表4-13列出了4口井5层罐顶气轻烃录井的主要指标及试油结论。

表4-13 罐顶气轻烃录井主要数据表

井号	取样深度(m)	样品类型	罐顶气轻烃主要指标						解释结论	试油结论
			C_1%	$\Sigma(C_5-C_7)$	$\Sigma(C_5-C_7)/\Sigma(C_1-C_4)$	组分个数	Bz	nC_7		
A	2056	岩屑	1.07	1038	0.413	24	出现	出现	油层	2052.9~2055.4m,产油32.2t/d,气622m³/d
	2058	岩屑	0.82	879	0.446	24	出现	出现	油层	

续表

井号	取样深度(m)	样品类型	罐顶气轻烃主要指标						解释结论	试油结论
			$C_1\%$	$\Sigma(C_5-C_7)$	$\Sigma(C_5-C_7)/\Sigma(C_1-C_4)$	组分个数	Bz	nC_7		
B	2782	岩屑	25.2	4898	0.081	27	出现	出现	油层	2780.9~2788.10m,产油17.8t/d
	2784	岩屑	14.2	11452	0.147	28	出现	出现	油层	
	2786	岩屑	19.2	7995	0.123	28	出现	出现	油层	
	2944.5	岩心	2.77	619	0.110	15	未出	未出	含油水	2945.5~2949.3m,产油0.002t/d,水25.1m³/d
	2946.5	岩心	1.35	379	0.086	12	未出	未出	含油水	
C	1914.8	岩心	79.8	246	0.021	24	出现	出现	干层	1911.3~1915.9m,产油:油花,水0.10m³/d
	1916.6	岩心	80.0	183	0.009	21	出现	出现	干层	
D	1724.8	岩心	80.9	130	0.011	18	未出	未出	气层	1725~1726m,产气64544m³/d
	1725.9	岩心	93.5	76	0.009	17	未出	未出	气层	

A井2052.9~2058.1m岩性为油斑砾状砂岩,所分析的两个岩屑样品罐顶气中六项指标均符合油层、油水同层特征,C_6族指标(表4-13中未列,下同)指示该层不产水。罐顶气轻烃录井评价为油层,试油结论为油层。

B井2780.9~2783.0m岩性为油侵粉砂岩,2784.8~2788.1m为富含油粉砂岩。在该井段分析了三个岩屑罐装样,其轻烃中的六项指标均符合油层,油水同层特征,特别是作为产油特征"Bz"的出现,表明该层应以产油为主,C_6族指标指示该层不产水。罐顶气轻烃录井评价为油层,试油结论为油层。

B井2945.5~2949.2m岩性为油侵粉砂岩,从$\Sigma(C_5-C_7)/\Sigma(C_1-C_4)$,看符合油层、油水同层特征,而从组分个数(12~15个)看,该层轻烃含量也就是"含油量"很低,C_6族指标及nC_7不出现指示该层含水。罐顶气轻烃录井评价为含油水层,试油结论为含油水层。

C 井 1911.3~1915.9m 岩性为油侵粉砂岩,两个岩芯罐装样品的轻烃分析指标均呈现干层特征,如组分个数较多(21~24 个),Bz 出现,表明该层含油;而 C_1% 的高值、$\Sigma(C_5—C_7)$、$\Sigma(C_5—C_7)/\Sigma(C_1—C_4)$ 的低值又表明出油的可能性很小,C_6 族指标指示该层不含水。罐顶气轻烃录井评价为干层,试油结论为干层。

D 井于井深 1718.66~1730.95m 取心,见油斑、油侵及荧光显示。1724.8m 和 1725.9m 的两个岩心罐顶气轻烃资料中 C_1% 分别为 80.89%、93.48%,组分个数为 17~18 个,$\Sigma(C_1—C_4)$ 为 7159.8~12942.6μL/L 岩石,而 $\Sigma(C_5—C_7)/\Sigma(C_1—C_4)$ 仅为 0.01 左右,呈现明显的气层特征。罐顶气轻烃录井解释为气层,射开 1725~1726m,6mm 油嘴求产,日产气达 64544m³。

(5)罐顶气轻烃录井油气层评价的特点

1)罐顶气轻烃录井分析参数多、灵敏度高、抗干扰能力强,能反应油层多方面的特征。

2)样品数量大,代表性强。

3)在不参考测井资料的情况下,能及时评价油气层。

4)能较好地反映储层的不均一性。

5)对不同岩性的储层,其油气层判识的准确率相同,因而对于特殊岩性、低孔渗油气藏判识上有一定的优势。

6)与原油密度关系密切。原油密度越大,轻烃含量越低,罐顶气轻烃录井油气层评价的准确率越低。当原油密度大于 0.95g/cm³ 时,由于丰度低、组分太少,难以准确反映油层的性质,此时单独应用罐顶气轻烃分析资料评价重质油层有较大困难。

7)罐顶气轻烃录井是对某些深度点取样分析,由于迟到时间的偏差及岩屑混杂,因而岩屑取样点对应的深度难以准确确定。

3. 混油钻井液条件下真假油气显示识别

钻井液混油所用油品主要为白油、柴油、原油。白油是成品油经高温磺化作用后的产品,其所含轻烃因高温作用已挥发殆尽,纯白油的罐顶气轻烃分析资料和实际混入白油的钻井液条件下的岩屑(心)罐装样轻烃分析资料都说明了这一点。因此,白油对于罐顶气轻烃录井没有任何影响。

混油时所用的柴油、原油中含有大量的轻烃,为了找出混油油品中轻烃的分布与地层原油中的轻烃的分布的差别以及时间和温度对于混入钻井液中原油所含轻烃的影响,胜利录井公司模拟钻井过程中的温度条件,将桩斜314井3554m所混原油及其在水浴75℃条件下分别加热1.5h、5.5h、30h之后的原油罐顶气进行了分析,分析结果见图4-12、表4-14和表4-15。

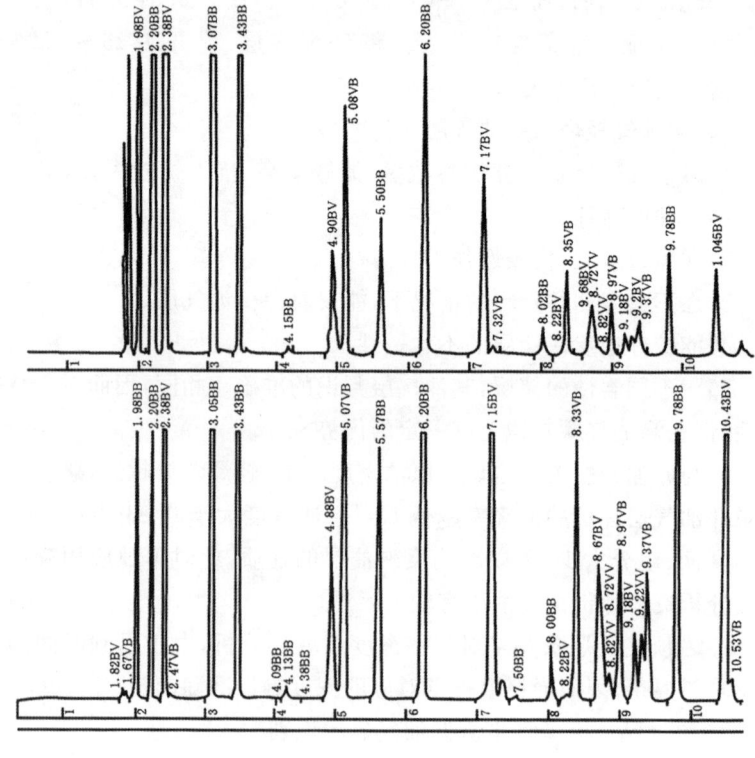

图4-12 不同状态下原油罐顶气轻烃色谱图
上图原油未加热,下图原油在水浴75℃条件下加热30h

表 4-14　不同状态下原油的罐顶气轻烃分布表

参数 样品类型	甲烷			乙烷			丙烷			29个烃组分面积和
	峰面积	绝对体积分数(%)	质量分数(%)	峰面积	绝对体积分数(%)	质量分数(%)	峰面积	绝对体积分数(%)	质量分数(%)	
原油	80864	0.199	1.68	102187	0.120	1.729	851960	0.665	14.411	5912025
水浴75℃加热1.5h后的原油	30106	0.070	0.588	51177	0.060	0.999	555616	0.434	10.845	5123340
水浴75℃加热5.5h后的原油	3053	0.007	0.13	13468	0.016	0.499	225829	0.176	8.361	2701143
水浴75℃加热30h后的原油	633	0.001	0.092	552	0.001	0.080	16684	0.013	2.415	690905

表 4-15　不同状态下原油的罐顶气轻烃特征表

参数 样品类型	C_2/C_1	C_3/C_1	C_3/C_2	C_4/C_1	nC_4/iC_4	nC_5/iC_5	nC_6/nC_7	A/C	(A+B)/C	E/D
原油	1.269	10.559	8.321	22.519	2.791	0.853	3.386	1.648	1.270	2.130
水浴75℃加热1.5h后的原油	1.700	18.455	10.087	49.539	3.344	0.876	3.179	1.633	1.248	2.092
水浴75℃加热5.5h后的原油	4.411	73.970	16.768	233.925	2.903	0.803	2.566	1.573	1.243	1.937
水浴75℃加热30h后的原油	0.873	26.3573	0.225	147.515	2.699	0.759	1.781	1.455	1.272	1.685

注：A为2-甲基戊烷，B为3-甲基戊烷，C为正己烷，D为环己烷，E为甲基环己烷。

从图4-12可以看出：随着原油的持续加热，$C_1\%$、$C_2\%$、$C_3\%$和轻烃丰度大幅度降低，而C_6、C_7组分的相对含量明显增加。表4-14中的数据则更加清楚地说明了这种变化规律：当原油未加热时，其罐顶气轻烃中$C_1\%$、$C_2\%$和$C_3\%$分别为1.68%、1.729%、14.411%；当原油在水浴 75℃ 条件下加热 30h 后,其 C_1%、C_2%、C_3% 仅分别为 0.092%、0.080% 和 2.415%,此时,罐顶气中甲,乙烷的体积分数仅为 0.001%,表明原油加热一段时间后,其中的甲烷、乙烷已挥发殆尽。从表 4-15 中可以看出 $(2-MC_5+3-MC_5)/nC_6$、nC_4/iC_4、nC_5/iC_4 在加热过程基本不变,而 $2-MC_5/3-MC_5$、MCC_5/CC_6、nC_6/nC_7 随着加热时间的增加,逐步减少。

根据以上实验数据和桩斜 314、陈 33-斜 4 两井实际资料,总结出了混油钻井液条件下真假油气显示判识方法。即在录井过程中,同时分析钻井液中混入原油的罐顶气及混油后的岩屑、岩心罐顶气,对比它们之间的轻烃丰度、组成、相对含量,就可以识别真假油气显示。具体判识原则为:

1)C_1 和 C_2:罐顶气中的 C_1 和 C_2 均来源于地层。

2)C_3%:真显示样品罐顶气中 C_3%$\geqslant$10%,假显示样品罐顶气中 C_3%$\leqslant$10%。

3)$\Sigma(C_5—C_7)/\Sigma(C_1—C_4)$:真显示样品罐顶气中 $\Sigma(C_5—C_7)/\Sigma(C_1—C_4)$ 一般小于 0.8,假显示样品罐顶气中 $\Sigma(C_5—C_7)/\Sigma(C_1—C_4)$ 大于 0.6。

4)$C_5—C_7$ 体积分数:岩屑(心)罐顶气中 $C_5—C_7$ 各组分的体积分数若大于混油所用油品罐顶气中 $C_5—C_7$ 各组分的体积分数,表示地层中含有油气。

5)$(2-MC_5+3-MC_5)/nC_6$:若岩屑(心)罐顶气中 $(2-MC_5+3-MC_5)/nC_6$ 与原油罐顶气中 $(2-MC_5+3-MC_5)/nC_6$ 相比、偏差超过 10%,表示地层含有油气。

6)$2-MC_5/3-MC_5$、MCC_5/CC_6、nC_6/nC_7;岩屑(心)罐顶气中上述比值出现偏离逐步减少规律的,表示地层中含有油气。

4. 原油生物降解作用程度判断

据 Гпкур(1983)研究,正常原油中异构己烷永远保持下列浓度系列:$2-MC_5>3-MC_5>2,3-DMC_4>2,2-DMC_4$。而当原油遭受生物降解作用时,异构己烷的抗生物作用的能力刚好与正常原油中异构己烷浓度系列相反。因此异构己烷浓度系列是判别原油生物降解程度最灵敏的指标之一。表 4-16 给出了根据异构己烷浓度系列划分原油生物降解作用程度的指标。

表 4-16 生物降解作用异构己烷浓度系列变化(据林壬子等)

生物降解阶段	异构己烷浓度系列变化
正常油气或第一阶段低强度降解	$2-MC_5 > 3-MC_5 > 2,3-DMC_4 > 2,2-DMC_4$
第二阶段一般强度降解	$2-MC_5 \approx 3-MC_5 > 2,3-DMC_4 > 2,2-DMC_4$
第三阶段中等强度降解	$3-MC_5 > 2-MC_5 > 2,3-DMC_4 > 2,2-DMC_4$
第四阶段严重降解	$3-MC_5 > 2,3-DMC_4 > 2-MC_5 > 2,2-DMC_4$
	$2,3-DMC_4 > 3-MC_5 > 2-MC_5 > 2,2-DMC_4$
	$2,3-DMC_4 > 3-MC_5 > 2,2-DMC_4 > 2-MC_5$
第五阶段严重降解	正己烷全部消失,然后是 $2-MC_5$,甚至朝着全部烷烃都消失的方向发展

5. 原油密度估算

原油中烃组分以及胶质、沥青质的组成主要取决于油气源岩的有机质类型、成熟度以及原油成藏后所经历的生物降解和氧化作用等后生变化。轻烃中 iC_4/nC_4、iC_5/nC_5 是指示烃源岩成熟度的指标, $2-MC_5/3-MC_5$ 是指示原油生物降解和氧化作用程度的指标。因而,上述三个指标可以反映原油中烃类组成,进而可以推算原油密度。

从罐顶气轻烃分析资料看, $2-MC_5/3-MC_5$ 可作为判断原油密度范围指标。当 $2-MC_5/3-MC_5$ 小于 1 时,原油密度大于 $0.95g/cm^3$,且 C_4、C_5 的相对含量低,同一层段罐顶气中 iC_4/nC_4、iC_5/nC_5、$2-MC_5/3-MC_5$ 变化大;而当 $2-MC_5/3-MC_5$ 大于 1 时,原油密度小于 $0.95g/cm^3$,且同一层罐顶气中 iC_4/nC_4、iC_5/nC_5、$2-MC_5/3-MC_5$ 稳定。鉴于此,挑选 $2-MC_5/3-MC_5$ 大于 1 共 20 层罐顶气中的 iC_4/nC_4、iC_5/nC_5、$2-MC_5/3-MC_5$ 并其对应层段的试油资料进行分析,得出了原油密度估算的经验公式:

原油密度 $= (iC_4/nC_4) \times 0.1246 + (iC_5/nC_5) \times 0.0089 - (2-MC_5)/(3-MC_5) \times 0.0118 + 0.8350$。

按上述经验公式,对 10 层的原油密度进行了估算,见表 4-17。

表 4-17 罐顶气轻烃录井估算原油密度应用成果对比表

iC_4/nC_4	iC_5/nC_5	$(2-MC_5)/(3-MC_5)$	原油密度 (g/cm^3)	估算密度 (g/cm^3)	绝对偏差 (g/cm^3)	相对偏差 (%)
0.323	1.392	1.497	0.8711	0.8700	-0.0011	-0.1311
0.754	1.842	1.238	0.9335	0.9307	-0.0028	-0.2984
0.785	1.92	1.264	0.9468	0.9350	-0.0118	-1.2503
0.252	1.186	1.548	0.8546	0.8587	0.0041	0.4779
0.432	1.478	1.441	0.8736	0.8850	0.0114	1.3010
0.586	1.598	1.551	0.9096	0.9039	-0.0057	-0.6239
0.395	1.54	1.414	0.8694	0.8812	0.0118	1.3596
0.377	1.447	1.205	0.8985	0.8806	-0.0179	-1.9902
0.547	1.522	1.205	0.8900	0.9025	0.0125	1.4012
0.334	0.941	1.356	0.8696	0.8690	-0.0006	-0.0690

从表 4-17 看,估算密度的绝对偏差小于 $0.02g/cm^3$,相对偏差小于 2%。需要指出的是,上述公式仅在 $2-MC_5/3-MC_5$ 大于 1 时成立,且罐顶气轻烃资料最好来源于岩心罐装样或处于烃源岩未成熟、过成熟区的岩屑罐装样。若用处于烃源岩成熟区岩屑罐顶气轻烃资料,由于成熟烃源岩自身吸附轻烃对储层罐顶气"污染",将会使估算结果产生较大偏差。

思考题:

1. 简述罐顶气轻烃录井的基本原理。
2. 罐顶气轻烃录井包括哪几个步骤?
3. 罐顶气轻烃录井分析的烃组分的碳数范围和组分个数分别是多少?
4. 罐顶气轻烃录井油气层评价的特点是什么?

第三节　PK 录井技术

PK 仪是可在现场快速分析岩样孔隙度、渗透率、自由流体指数及束缚水饱和度四项参数的录井仪器。PK 录井技术起源于美国,1984 年开始在美国及中东一些地区投入商业应用。新疆石油管理局地质录井公司于 1988 年从美国 EXLOG 公司引进四台 PNMR 型 PK 仪;于 1991 年与国防科技大学及广州经济开发区新广科技开发公司联合仿制出 KG(A)型国产 PK 仪,并改型为 KD-1000 型 PK 仪;于 1996 年与上海神开科技工程有限公司联合研制出 SK-2P01 型 PK 仪,经过后期改造,成为目前国内最先进的 PK 仪。

PK 仪可分析岩屑、岩心及井壁取心等岩样,具有用量少、速度快、成本低、可全井段分析等优点,目前已在大庆、新疆、胜利、河南等油田推广应用。

一、PK 仪的基本原理

PK 仪的基本原理是核磁共振(Nuclear Magnetic Resonance)。简单地讲,核磁共振与磁性原子核的能级跃迁有关,用于测量和描述这些跃迁的光谱技术叫做核磁共振(NMR)及脉冲核磁共振(PNMR)技术。

任何自旋量子数 $I \neq 0$ 的原子核都具有旋转特性,故具有角动量。因为原子核带电,所以旋转着的原子核就必然有磁矩。这些原子核实际上是极小的旋转着的磁铁。原子核具有角动量和磁矩是产生核磁共振的必要条件。

原子核中氢原子核是最简单的,它是单个质子,它给核磁共振提供了最简单的模型。所以,目前核磁共振技术发展最成熟、应用最广泛的是氢核磁共振。

质子的角动量和磁矩与其旋转轴是同向的。一定量的水中存在有许多氢原子核,每个原子核的磁矩是随机取向的,它们的向量之和即磁化强度为零。当把这个水样放入磁场中时,磁场对质子产生两种作用:一是磁场按其方向把每个质子的磁矩排成直线;二是磁场对每个质子的磁矩产生作用并形成扭矩和角动量,从而引起原子核绕磁场方向旋转,这种现象与绕地球重力场旋进的质点一样,称之为 Larmor 进动。

根据量子力学理论,质子按磁场方向排列成一线,所以氢核(质子)只能按两个可能的取向排列,每一个取向代表一个特殊的能级:按磁场方向取向的是低能级(基态),而与磁场方向反向的是高能级(激发态)。

根据塞曼效应,当原子核发生 $\Delta M = \pm 1$ 的跃迁时,就会发射或吸收圆偏振的电磁波,这是电磁波与物质的相互作用过程。当包含很多原子核的系统处在热平衡状态时,原子核在两个能级上的分布服从波尔兹曼公式,即能级越低,核数越多;能级越高,核数越少,这种情况下,总的吸收几率大于总的辐射几率。所以当发生核磁共振时,电磁波的能量因为被吸收了一部分而减小,这就是所谓的核磁共振吸收现象。一般都是根据这一现象来研究核磁共振。我们所观察到的核磁共振现象正是这个总吸收与总辐射的差额。这个差额是一个很小的值,只有用核磁共振波谱学的方法才能观察到。

PK 仪利用磁钢来提供横向的恒定磁场,利用射频振荡电路来产生一个纵向的、频率与 Larmor 进动频率相同的交变磁场,从而满足核磁共振的基本要求。当发生核磁共振时,处于低能级的氢原子核就从射频磁场吸收能量而跃迁到高能级,这个过程叫做核弛豫。原有的平衡被破坏后,原子核系统力图恢复平衡,该系统重新建立平衡状态所需要的时间 T,称之为弛豫时间。不同的物质有着不同的弛豫时间。弛豫时间的存在使得我们能够连续观察到核磁共振现象。

可见 PK 仪实际上是脉冲核磁共振谱仪,它采用自差法来检测核磁共振信号。样品中氢原子核数目越多,从射频磁场中吸收的能量也就越多,产生的信号也就越大。PK 仪就是通过测定岩石孔隙水中氢原子核的弛豫时间及岩样信号,然后再通过程序中的公式来确定岩石的孔隙度、渗透率、自由流体指数及束缚水饱和度这四项参数的。

二、PK 仪分析参数的意义及计算公式

PK 仪能获得岩样的四项参数,即孔隙度、渗透率、自由流体指数、束缚水饱和度。

1. 孔隙度

孔隙度即岩样孔隙体积与总体积的比值，单位用百分数表示。其计算公式为

$$\phi_{样} = \phi_{标} \times \frac{S_{样}}{S_{标}} \times \frac{V_{标}}{V_{样}}$$

式中 $\phi_{样}$——未知样的孔隙度，%；

$\phi_{标}$——已知样（标样）的孔隙度，%；

$S_{样}$——样品实测最大信号，mV；

$S_{标}$——标定时的最大检测信号，mV；

$V_{标}$——标样体积，μL；

$V_{样}$——样品的总体积（=小试管滴定容积-配液体积），μL。

上式中，除 $S_{样}$ 外，其余的都为常数。也就是说 $P_{样}$ 与 $S_{样}$ 成正比，即岩样孔隙度与所检测到的信号强度成正比。

2. 渗透率

渗透率是岩样孔隙的表面积与其体积的比值，单位 $10^{-3}\mu m^2$。其计算公式为

$$X = A \times 10^{-\frac{20}{T_{1A}}} + B \times 10^{-\frac{20}{T_{1B}}} + C \times 10^{-\frac{20}{T_{1C}}}$$

$$Y = A \times 10^{-\frac{100}{T_{1A}}} + B \times 10^{-\frac{100}{T_{1B}}} + C \times 10^{-\frac{100}{T_{1C}}}$$

若 $X>0$，设 $Z=\lg\left(P \times \dfrac{X}{1000}\right)$

若 $X=0$，设 $Z=0$

则 $K_{样}=10^{[2.3026\times(0.087\times\phi_{样}+Z+0.017\times Y+0.6857)]}$

式中 A——弛豫时间 T_{1A} 的百分数；

T_{1A}——弛豫时间，μs；

B——弛豫时间 T_{1B} 的百分数；

T_{1B}——弛豫时间，μs；

C——弛豫时间 T_{1C} 的百分数；

T_{1C}——弛豫时间，μs；

$K_{样}$——PK 仪测得的岩样渗透率，$10^{-3}\mu m$；

$\phi_{样}$——PK 仪测得的岩样孔隙度，%。

PK 仪的渗透率公式是在世界各地试验众多井的基础上建立的，然而有些特殊地区需再按能量法则(Power Law)的关系式稍加修改，以得出更加精确的结果。其关系式如下：

$$K_{地区} = a \times K_{样}^b$$

式中　$K_{地区}$——特殊地区的渗透率校正值，$10^{-3} \mu m^2$；

　　　a——双对数坐标图中的截距；

　　　b——双对数坐标图中的斜率；

　　　$K_{样}$——PK 仪测定的样品渗透率，$10^{-3} \mu m^2$。

3. 自由流体指数

自由流体指数是指孔隙中可动流体的体积占样品总体积的百分数。

4. 束缚水饱和度

弛豫时间小于 12ms 的流体认为是被束缚的。这一部分流体主要是与粘土矿物伴生，不能流动，用占总孔隙体积的百分数表示。

自由流体与束缚水之间的关系为

孔隙度＝自由流体指数＋(孔隙度×束缚水饱和度)

三、SK‐2P01 型 PK 仪的基本结构及操作流程

SK‐2P01 型 PK 仪主要由四个部分组成(图 4‐13)。

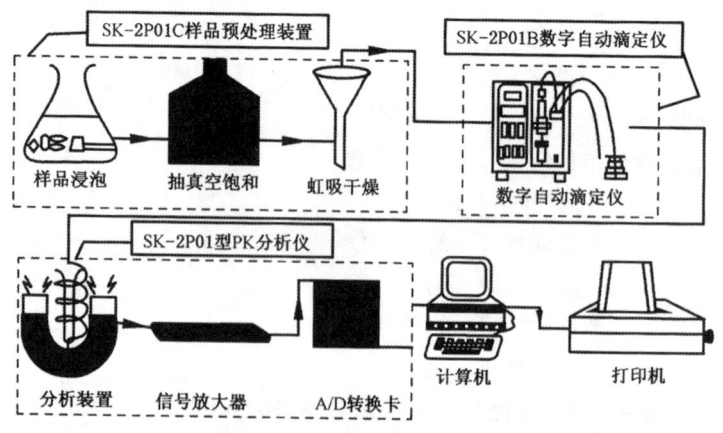

图 4‐13　SK‐2P01 型 PK 仪的基本结构

1. SK-2P01型PK分析仪

采用脉冲式核磁共振(PFT-NMR)方式工作,提高了信噪比,并便于对信号进行数字处理。

2. SK-2P01B数字自动滴定仪

微量液体发送仪配以新颖液位检测器组成了数字自动滴定仪,使样品体积的测定过程实现了自动化,不再像KG(A)型、KD-1000型及国外PK那样使用双目显微镜及手动微升计(图4-14)。

滴定仪的主要用途是通过滴定专用小试管的空瓶体积及加样后的滴定体积,求得岩样体积。

3. SK-2P01C样品预处理装置

该部分结构紧凑,抽真空、干燥及相应的控制电路均安装在一个小柜中,便于使用和维护。

其主要用途是实现岩样孔隙的再饱和及岩样表面水的去除。

4. 微机(含A/D接口卡及PK分析程序)

PK分析程序在中文DOS环境下运行,可以输入中西文,莱单式结构,便于操作。通过微机可以实现数据采集与处理、打印等工作。

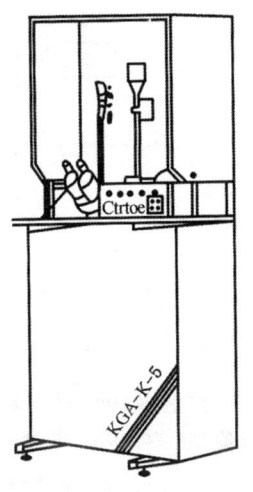

图4-14 KD-1000型
PK仪制样系统

其中SK-2P01B及SK-2P01C是两个相对独立的结构单元,SK-2P01型PK分析仪通过A/D卡与微机相连。

PK仪的操作流程如图4-15所示。

图4-15中的大虚线框表示样品的预处理过程。其中样品浸泡及抽真空是为了用盐水饱和岩样孔隙,干燥是为了去除岩样的表面水,滴定是为了求得岩样体积。仪器的调校和标定分别采用100%、19%的液体标样。

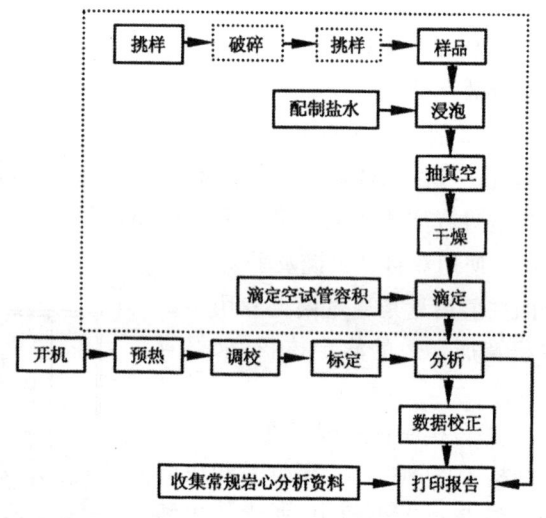

图 4-15 PK 仪操作流程图

四、资料校正及应用分析

1. 校正原因

试验及国内外资料均表明 PK 仪的孔、渗分析数据比常规分析数据偏低。分析其原因主要有以下几点：

1）岩石在破碎过程中使其颗粒表面的孔隙在一定程度上受到破坏，而且岩石通常是非均质的，易碎处往往是孔隙发育处，这样胶结致密、孔隙度偏低的坚硬部分被优选为 PK 分析样品，导致分析结果偏低。

2）受小试管内径的限制，只能取直径 1~2mm 的岩样，颗粒多，表面积大，在干燥处理过程中就会失去过多的孔隙水，导致分析结果偏低。

3）常规分析中岩心通常完全被抽提和烘干，PK 分析样品则需被完全再饱和，但这是很困难的，特别是渗透率低的样品。

4）液体标样长时间放置，难免有一定程度的挥发，最终也导致分析结果偏低。

2. 校正方法

孔隙度、渗透率是评价储层的两个关键参数。PK 仪的分析数据偏低，必须加以校正，才能正确使用。而 PK 分析软件缺少对数据进行校正的功能，所以必须借助别的软件或自行编程。

PK 仪分析数据的校正，一般采用线性回归法，即分别以 PK 仪分析的孔、渗数据及常规分析的孔、渗数据作为横坐标和纵坐标建立直角坐标系，求其回归方程和相关系数，然后再以该回归方程对 PK 仪的原始分析数据进行校正。通过相关系数可以看出二者的相关性。相关性的直观表示法是以样品号作为横坐标，以 PK 仪及常规分析数据作为纵坐标，作折线图。

PK 仪分析数据的校正可以采用 Excel 软件、Visual FoxPro 或 GrafTool(GT) 等软件，在此建议采用广泛流行的 Excel 软件。下面通过实例来说明。

新疆地质录井公司于 1991 年对进口 PK 仪及 KG(A) 型 PK 仪的验证数据见表 4-18。分别对进口 PK 仪与常规分析孔隙度及 KG(A) 型 PK 仪与常规分析孔隙度作散点图得到图 4-16 和图 4-17，三者孔隙度折线图为图 4-18。渗透率作法类似，在此省略。

表 4-18　进口 PK 仪、KG(A) 型 PK 仪与常规分析结果对比表

常规分析结果		进口 PK 仪分析结果		KG(A) 型 PK 仪分析结果	
孔隙度 (%)	渗透率 ($10^{-3}\mu m^2$)	孔隙度 (%)	渗透率 ($10^{-3}\mu m^2$)	孔隙度 (%)	渗透率 ($10^{-3}\mu m^2$)
16.96	0.34	17.80	0.672	17.65	20.2
22.97	58.41	22.62	0.3443	21.49	58.89
29.44	188.30	20.50	0.712	23.06	74.33
19.77	3.76	20.02	0.0581	20.54	36.46
23.60	8.49	20.90	10.19	24.34	70.40
6.71	0.05	6.93	0.2658	7.101	0.3467
23.76	10.13	25.88	13.88	23.55	49.62
9.43	0.15	7.82	3.9	12.02	1.675
14.52	0.44	16.24	0.24	12.41	1.939
22.48	3.30	23.79	0.3761	24.24	47.23

注：该表引用 KG(A) 型 PK 仪系统现场测试报告。

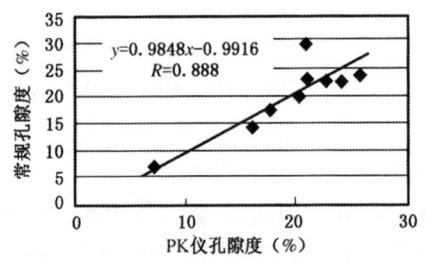

图 4-16 进口 PK 仪与常规分析孔隙度散点图

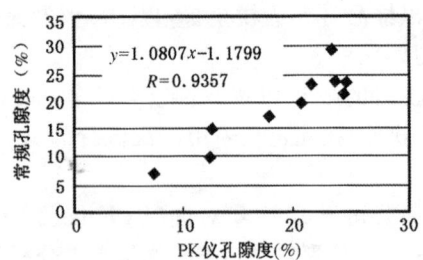

图 4-17 KG(A)型 PK 仪与常规分析孔隙度散点图

从国 4-16、图 4-17 中的相关系数可以看出国产 PK 仪的技术水平已好于进口 PK 仪;从图 4-18 中可以看出 PK 仪的分析结果与常规分析结果符合程度较高,证明 PK 分析资料具有较高的实用价值。

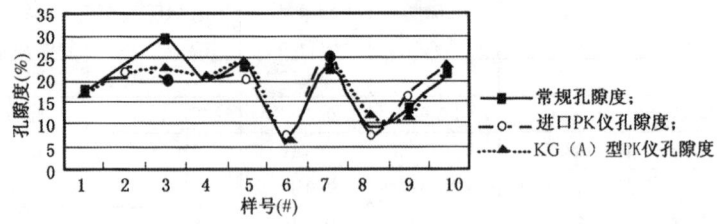

图 4-18 进口 PK 仪与常规分析孔隙度散点图

3. 应用分析

PK 分析资料除了可以根据校正后的数据进行储层评价外,还可与定量荧光、地化录井(岩石热解)、罐顶气分析资料配合使用。尤其是孔隙度,在应用地化、罐顶气分析资料进行产量估算时,有较好的参考价值,从而提高地化和罐顶气分析资料的利用价值。

在应用过程中,应注意以下问题:

1)储层特征不同,所得 PK 分析数据不同,因此应建立不同地层、层位、岩性的模型,以便采用不同的方法,或不同的校正系数对所得资料数据进行校正。经校正后的数据才可使用,不能简单地直接采用分析数据。

2)PK 分析资料与岩心室内分析资料、测井资料比较,工作原理差别较大,方法也不相同,故三类资料的对比性亦有差异。室内分析资料,样品是岩心,分析精度较高,在勘探开发中广泛采用,其缺点是分析样品少、数据不连续;测井资料的优点是数据连续,但它是根据测井曲线计算得到的;PK 分析资料主要是用岩屑分析得到的,优点是在现场分析、及时、分析样品多。要用好 PK 分析资料,需建立室内分析资料、测井资料、PK 资料三者之间的关系,三类资料取长补短,可大大提高 PK 分析资料的使用效果。

3)影响 PK 仪分析结果的关键因素是干燥时间,即岩样表面水的去除程度。要针对不同仪器、不同岩性作出时间与孔隙度的关系图版,便于在以后的工作中采取最佳的干燥时间。

4)PK 仪分析数据在碎屑岩方面的应用要好于碳酸盐岩。其主要原因是碳酸盐岩为裂缝性储集层,表面的干燥程度难以控制。因此,对 PK 仪的数据校正必须根据岩性、PK 仪与常规分析数据的高低关系等分多次进行校正。

PK 分析的价值在于现场快速测定并提供较准确的储层物性参数,并对全井可分析的储层作出客观而有效的评价。今后的推广及研究工作应紧紧围绕以下方面进行:

1)减少人为误差,尽量保持系统误差的一致性,以缩少数据点在回归图上的离散度,提高测定结果的准确性。

2)岩样孔隙的再饱和及岩样表面水的去除仅仅是一个时间概念,应在度的量化上做更深入的研究。

3)PK 仪对渗透率的分析与常规渗透率分析在原理及方法上有很大差异,导致分析结果偏差较大,应在以后的工作中加强探讨,提高它们的相关性。

4)应加强自由流体指数和束缚水饱和度两项参数的开发应用研究。若在这方面取得实质性进展,可有效地提高该项录井技术对油气层评价的能力。

5)必须综合应用 PK 分析资料及其他相关资料,才能逐步形成一套完善的储层综合评价系统。

PK 仪的原理是成熟的,仪器的重复性及稳定性比较可靠,分析结果可对比性强。随着该仪器的不断完善,它在油气勘探中的作用将会越来越大。

思考题:

1. PK 仪能分析哪几项参数?写出它们的计算公式。
2. 简述 PK 仪的基本原理。
3. 简述 SK-2P01 型 PK 仪的基本结构。
4. 叙述 PK 仪资料校正的原因及方法。

第四节 定量荧光录井

定量荧光仪是在传统箱式荧光灯的基础上针对其在油气层检测方面的不足作了较大改进而研制成功的,主要应用于现场快速准确发现油气层。与传统箱式荧光灯相比,该仪器在油气层特别是对轻质油及凝析油的检测方面具有较高的灵敏度和准确度。这在一定程度上弥补了常规录井方法在检测轻质油及凝析油方面的不足,并且实现了荧光信息的数字化及光谱显示,可以排除矿物荧光和人为因素的干扰,使荧光录井质量更高、更科学,提供的参数更有价值。随着现代录井行业的发展和定量荧光资料应用方法的不断完善,定量荧光仪将在国内各油田的勘探领域发挥越来越重要的作用。

一、仪器工作原理

荧光分析是利用了石油的荧光性,即石油中的不饱和烃及其衍生物在紫外光的照射下,会吸收其中波长较短、能量较高的光子,暂时达到非稳定状态,随后通过辐射出波长较长、能量较高的光子而返回到原来的初始状态。辐射出的这种光就叫做荧光。

定量荧光仪用紫外光作为激发光,用异丙醇或正己烷。环己烷作溶剂浸泡岩心、岩屑或井壁取心样品。激发光透过样品室后经滤光装置或分光系统进行处理,再由检测器进行检测、光电倍增管进行信号放大,最终显示出荧光值或荧光光谱。

不同的定量荧光仪其基本结构不同(图4-19)。QFT通过滤光片采用254nm的紫外光为激发光,经过样品室后,再通过滤光片接收320nm的发射光,显示单点数值;OFA通过滤光片采用254nm的紫外光为激发光,经过样品室后,采用分光系统接收260~600nm的紫外光,提供二维荧光光谱(图4-20);TSF以分光系统提供200~300nm的紫外光为激发光,经过样品室后,再采用分光系统接收300~500nm的发射光,提供三维荧光光谱(图4-21)。

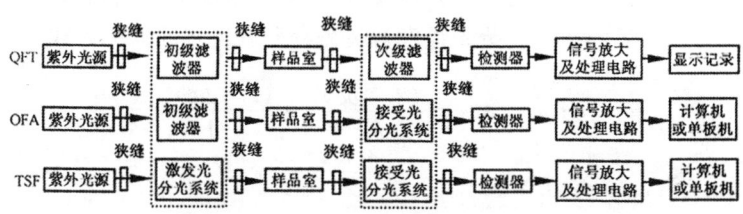

图4-19 几种定量荧光仪的结构示意图

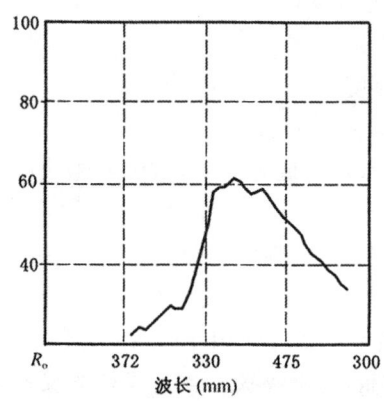

图4-20 OFA提供的二维荧光光谱

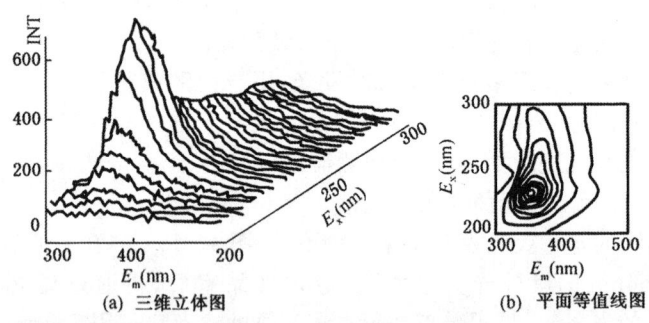

图 4-21 TSF 提供的三维荧光光谱

与传统箱式荧光灯相比，定量荧光仪激发波的能量更高，检测方式更精密，从而使石油的荧光显示精度更高，灵敏度更高。

定量荧光仪测定的是荧光强度，但在某些情况下，我们需要知道样品中荧光物质的浓度。荧光强度与荧光物质浓度之间的关系式为

$$F = \Phi I_0 \left[2.3\varepsilon bc - \frac{(2.3\varepsilon bc)^2}{2!} + \frac{(2.3\varepsilon bc)^3}{3!} \cdots \cdots \right] \quad ①$$

式中　F——荧光强度；

　　　Φ——荧光效率（Φ＝发射荧光的分子数/激发的分子总数）；

　　　I_0——激发光强度；

　　　ε——摩尔吸光系数；

　　　b——液层厚度，cm；

　　　c——荧光物质的浓度，g/mL。

当荧光物质的浓度很低时（$\varepsilon bc < 0.05$），①式可简化为：

$$F = 2.3\Phi I_0 \varepsilon bc \quad ②$$

即在一定条件下，荧光强度与荧光物质的浓度成正比，但当荧光物质的浓度较大时（$\varepsilon bc > 0.05$），荧光强度与其浓度的线性关系将发生偏离（图 4-22），在浓度更高时，产生偏离的原因可能是激发了的分子间互相碰撞而失去能量（自身猝灭），或者是荧光又被未激发的分子所吸收（自身吸收）。

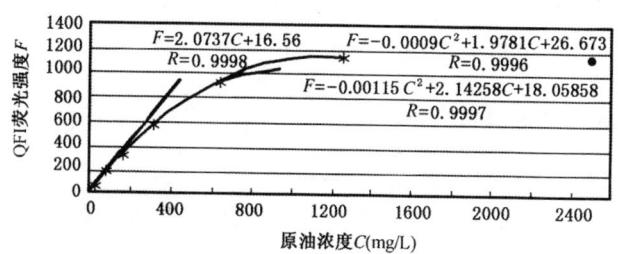

图 4-22 某井 QFT 定量荧光曲线图

因此,定量荧光只适合低浓度溶液的测定。但从图 4-22 可以看出,在一定浓度范围之内,可以忽略公式①中 $\frac{(2.3\varepsilon bc)^3}{3!}$ 及其后面各项,荧光强度与含油浓度之间是抛物线关系。通过拟合其二次多项式,发现其相关系数与较低浓度范围内的线性相关系数相当,甚至更高,而且误差也在根据含油浓度确定荧光级别的允许范围之内(表 4-19)。

表 4-19 荧光强度与含油浓度之间线性与抛物线型相对误差对比表

原油浓度 (mg/L)	荧光强度	据 $F=2.0737C+16.56$ 求原油浓度 C(mg/L)	相对误差 (%)	$F=18.05858+2.14258C$ $-0.00115C^2$ 求 C(mg/L)	相对误差 (%)
9.80	37.30	10.00	0.021	9.02	-0.079
19.50	57.30	19.65	0.007	18.50	-0.051
39.00	98.90	39.71	0.018	38.53	-0.012
78.10	175.00	76.40	-0.022	76.38	-0.022
156.30	342.00	156.94	0.004	165.98	0.062
312.50	564.00	—	—	304.61	-0.025
625.00	908.00	—	—	625.07	0.000
1250.00	1138.00	—	—	—	—
2500.00	1140.00	—	—	—	—

根据统计,把含油浓度与荧光强度之间的关系当作抛物线,可将可测浓度范围扩大 3~5 倍。对 OFA 而言,可从不足 200mg/L 扩大到 600~1000mg/L。

采用上述公式进行数据处理,荧光仪便会把检测到的荧光强度转变为含油浓度,这就是荧光分析法的定量依据。

二、操作流程及特点

1. 操作流程

将样品(岩屑、岩心或井壁取心)用研钵研碎(加速原油的溶解),取出一定量的样品称重(现场一般为 0.5g)或定其体积,用溶剂浸泡一定的时间(一般为 1h)后,将滤液注入仪器或倒入比色皿中,检测其荧光强度值,并将结果绘制于随井深变化的石油浓度录井图上。

2. 特点

1)用量少,每次分析样品只需 0.5g。

2)分析速度快,整个分析过程只有几分钟。

3)数字化或光谱显示,准确度高。

4)检测灵敏度高,最低检测浓度可达 $10\mu g/kg$。

三、评价油气层的基本原理和方法

需要指出的是定量荧光仪检测的荧光物质是以萘族为主的双环芳烃族化合物,因此所测的荧光强度与该物质的含量在一定范围内是呈线性或抛物线关系的,而不是实际的含油量。不同产层中的原油其所含的芳香族化合物的种类和含量是不同的,其中双环芳香族化合物的含量也是不尽相同的,在轻质油及凝析油中含量相对较高,但对同一种油源的原油来说,其中的双环芳香族化合物的含量是相对稳定的。因此不同区块不同层位的原油其荧光强度与含油量之间都对应有相应的线性方程或抛物线方程:

$$F = k \cdot C + b$$
$$F = a \cdot C^2 + b \cdot C + d$$

式中　F——荧光强度值;

　　　C——原油浓度,mg/L。

以此,可以与传统的荧光级别建立联系,并可测定储层的含油浓度。

从图4-23可以看出:油质越轻,直线的斜率越大,同一浓度下其荧光强度值越高。因此,定量荧光仪在检测轻质油及凝析油方面有较高的灵敏度,但几乎所有的定量荧光仪都不能很好地判识气层。当然,不同的荧光仪其作用范围也不尽相同。如QFT、OFA不能识别混油条件下的真假油气显示,而TSF则可以根据荧光指纹的特征加以识别。

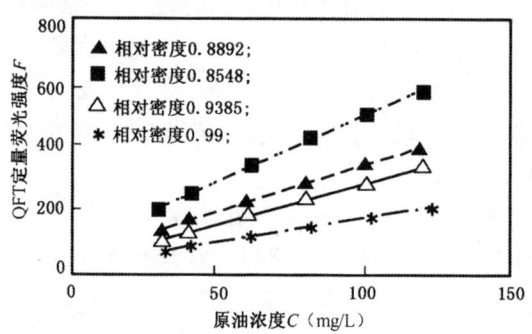

图4-23 不同密度原油的荧光强度与含油量的线性方程

四、QFT定量荧光仪的应用

从统计分析结果来看,定量荧光仪不仅在轻质油检测方面有较高的灵敏度,对于中—重质油检测方面效果也很好,可在现场快速准确识别油气显示。用荧光强度值计算出来的含油量去初步判断储层流体的性质与试油结论的符合率可达70%以上(表4-20中列出其中的部分井以供参考)。

表4-20 荧光分析参数与试油结论对照表

序号	井名	井段(m)	荧光强度值(QFT)	相当含油量(mg/L)	荧光系列对比级	试油结论	原油密度(g/cm^3)
1	垦××	2634.00~2647.00	1058	490	11	稠油层	1.01
2		2606.60~2626.90	251	106	8	含油水层	
3	坨××	3196.50~3199.00	926	399	10	油水同层	0.85
4	桩××	3059.40~3063.10	1326	675	11	油层	0.84
5	利××	3195.90~3200.80	1124	669	11	油层	0.83

以下是 QFT 应用的两个例证：××井在钻至井深 3126.5～3128m 时，QFT 分析参数明显越过背景值，应为含油层，而常规录井并未发现有异常显示，经测试发现该层为油水同层。在埕××井的钻探过程中，在井深 3000～4000m 的火成岩地层中电测解释有几层油层，而 QFT 分析显示无异常，经测试结果表明，该层段为水层。

以荧光强度判别储层的流体性质，与传统的荧光系列相比，油层的荧光系列一般达到 10 级以上。10 级以下的荧光强度则可结合岩石热解资料来划分油水同层、含油水层、干层等。同时，我们也可以从荧光光谱中提取荧光波长、半峰宽、峰底宽度、荧光波长/峰底宽度等参数进行多参数解释。

国内外定量荧光仪的应用实践表明，定量荧光分析是一种检测液态烃的准确、可靠的方法。它可检测到常常被常规录井方法漏掉及电测难以识别的含油层。只要能取到有代表性的岩样，应用定量荧光方法就可检测出地层的含油量。所以该项技术对储层的定量评价有一定的实际意义，所获资料对油气勘探有着较高的参考价值。

思考题：

1. 定量荧光仪的基本原理是什么？
2. 说出几种定量荧光仪，并简述其基本结构的差异。
3. 简述定量荧光技术评价油气层的基本原理。
4. 为什么定量荧光仪在轻质油及凝析油检测方面具有较高的灵敏度？

第五章 完井地质总结

地质录井资料是认识地下岩层、构造、油气水层客观规律的第一性原始资料。所以,当一口井完井后,需要认真、系统地整理、分析和研究在钻井过程中所取得的各项资料(包括中途测试和各种分析化验资料),同时还要综合各项地球物理测井资料,以及原钻机试油成果,对地下地质情况及油、气、水层做出评价性的判断,找出其规律,在各单项录井工作小结的基础上,对本井进行全面的地质工作总结,编制各种成果图,写出完井地质总结报告。

第一节 录井资料的整理

地质录井最根本的任务就是取全、取准直接或间接反映地下地质情况的各项数据、资料,及时、准确发现油、气、水层,预测钻进过程中可能会遇到的各种井下复杂情况。不同的井别地质任务不同,因而录取资料的要求也不同。但不管录取的是什么资料和数据,都要对各项原始录井资料进行整理,去粗取精,便于进一步深入研究。

一、岩心录井综合图的编制

岩心录井综合图是在岩心录井草图的基础上综合其他资料编制而成。它是反映钻井取心井段的岩性、含油性、电性、物性及其组合关系的一种综合图件,其编制内容和项目见图5-1。由于地质、钻井工艺方面的各种因素影响(如岩性、取心方法、取心工艺、操作技术水平等),并非每次取心的收获率都能达到百分之百,而往往是一段一段的,不连续的。为了真实地反映地下岩层的面貌,需要恢复岩心的原来位置。又因岩心录井是用钻具长度来计算井深,测井曲线则以井下电缆长度来计算井深,钻具和电缆在井下的伸缩系数不同,这样,录井剖面与测井曲线之间在深度上就有出入。而油气层的解释深度和试油射孔的深度都是以测井电缆深度为准,所以要求录井井段的深度与测井深度相符合。因此在岩心资料的整理、编图过程中,就按岩电关系把岩心分配到与测井曲线相对应的部位中去,未取上岩心的井段,则依据岩屑、钻时等资料及测井资料来判断未取上岩心井段的地层在地下的实际面貌,如实地反映在综合图上。通常把这一项编制岩心录井图的工作叫做岩心"归位"或"装图"。

1. 准备工作

准备岩心描述记录本,1:50 或 1:100 的岩心录井草图和放大测井曲线。

编图前,应系统地复核岩心录井草图,并与测井图对比。如有岩性定名与电性不符或岩心倒乱时,需复查岩心落实。

2. 编图原则

以筒为基础,以标志层控制,破碎岩石拉、压要合理,磨光面、破碎带可以拉开解释,破碎带及大套泥岩段可适当压缩。每 100m 岩心泥质岩压缩长度不得大于 1.5m;碎屑岩、火成岩、碳酸盐岩类除在破碎带可适当压缩外,其他部位不得压缩。最大程度地做到岩性和电性相吻合,恢复油层和地层剖面。

3. 编图方法

(1) 校正井深

编图时,首先要找出钻具井深与测井井深之间的合理深度差值,并在编图时加以校正。为了准确地找出深度差值,使岩性和电性吻合,就要选择统计编图标志层(岩性特殊、电性反映明显的层)。同时地质人员要掌握各种岩层在常用测井曲线上的反映特征(表 5-1)。

表 5-1 各种岩层在不同测井曲线上的响应特征

测井 岩层	电阻率 ($\Omega \cdot m$)	自然 电位 (mV)	井径 (cm)	微电极 ($\Omega \cdot m$)	微侧向 ($\Omega \cdot m$)	感应真 电阻率 ($\Omega \cdot m$)	声波 时差 ($\mu s \cdot m$)	放射性		井温 (℃)
								自然 伽马	中子 伽马	
砾石层	高	负	$\geq d_0$ (钻头)	峰状高	峰状高	高	中— 较大	较低	较高	

续表

测井 岩层	电阻率 ($\Omega \cdot m$)	自然 电位 (mV)	井径 (cm)	微电极 ($\Omega \cdot m$)	微侧向 ($\Omega \cdot m$)	感应真 电阻率 ($\Omega \cdot m$)	声波 时差 ($\mu s \cdot m$)	放射性 自然伽马	放射性 中子伽马	井温 (℃)
砂岩	中值	负	$\leq d_0$	次低 (正差异)	中值	中值	大 250 ± 1	次低 或中等	较高	
泥岩	较低	偏正	一般 $>d_0$	最低"0" (无差异)	中— 较低	低	小	最高	很低	
页岩	较低	偏正	$>d_0$	低(无或 负差异)	中— 较低	低	小	高	低	
油页岩	尖高状	一般 偏正	$\geq d_0$	峰状高 (无差异)	高	低—中	小	较高	较低	
石膏	峰状高	偏正	$\geq d_0$	高尖状 (无差异)	高尖状	高	中	低	高	
硬石膏	很高	偏正	$\geq d_0$	高 (无差异)	高尖状	高	中	低	高	
钠盐层	低	负 (偶正)	$>d_0$	最低"0"	最低	不规则	小	较低	较低	升高
钾盐层	低	负 (偶正)	$>d_0$	最低	最低	不规则	小	高	较高	升高
高岭土	中值	偏正	$\geq d_0$	次高	次高	中—高	中值	较高	较低	
白垩土	较高	一般 偏负	$\geq d_0$	较高(近 无差异)	较高	较高	小			
泥灰岩	较高	正或 稍偏负	$\approx d_0$	高 (有差异)	高	较高	较小	高	较低	
石灰岩	高	平缓大 段偏负	$\leq d_0$	高	高	高	很小	低	高	
白云岩	高	平缓大 段偏负	$\leq d_0$	高	高	高	很小	低	高	
玄武岩	很高	常微 偏负	$\approx d_0$	高	高	高	小			
花岗岩	很高		$=d_0$	高	高	高	小			

一般将正式测井图(放大曲线)和岩心草图比较,选用连根割心、收获率高的岩心中的相应标志层(如灰岩、灰质砂岩、厚层泥岩或油层、煤层或致密层的薄夹层等)的井深(即岩心描述记录计算出的相应标志层深度——钻具深度)与测井图上的相应界面的井深相比较,并以测井深度为准,确定岩心剖面的上移或下移值。若标志层的钻具深度比相对应的测井标志层小,那么岩心剖面就应下移,反之,就上移,使相应层位岩性、电性完全符合。如图5-2,测井曲线解释标志层灰质砂岩的顶界面深度为1648.7m,比岩心录井剖面的深度1648m要深0.7m,其差值为岩电深度误差,校正时要以测井深度为准,而把岩心剖面下移0.7m。

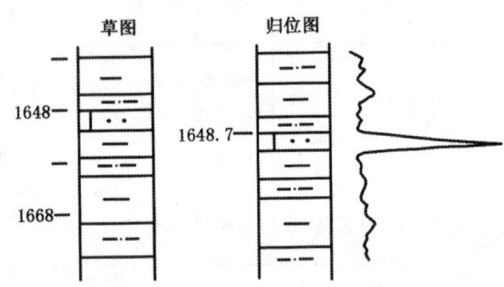

图5-2 岩心深度校正示意图

如果岩心收获率低,还需参考钻时曲线的变化,求出几个深度差值,然后求其平均值,这个平均值具有一定的代表性。如果取心井段较长,则应分段求深度差值,不能全井大平均或只求一个深度差值。间隔分段取心时,允许各段有各段的上提下放值。深度差值一般随深度的增加而增加。

(2)取心井段的标定

钻具井深与测井井深的合理深度差值确定以后,就可以标定取心井段。取心井段的标定应以测井深度为准。对一筒岩心而言,该筒岩心顶、底界的测井深度就是该筒岩心顶、底界的钻具深度加上或减去合理深度差值。如图5-1,第一、二、三筒岩心的合理深度差值为0.26m,第一筒岩心的顶界钻具深度是2712.00m,那么归位后顶界深

度应为

$$2712.00 + 0.26 = 2712.26m$$

即第一筒岩心顶界的位置就应画在测井深度2712.26m处。

(3) 绘制测井曲线

测井曲线是根据测井公司提供的1:100标准测井放大曲线透绘而成,或者计算机直接读取测井曲线数据自动成图。手工透绘时要求曲线绘制均匀、圆滑、不变形,深度及幅度偏移不得超过0.5mm,计算机自动成图时数据至少为8点/m。两次测井曲线接头处不必重复,以深度接头即可,但必须在备注栏内注明接图深度及测井日期。如果曲线横向比例尺有变化或基线移动时,也需在相应深度注明。

(4) 以筒为基础逐筒装图

岩心剖面以粒度剖面格式按规定的岩性符号绘制,装图时以每筒岩心作为装图的一个单元,余心留空位置,套心拉至上筒,岩心位置不得超越本筒下界(校正后的筒界)。

(5) 标志层控制

先找出取心井段内最上一个标志层归位,依次向上推画至取心井段顶部,再依次向下画。如缺少标志层,则在取心井段上、中、下各部位选择几段连续取心收获率高的岩心,结合其中特殊岩性,落实在测井图上归位卡准,以本井的岩心描述累计长度逐筒逐段装进剖面,达到岩电吻合。

(6) 合理拉、压

对于分层厚度(岩心长度)大于解释厚度的泥质岩类,可视为由于岩心取至地面,改变了在井下的原始状态而发生膨胀,可按比例压缩归位,达到测井曲线解释的厚度,并在压缩长度栏内注明压缩数值。对破碎岩心的厚度丈量有误差时,可分析破碎程度及破碎状况,按测井曲线解释厚度消除误差装图。若岩心长度小于解释厚度,而且岩心存在磨损面,可视为取心钻进中岩心磨损的结果。根据岩电关系,结合岩屑资料,在磨光面处拉开,使厚度与测井曲线解释厚度一致。

(7) 岩层界线的划分

岩层界线的划分以微电极曲线为主,综合考虑自然电位、2.5m底部梯度电阻率、自然伽马等曲线进行划分。用微梯度曲线的极小值和极大值划分小层顶、底界，特殊情况参考其他曲线。若岩电不符，应复查岩心。复查无误时应保留原岩性，并在"岩性及油气水综述"一栏说明岩电不符，岩性属实。不同颜色同一岩性，在岩性剖面栏内不应画出岩性分界线；同一种颜色不同岩性，在颜色栏中不应画出颜色分界线。

(8)岩心位置的绘制

岩心位置以每筒岩心的实际长度绘制。当岩心收获率为100%时，应与取心井段一致；当岩心收获率低于100%或大于100%时，则与取心井段不一致；为了看图方便，可将各筒岩心位置用不同符号表示出来，如图5-1中第一筒为细线段，第二筒为粗线段，第三筒又为细线段……

(9)样品位置标注

样品位置就是在岩心某一段上取供分析化验用的样品的具体位置。在图上标注时，用符号标在距本筒顶界的相应位置上。根据样品距本筒顶界的距离标定样品的位置时，其距离不要包括磨光面拉开的长度，但要包括泥岩压缩的长度。样品位置是随岩心拉、压而移动的，所以样品位置的标注必须注意综合解释时岩心的拉开和压缩。

(10)岩性厚度标注

在岩心录井综合图中，除泥岩和砂质泥岩外，其余的岩性厚度均要标注。当油层部分含油砂岩实长与测井解释有明显矛盾时，综合解释厚度与测井解释厚度误差若大于0.2m，应在油、气层综合表中的综合解释栏内注明井段。

(11)化石、构造、含有物、井壁取心的绘制

化石、构造、含有物、井壁取心均按统一规定的符号绘在相应深度上。绘制时应与原始描述记录一致，还应考虑压缩和拉长。

(12)分析化验资料的绘制

岩心的孔隙度、渗透率等物性资料，均由化验室提供的成果按一定比例绘出。绘制时要与相应的样品位置对应。

(13)测井解释和综合解释成果的绘制

测井解释成果是由测井公司提供的解释成果用符号绘在相应的深度上。

综合解释成果则是以岩心为主,参考测井资料、分析化验资料以及其他录井资料对油、气、水层作出的综合解释。绘制时也用符号画在相应深度上。

(14)颜色符号、岩性符号的绘制

颜色符号、岩性符号均按统一图例绘制。岩心拉开解释的部分只标岩性、含油级别,但不标色号。

最后,按照要求将检查、修改、整理、绘制图例等工作做完,就完成了岩心录井综合图的编绘工作。

至于碳酸盐岩岩心录井综合图的编绘,其编绘原则和方法与一般的岩心录井综合图的编绘方法大体相同,只是项目内容上略有不同。

二、岩屑录井综合图的编制

岩屑录井综合图是利用岩屑录井草图、测井曲线,结合钻井取心、井壁取心等各种录井资料综合解释后而编制的图件。深度比例尺采用1:500。由于岩屑录井和钻时录井的影响因素较多,因此在取得完钻后的测井资料后,还需进一步依据测井曲线进行岩屑定层归位。分层深度以测井深度为准,岩性剖面层序以岩屑录井为基础,结合岩心、井壁取心资料卡准层位。

1. 准备工作

准备岩屑描述记录本,1:500 的岩屑录井草图和测井曲线。

2. 校正井深

选取在钻时曲线、测井曲线(主要是利用 2.5m 底部梯度视电阻率、自然电位、双侧向、自然伽马等曲线)都有明显特征的岩性层来校正,把录井草图与测井曲线的标志层进行对比,找出二者之间深度的系统误差值,然后决定岩性剖面应上移或下移。如测井深度比录井深度小,应把剖面上移,如测井深度比录井深度大,应把剖面下移(具体方法与岩心录井综合图的校正方法相似)。

3. 编绘步骤

(1)按照统一图头格式绘制图框

图框可按图 5-3 的格式绘制。若个别栏内曲线绘制不下,可适当增加宽度。

(2)标注井深

在井深栏内每 10m 标注一次,每 100m 标注全井深。完钻井深为钻头最终钻达井深。

(3)绘制测井曲线

测井曲线是根据测井公司提供的 1∶500 标准测井曲线透绘而成,或者计算机直接读取测井曲线数据自动成图。其他要求和方法与岩心录井图中的绘制测井曲线的要求和方法相同。

(4)绘制气测、钻时曲线及槽面油、气、水显示

气测、钻时曲线是用综合录井仪或气测录井仪所提供的本井气测钻时资料,选用适当的横向比例尺,分别在气测、钻时栏内相应的深度点出气测、钻时值,然后用折线和点划线分别连接起来。或者由计算机读取气测、钻时数据,实现自动成图。

绘制槽面油、气、水显示时,应根据测井与录井在深度上的系统误差,找出相应层位,用规定符号表示。

(5)绘制井壁取心符号

井壁取心用统一符号绘出,尖端指向取心深度。当同一深度取几颗心时,仍在同一深度依次向左排列。一颗心有两种岩性时,只绘主要岩性。综合图上井壁取心总数应与井壁取心描述记录相一致。

(6)绘制化石、构造及含有物符号

化石、构造及含有物用符号在综合图相应深度上表示出来。少量、较多、富集分别用"1"、"2"、"3"表示。绘制时,可与绘制岩性剖面同时进行。

(7)绘制岩性剖面

岩性剖面综合解释结果按粒度剖面基本格式和统一的岩性符号绘制。在一般情况下,同一层内只绘一排岩性符号,不必画分隔线。但对一些特殊岩性,如灰岩、白云岩、油页岩等应根据厚度的大小适当加画分隔线。

(8)标注颜色色号

颜色色号也按统一规定标注。如果岩石定名中有两种颜色时,可并列两种色号,以竖线分开,左侧为主要颜色,右侧为次要颜色。标注

×××坳陷×××构造
×××井岩屑录井综合图

地理位置		录井小队	
构造位置		开钻日期	
坐标	纵(X)	设计井深	完钻日期
	横(Y)	完钻井深	完井日期
海拔	地层	井底层位	套管程序
设效	补心		
绘图人		校对人	审核人

1:500

地层		气测曲线 组分含量(%)					钻时曲线 (min/m)	自然电位曲线 (mV)	井深 (m)	颜色	岩性剖面	结构构造及含有物	取心井段心壁	2.5m视电阻率曲线 (Ω·m)	开槽漏星放空显示	钻井液曲线 相对密度 1.00 1.50 2.00 漏斗粘度(s) 45 90	地化解释	综合测井解释	岩性及油气水综述
界系统组段		C_1	C_2	C_3	iC_4	nC_4	0 20	300 120 207						0 20	120 18				井段2306.00~2388.50m，岩性以灰色泥岩、砂质泥岩为主，夹灰色泥质细砂岩、粉砂岩、泥质砂岩及一层灰白色含砾砂岩。岩性自下面上由细变粗，形成一个反旋回。
新下第三系沙沙	90							3×ϕ311mm 120 自然电位曲线 207	10 20 30 40	14 13 14 13				2.5m视电阻率曲线					

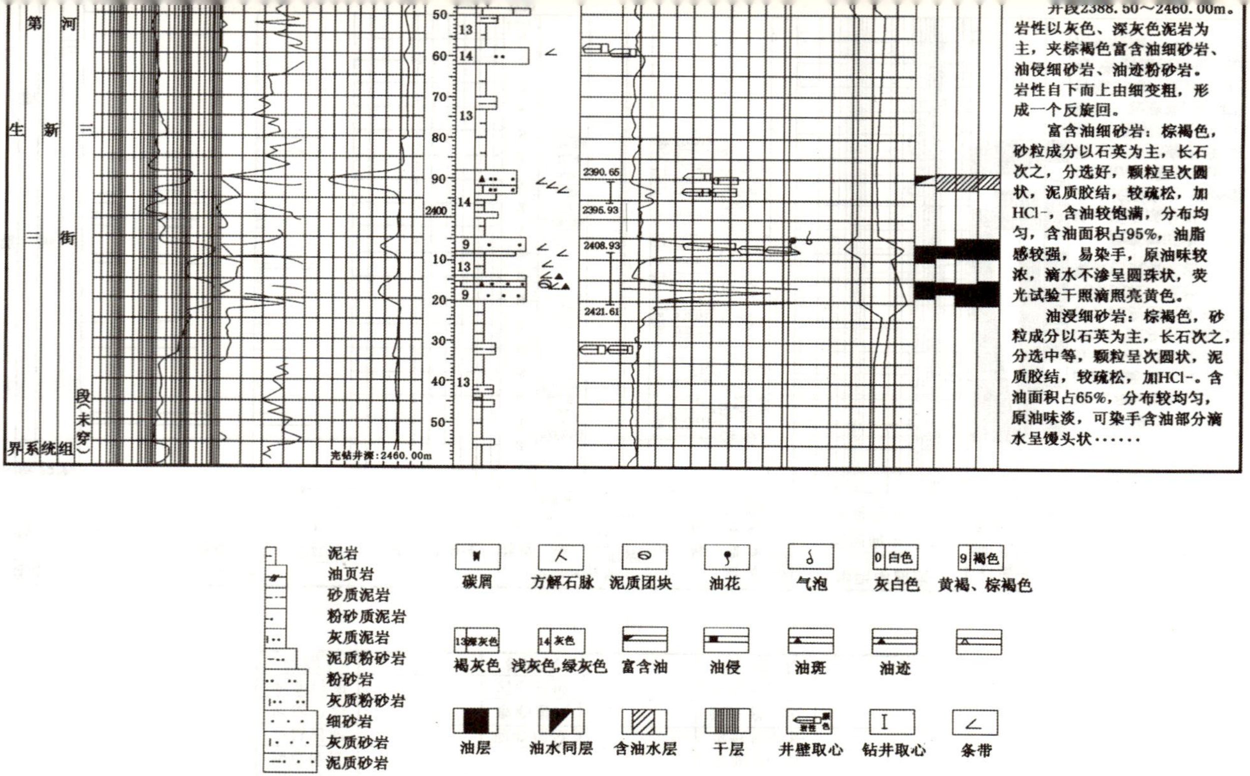

界系统组
第 河
生 新 三
三 街
段(未穿)
完钻井深:2460.00m
2390.65
2395.93
2408.93
2421.61
井段2388.50～2460.00m。岩性以灰色、深灰色泥岩为主，夹棕褐色富含油细砂岩、油侵细砂岩、油迹粉砂岩。岩性自下而上由细变粗，形成一个反旋回。
富含油细砂岩：棕褐色，砂粒成分以石英为主，长石次之，分选好，颗粒呈次圆状，泥质胶结，较疏松，加HCl-，含油较饱满，分布均匀，含油面积占95%，油脂感较强，易染手，原油味较浓，滴水不渗呈圆珠状，荧光试验干照滴照亮黄色。
油浸细砂岩：棕褐色，砂粒成分以石英为主，长石次之，分选中等，颗粒呈次圆状，泥质胶结，较疏松，加HCl-。含油面积占65%，分布较均匀，原油味淡，可染手含油部分滴水呈馒头状……
泥岩
油页岩
砂质泥岩
粉砂质泥岩
灰质泥岩
泥质粉砂岩
粉砂岩
灰质粉砂岩
细砂岩
灰质砂岩
泥质砂岩
碳屑
方解石脉
泥质团块
油花
气泡
灰白色
黄褐、棕褐色
褐灰色
浅灰色,绿灰色
富含油
油侵
油斑
油迹
油层
油水同层
含油水层
干层
井壁取心
钻井取心
条带

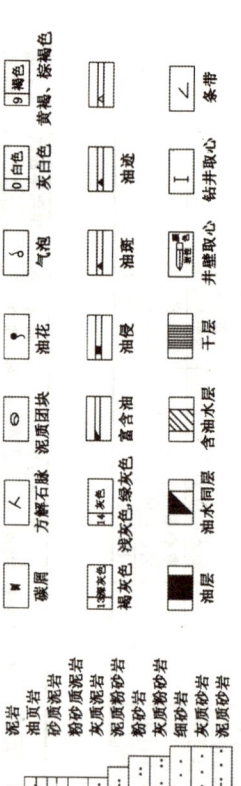

图5-3　岩屑录井综合图

色号往往与岩性剖面的绘制同时进行。

（9）抄写岩性综述

把事先已写好的岩性综述抄写到综合图上，要求字迹工整，文字排列疏密得当。

（10）绘制测井解释成果

根据测井解释成果表所提供的油、气、水层的层数、深度、厚度，按统一图例绘制到测井解释栏内。

（11）绘制综合解释成果

综合解释的油、气、水层也按统一规定的符号绘制。绘制时应与报告中的附表3的综合解释数据一致。

最后，写上地层时代，绘出图例，并写上图名、比例尺、编绘单位、编绘人等内容，一幅完整的岩屑录井综合图就绘制完了。

绘制录井综合图时，并不一定非要根据上述步骤按部就班地进行。可以从实际情况出发，灵活掌握，穿插进行。

此外，碳酸盐岩的岩屑录井综合图编制方法与上述基本相同，只是内容上略有差别。

随着计算机技术的应用，大多数的录井公司均已利用计算机来编制岩心、岩屑录井图，实现了计算机化，提高了工作效率。但是由于受地质、钻井工艺等多种因素的影响，计算机尚不能完全自动解释岩性剖面和油气水层，还需要人工干预。

4. 综合剖面的解释

综合剖面的解释是在岩屑录井草图的基础上，结合其他各项录井资料，综合解释后得到的剖面。它与岩屑录井草图上的剖面相比，更能真实地反映地下地层的客观情况，具有更大的实用价值。

（1）解释原则

1）以岩心、岩屑、井壁取心为基础，确定剖面的岩性，利用测井曲线卡准不同岩性的界线，同时必须参考其他资料进行综合解释。

2）油气层、标准层、标志层是剖面解释的重点，对其深度、厚度均应依据多项资料反复落实后才能最后确定。

3）剖面在纵向上的层序不能颠倒，力求反映地下地层的真实情况。

(2)解释方法

1)岩性的确定:岩性确定必须以岩心、岩屑、井壁取心为基础,其他资料只作参考。具体确定方法是:首先将录井剖面与测井曲线进行比较,查看哪些岩性与电性相符,哪些不符(应考虑测井与录井在深度上的深度误差);然后把录井剖面中的岩性与电性相符的层次,逐一画到综合剖面上去。这些层次即为综合解释后的岩性。对录井剖面中的岩性与电性不符者,可查看录井剖面中该层次上、下各一包岩屑中所代表的岩性。若这种岩性与电性相符合,即可采用为综合剖面中该层的岩性;若上、下各一包的岩性均与电性不符,又无井壁取心资料供参考,则应复查岩屑。

确定岩性时,一般岩性单层厚度如果小于0.5m,可不进行解释,可作夹层理;但标准层、标志层及其他有意义的特殊岩性层,尽管厚度小于0.5m,也应扩大到0.5m进行解释。

2)分层界线的划分:综合解释剖面的深度以1:500标准曲线的深度为准,故地层分层界线的划分也以标准测井曲线的2.5m底部梯度、自然电位、自然伽玛(碳酸盐岩或复杂岩性剖面时)等曲线为主,划分各层的顶、底界。必要时也参考组合测井中的微电极等测井曲线。具体确定方法是:以2.5m底部梯度曲线的极大值和自然电位的半幅点划分高阻砂岩层的底界,而以2.5m底部梯度曲线的极小值和自然电位的半幅点划分高阻砂岩层的顶界。

对一些特殊岩性层及有意义的薄层,标准曲线上不能很好地反映出来,可根据微电极或其他曲线划出分层界线。

对测井解释的油、气层界线,根据测井解释成果表提供的数据在剖面上画出,并应与油、气层综合表数据一致。油层中的薄夹层,小于0.2m的不必画出,大于0.2m者扩大为0.5m画出。

一般情况下不同岩性的分层界线应画在整格毫米线上,而测井解释的油、气层界线则不一定画在整格毫米线上,以实际深度画出即可。

(3)解释过程中几种情况的处理

1)复查岩屑:复查岩屑时可能出现三种情况;一是与电性特征相符的岩性在岩屑中数量很少,描述过程中未能引起注意,复查时可以找到;二是描述时判断有错,造成定名不当;三是经过反复查找,仍未找到与电性相符的岩性。对前两种情况的处理办法是:综合剖面相应层次可采用复查时找到的岩性,并在描述记录中补充复查出的岩性。对最后一种情况的处理应持慎重态度,可再次仔细分析各种测井资料,把该层与上下邻层的电性特征相比较,若特征一致,可采用邻层相似的岩性,但必须在备注栏内加以说明。

还有一种情况是经多次复查,并经多方面分析后,证实原来描述的正确,而测井曲线反映的是一组岩层的特征,其中的单层未很好地反映出来。此时综合剖面上仍采用原来所描述的岩性。

复查岩屑时,一般应在相应层次的岩屑中查找。但由于岩屑捞取时,上返时间可能有一定误差,因此当在相应层次找不到需要找的岩性时,也可在该层的上、下各一包岩屑中查找,所找到的岩性(指需要找的岩性)仍可在综合剖面中采用。必须注意的是,绝不能超过上、下一包岩屑的界线,否则,解释剖面将被歪曲。

2)井壁取心的应用:井壁取心在一定程度上可以弥补钻井取心和岩屑录井的不足,但由于井壁取心的岩心小,收获率受岩性影响较大,所以井壁取心的应用有一定的局限性。

井壁取心与测井曲线和岩屑录井的岩性有时是符合一致的,有时也是不符合的,或不完全符合的。不符合时常有以下几种情况:井壁取心岩性和岩屑录井的岩性不一致,而与电测曲线相符,这时综合解释剖面可用井壁取心的岩性。另外一种情况是,井壁取心岩性与岩屑录井的岩性一致,而与电测曲线不符,此时井壁取心实际上是对岩屑录井的证实,故综合解释剖面仍用岩屑录井的岩性。第三种情况是,井壁取心岩性与岩屑录井岩性不一致,且与电测曲线不符,此时井壁取心岩性就作为条带处理。

在油、气层井段应用井壁取心时,尤其应当慎重,否则会造成油、气层解释不合理,给勘探工作带来影响。若井壁取心岩性与岩屑录井的岩性、电性不符,可采用前面的办法处理。若井壁取心的含油级别与原岩屑描述的含油级别不符,不能简单地按条带处理,应再复查相应层次的岩屑后,再作结论。

在实际应用井壁取心资料时,将会遇到比前面所讲的更为复杂的情况。如同一深度取几颗岩心,彼此不符;或者同一厚层内取几颗岩心,彼此不符等等。因此,在应用井壁取心资料时,应当综合分析,仔细工作,才能做到应用恰当,解释合理。

3)标准测井曲线与组合测井曲线的深度有误差,且误差在允许的范围之内时,应以标准测井曲线的深度为准,即用2.5m底部梯度电阻率曲线、自然电位曲线或自然伽马曲线划分地层岩性和分层界线。当2.5m底部梯度曲线与自然电位曲线深度有误差(误差范围仍在允许范围之内)时,不能随意决定以某一条曲线为准划分地层界线,而应把这两条曲线与其他的曲线进行对比,看它们之中哪一条与别的曲线深度一致,哪一条不一致。对比以后,就可采用与别的曲线深度一致的那一条曲线,作为综合解释剖面的深度标准。

(4)解释过程中应注意的事项

1)综合剖面解释的过程实质上就是分析、研究各项资料的过程。因此,只有充分运用岩屑、岩心、井壁取心、钻时及各种测井资料,综合分析,综合判断,才能使剖面解释更加合理,建立起推不倒的"铁柱子"。

2)应用测井曲线时,在同一井段必须用同一次测得的曲线,而不能将前后几次的测井曲线混合使用;否则,必将给剖面的解释带来麻烦。

3)全井剖面解释原则必须上下一致。若解释原则不一致,不仅会影响剖面的质量,还将使剖面不便于应用。

4)综合解释剖面的岩层层序应与岩屑描述记录相当。否则,应复查岩屑,并对岩屑描述记录作适当校正。在校正描述记录时,如果一包岩屑中,有两种定名。其层序与综合剖面正好相反,则不必进行校正。

5. 岩性综述方法

岩性综述就是将综合解释剖面进行综合分层以后,用恰当的地质术语,概括地叙述岩性组合的纵向特征,然后重点突出、简明扼要地描述主要岩性、特殊岩性的特征及含油气水情况。

(1)岩性综述分层原则

在进行岩性综述时,首先应当恰当地分层,然后根据各层的岩性特征,用精炼的文字表达出来。分层时,一般应遵循下列原则:

1)沉积旋回分层:在岩性剖面上如果自下而上地发现有由粗到细的正旋回变化特征,或有由细到粗的反旋回变化特征,依据地层的这个特征就可进行分层。一般可将一个正旋回、或一个反旋回、或一个完整的旋回分成一个综述层,不应再在旋回中分小层。如图5-3,整个岩性剖面可划分为两个旋回。第一个旋回井段2306.00~2388.5m,岩性以灰色、深灰色泥岩、砂质泥岩为主,夹灰色泥质细砂岩、粉砂岩、泥质砂岩及一层灰白色含砾砂岩。岩性自下而上由细变粗,形成一个反旋回。第二个旋回井段2388.50~2460.00m,岩性以灰色、深灰色泥岩为主,夹棕褐色富含油细砂岩、油侵细砂岩、灰色油斑灰质砂岩、油斑粉砂岩、油迹粉砂岩。岩性自下而上由细变粗,形成一个反旋回。

2)岩性组合关系分层:在剖面中沉积旋回特征不明显时,常以岩性组合关系分层。

3)对标准层、标志层、油层及有意义的特殊岩性层或组段应分层综述。如生物灰岩段和白云岩段,应分层综述。

4)分层厚度一般控制在50~100m之间,如果是大套泥岩或一个大旋回,其厚度虽大于100m,也可按一层综述。

5)分层综述不能跨越各组段的地层界线。如胜利油田不能把馆陶组和东营组,或沙一段和沙二段分在同一层内综述。

(2)岩性综述应注意的事项

1)叙述岩性组合的纵向特征时,对该段内的主要岩性及有意义和较多的夹层岩性必须提到,而对零星分布,不代表该段特征的一般岩性薄夹层,可不提及。但叙述中所提到的岩性,剖面中必须存在。一般的薄夹层无须说明层数,而特殊岩性层应说明层数。凡说明层数的应与剖面符合一致。

2)综述时,在每一个综述分层中,一般岩性不必每种都描述,或者同一岩性只在第一个综述分层中描述,以后层次如无新的特征,不必再描述;标准层,标志层,特殊岩性层,油、气层等在每一个综述分层中都必须描述。

对各种岩性进行描述时,不必像岩屑描述那样细致、全面,只要抓住重点,简明扼要地说明主要特征即可。

3)在综述中,叙述各种岩性和不同颜色时,应以前者为主,后者次之。如浅灰色细砂岩、中砂岩、粉砂岩夹灰绿、棕红色泥岩这一叙述中,岩性是以细砂岩为主,中砂岩次之,粉砂岩最少;颜色则以灰绿色为主,棕红色次之。如果两种颜色相近,可用"及"表示,如棕及棕褐色含油细砂岩。同类岩性不同颜色可合并描述,如紫红、灰、浅灰绿色泥岩。同种颜色不同岩性则不能合并描述。如泥岩、砂岩、白云岩都为浅灰色,描述时不能描述成浅灰色泥岩、砂岩、白云岩,而应描述成浅灰色泥岩、浅灰色砂岩、浅灰色白云岩。但砂岩例外,不同粒级的砂岩为同一颜色时,可合并描述,如灰白色中砂岩、粗砂岩、细砂岩。

4)要恰当运用有关地质术语,如互层、夹层、上部和下部、顶部和底部等。如果术语用得不当,不仅不能反映剖面的特征,而且还可能造成叙述的混乱。

上部和下部是指同一综述层内中点以上或以下的地层。顶部和底部是指同一综述层顶端或底端的一层或几个薄层。

夹层是指厚度远小于某种岩层的另一种岩层,且薄岩层被夹于厚岩层之中。如泥岩比砂岩薄得多,层数也仅有几层,都分布于厚层砂岩中,在叙述时,就可称砂岩夹泥岩。

互层则是指两种岩性间互出现的岩层。根据两种岩性厚度相等、大致相等或不等,可分别采用等厚互层、略呈等厚互层、不等厚互层这些地质术语予以描述。

5)在综述岩性特征时,对新出现的和具有标志意义的化石、结构、构造及含有物应在相应层次进行扼要描述。

6)综述分层的各层上下界线必须与剖面的岩性界线一致。若内容较长,相应层内写不完需跨层向下移动时,可引出斜线与原分层线相连,避免造成混乱。

三、油、气、水层的综合解释

钻井的根本目的是找油、找气,要找油、找气就必须取全取准各项地质资料。油、气、水层的综合解释是完井地质资料整理的主要内容之一。通过分析岩心、岩屑等各种录井资料、分析化验资料及测井资料,找出录井信息、测井物理量与储层岩性、物性、含油性之间的相关关系，结合试油成果对地下地层的油气水层进行判断，是综合解释的最终目的。油、气层解释合理，能够反映地下实际情况，就能彻底解放油、气层，把地下的油、气资源开采出来为人类服务；反之，如果解释不合理，就可能枪毙油、气层，使地下油、气资源不能开采出来，或者延期开采，以致影响整个油、气田的勘探开发。可见，做好完井后油、气层的综合解释，是一项十分重要的工作。

1. 解释原则

（1）综合应用各项资料

综合解释必须以岩屑、岩心、井壁取心、钻时、气测、地化、罐装样、荧光分析、槽面油、气显示等第一性资料为基础，同时参考测井、分析化验、钻井液性能等项资料，经认真研究、分析后做出合理的解释。

（2）必须对所有显示层逐层进行解释

综合解释时，首先应对全井在录井过程中发现的所有油、气显示层逐一进行分析，然后根据实际资料做出结论。不能凭印象确定某些层是油、气层，而对另一些层则不做工作，随意否定。

（3）要重视含油级别的高低

要重视录井时所定的含油级别的高低，但不能简单地把含油级别高的统统定为油层，把含油级别低的一律视为非油层。事实上，含油级别高的不一定是油层，而含油级别低的也不一定就不是油层。因此，综合解释时一定要防止主观片面性，综合参考各项资料，把油层一个不漏地解释出来。

（4）槽面显示资料要认真分析，合理应用

槽面油、气显示能在一定程度上反映出地下油、气层的能量。在钻井液性能一定的情况下，油、气显示好，说明油、气层能量大；油、气显示差说明油、气层能量小。但由于钻井液性能的变化，将使这种关系变得复杂。如同一油层，当钻井液密度较大时，显示不好，甚至无显示；而当钻井液密度降低后，显示将明显变好。所以，在应用槽面油、气显示资料时，要认真分析钻井液性能资料。

(5)正确应用测井解释成果

测井解释成果是油、气层综合解释的重要参考数据,但不是唯一的依据,更不能测井解释是什么就是什么,测井未解释的层次,综合解释也不解释。常有这样的情况,测井解释为油、气层的层,经综合解释后不一定是油、气层;或者测井未解释的层,经分析其他资料后,可定为油、气层。

(6)对复杂的储集层要做具体分析

对"四性"关系不清楚的特殊岩性储集层,测井解释的准确性较低,有时会把不含油的层解释为油层,或者油层厚度被不恰当地扩大。在这种情况下,不应盲目地把凡是测井解释为油层的层都解释为油层,且在剖面上画上含油的符号,或者不加分析地把原来较小的厚度扩大到与测井解释的厚度相符。此时,应进一步综合分析各项资料,反复核实岩性、含油性及其厚度,然后进行综合解释,并在综合图剖面上画以恰当的岩性、厚度及含油级别。

2. 解释方法

(1)收集相关资料

收集邻井地质、试油及测井等资料,熟悉区域油气层特点,掌握油气水层在录井资料、测井曲线上的响应特征(见表5-2和表5-3)。

表5-2 油、气、水层在录井资料中的显示

油气水层	钻时	岩屑岩心录井反应特征	泥浆槽面显示	气测				钻井液性能						钻井液量变化
				全烃	重烃	组分含量(%)		后效	密度	粘度	失水	泥饼	切力	含砂	氯根	
						甲烷	重烃	非烃								
气层	↓	可见缝洞矿物或疏松砂岩,有乳黄或天蓝色荧光	槽面可见鱼子大小的小气泡,好者"气侵"、"井涌",高压者甚至"井喷"。	↑↑	↑	最高>90%	< 10%	很低	明显	↓	稍减	稍减	稍减	↗	↑↑
油层	↓	可见"油砂"或散状砂岩,干照呈褐黄或金黄色荧光,滴水呈圆珠状	槽面可闻到芳香味有时见油花,零星状或条带状分布	↗	↗	高<90%	高>10%	低<15%	明显	↓	↓↓	稍增			↗	稍增

续表

油气水层	钻时	岩屑岩心录井反应特征	泥浆槽面显示	气测					钻井液性能						钻井液量变化
				全烃	重烃	组分含量(%)			后效	密度	粘度	失水	泥饼	切力	含砂	氯根	
						甲烷	重烃	非烃									
油水同层	↘	可见"油侵"或"油斑",砂岩,滴水呈珠状—半圆状,含油岩屑、岩心部分发黄	槽面有时见油花,呈零星状或条带状分布	↗	较高	<55%	高15%~45%	较高	较明显	稍减	稍增	稍减	稍减	稍增	稍减	稍增	↗
盐水层	↘	岩屑、岩心有时可见溶蚀状态,岩屑、岩心发白,易受潮	钻井液水变咸,有时见槽面上漂浮有白色小点或泡沫,无芳香味	↗	高	低<10%	很高>45%		有	据钻井液而定	稍减	稍增	稍减		稍增	↑↑	据产层压力而变,中压层↗
淡水层	↘	岩屑、岩心较清洁,为"白砂子",岩屑有时亦可见溶蚀特征,易受潮	钻井液流动性变好,颜色变浅,有时见较大的气泡,无芳香味	↗	不高	低<10%	很高>45%		有	据钻井液而定	稍增	↑↑	稍减		稍增	↓↓	据产层压力而变,中压层↗
备注	要考虑地层背景和地面条件对井下钻头使用影响	岩屑代表性要好,分析要认真,情况要落实		要注意起下钻、接单根及钻井液性能影响		要注意取样条件及代表性			注意钻井液性能及循环周期	钻井液性能的变化要特别注意处理钻井液的影响、自然条件的影响及测定的人为误差								要除去地面人为影响
说明	↗及↑↑分别表示"增加"及"剧增",↘及↓↓分别表示"减小"及"剧减"																

表5-3 油、气、水层在常见测井曲线上的响应

项目 油气水层	电阻率 ($\Omega \cdot m$)	自然 电位 (mV)	井径 (cm)	微电极 ($\Omega \cdot m$)	微侧向 ($\Omega \cdot m$)	感应贯 电阻率 ($\Omega \cdot m$)	声波 时差 ($\mu s/m$)	放射性 自然伽马	放射性 中子伽马	井温 (℃)	流体	短电极 0.5m ($\Omega \cdot m$)	长电极 4m ($\Omega \cdot m$)	含油饱和度 (%)
气层	高	负	经常≤d_0	中值(正差异)	中值	高	最大	低	中低	低	升高	较高	高	
油层	高	负	经常≤d_0	中一较高(正差异大)	中值	很高	大(250±)	低	较低	偏低	升高	高	更高	较大
油水同层	较高	负	经常≤d_0	中值(正差异小)	中值	较高	较大	低	较低	稍高	与矿化度呈反变化	中值	上高下低	一般
盐水层或淡水层	特低	特负		低平(偶见负差异)	低平	低	大	不规则低	不规则低	高	与矿化度呈反变化	不高	低且平	小
备注	1. 电阻率:岩性越致密、含钙、含油、粒度越粗及所含电介物越少、泥质含量越少,电阻率相对越高,反之则越低。 2. 自然电位:当地层水矿化度大于泥浆矿化度时,曲线偏负。地层水矿化度越高,孔隙渗透性越好,泥钙质含量越低、地层中含流体越多,则曲线含量越大。当地层水矿化度小于泥浆矿化度时曲线偏正,影响幅度大小因素同上。 3. 自然伽马:泥质含量越多,放射性元素含量越多,则自然伽马值越高。 4. 进行判断时,要参恶上下部上,井径、地层水矿化度、地温、仪器探测深度、测速等影响。 5. 碳酸盐岩含油气层电阻率高、大缝洞层井径大。														

258

(2)准备数据

对录井小队上交的录井数据磁盘进行校验。校验时遇以下情况要对存盘数据进行修正。

1)原图上显示的数据应与磁盘中的数据相吻合,若不吻合应查明原因,逐一落实清楚;

2)草图、录井图中绘制数据已做修改,应检查修改是否合理;

3)发现数据异常、不准确,应查各项原始记录,落实数据的准确性;

4)深度重复或漏失;

5)气测有显示的层位,应判断显示的真实性;

6)后效测量数据是否完整、准确。

(3)深度归位

以测井深度为标准,根据标志层校正录井数据。各项录井数据,特别是显示层段的各项数据的深度归位,关系到录井数据的计算机解释成果的好坏和成果表数据的生成。对这类数据应考虑层位、深度的一致性与对应性。

(4)加载分析化验数据(磁盘数据)

将经过深度校正后的各项资料、数据加载到解释库中。

(5)分析目标层

对在各项录井资料、测井资料上有油气水显示的层及可疑层进行分析研究,根据其显示特征,结合邻井或区域上油气水层的特点做出初步评价。

(6)综合解释

按油气水层在各种资料上的显示特征进行综合解释,或利用加载到解释数据库中的数据,依据解释软件的操作说明进行解释得出结果,再结合专家意见进行人工干预,最后定出结论,自动输出成果图和数据表。

特别值得注意的是,一些特殊情况必须给予充分的考虑:

1)录井显示很好,测井显示一般。这种情况往往是稠油层、含油水层、低阻油层的显示,测井容易解释偏低,而录井则容易偏高。

① 稠油层、含油水层的岩心、岩屑、井壁取心常常给人含油情况很好的假象，这时应侧重其他录井信息如气测、罐顶气、定量荧光、地化等多项资料的综合分析，以获得较符合实际的结果。

② 低阻油层的电阻率与邻井水层比较接近，测井解释容易偏低。这时应侧重录井资料及地区性经验知识的综合应用，否则容易漏掉这类油层。

2）电性显示好，录井显示一般。这种情况通常是气层或轻质油层的特征，岩心、岩屑、井壁取心难以见到比较好的油气显示。这时应多注意分析气测、罐顶气、测井信息，否则容易漏掉这部分有意义的油层。

3）录井和测井显示都一般，但已发生井涌、井喷，喷出物为油气。这种情况往往是薄层碳酸盐岩油气层、裂缝性、孔洞性油气层的特征。这类储层一般均具有孔隙和裂缝双重结构，裂缝又具有明显的单向性，造成测井解释评价难度大。这时根据录井情况可大胆解释为油层或气层。

4）录井、测井显示一般，但显示层所处构造位置较高，且在较低部位见到了油层或油水同层。这种情况可解释为油层。

5）对于厚层灰岩、砾石层，其电性特征不明显，一般为高电阻，受电性干扰，测井解释难度大。这时应注重考虑岩石的含油程度、孔洞、裂缝等发育情况，最后做出综合解释。

总之，油气水层的综合解释过程是一个推理与判断的过程，并不是对各项信息等量齐观，也不是孤立地对某一单项信息的肯定与否定，而是把信息作为一个整体，通过分析信息的一致性与相异处，辩证地分析各项信息之间的相关关系，揭示地层特性，深化对地层中流体的认识，提供与地层原貌尽量逼近的答案，排除多解性。在推理与判断的过程中要注意各种环境因素的影响而导致综合信息的失真，同时还要注意储集层特性与油气水分布的一般规律与特殊性。特别是复式油气藏，由于沉积条件与岩性变化大、断层发育、油水分布十分复杂，造成各种信息的差异性。如果不注重这些特点，仅仅使用一般规律进行分析就容易出现判断上的失误。

四、填写附表

1. 钻井基本数据表(一)

填写内容按设计或实际发生的情况来填写,主要有:

1)地理位置;2)区域构造位置;3)局部构造;4)测线位置;5)钻探目的;6)井别;7)井队;8)大地坐标;9)海拔高度;10)设计井深,按地质设计填写;11)完钻井深;12)完钻依据:完成钻探任务、达到设计目的或事故完钻及因地质需要提前完钻;13)完井方法:裸眼完成法、套管完成法、射孔完成法、尾管完成法、筛管完成法、预应力完成法、先期防砂缠丝筛管完成法、不下油层套管完成法;14)开钻、完钻、完井日期;15)井底地层;16)钻井液使用情况;井段、相对密度、粘度。

2. 钻井基本数据表(二)

填写内容主要有:

1)地层分层:填写钻井地质分层,界、系、统、组、段;2)油气显示统计:岩性柱状剖面中所解释的各种级别含油气层的长度,分组或分段进行统计填写。

3. 钻井基本数据表(三)

填写内容主要有:

1)地层时代:填写组(段);2)综合解释油气层统计:按综合解释的油、气层等分别填写厚度和层数;3)缝洞情况统计:按不同时代地层填写不同级别的缝洞段长度;4)套管数据(表层、技术、油层):套管尺寸外径、壁厚、内径、套管总长、下入深度、套管头至补心距,联入、引鞋、不同壁厚下深、阻流环深、筛管井段和尾管下深;5)井斜情况:最大井斜(深度、方位、斜度)、阻流环位移、油层顶、底位移;6)固井数据(表层、技术、油层固井):水泥用量、替钻井液量、水泥浆平均相对密度、水泥塞深度、试压结果、固井质量。

4. 地质录井及地球物理测井统计表(四、五)

填写内容主要有:

1)钻井取心:层位,取心井段、进尺、心长、收获率、取心次数;2)井壁取心;3)岩屑录井、钻时录井情况;4)气测录井情况;5)荧光录井情况;6)钻井液录井情况;7)钻杆测试;8)电缆测试;9)地球物理测井情况。

5. 钻井取心统计表(六)

填写内容主要有：

1)层位:用汉字填写组(段);2)井段、进尺、心长;3)次数:即筒次;4)收获率;5)不含油岩心长度;6)含油气岩心长度。

6. 气测异常显示数据表(七)

填写内容主要有：

1)序号;2)层位;3)异常井段;4)全烃含量;5)比值:最大值与基值的比值;6)组分分析;7)非烃;8)解释成果。

7. 岩石热解地化解释成果表(八)

填写内容主要有：

1)序号;2)井段;3)岩性;4)S_0、S_1、S_2分析值;5)解释成果。

8. 地层压力解释成果表(九)

填写内容主要有：

1)序号;2)井段;3)层位组(段);4)"d"指数;5)压力梯度。

9. 碎屑岩油气显示综合表(十)

填写内容主要有：

1)序号;2)层位;3)井段;4)厚度(归位后的厚度);5)岩性:显示段主要含油气岩性;6)含油岩屑占定名岩屑的含量;7)钻时;8)气测:显示段最大全量值和甲烷值;9)钻井液显示:相对密度和漏斗粘度的变化值(如无变化填写恒定值),油、气泡分别填写占槽面百分比、槽面上涨高度;10)荧光显示:填写该层最好的荧光检查显示颜色和系列对比级别;11)井壁取心:分别填写含油、荧光及不含油的颗数;12)含油气岩心长度:岩心归位后对应显示层的各含油、含气岩心的长度;13)浸泡时间;14)测井参数及解释成果;15)综合解释成果。

10. 非碎屑岩油气显示综合表(十一)

填写内容主要有：

1)序号、层位、井段、厚度、井壁取心;2)钻井显示:井深、放空井段、井漏过程中钻井液总漏失量、喷出物及喷势和喷高;3)钻井液显示;4)含油气岩心长度;5)浸泡时间;6)井壁取心:显示层含油气或不含油气井壁取心颗数;7)测井参数及解释成果,综合解释成果。

11. 电缆重复(RFT)测试数据表(十二)

填写内容主要有:

1)序号;2)测试层位(组、段);3)测点井;4)测点的温度;5)测前钻井液静压、测后钻井液静压、地层压力;6)测前钻井液密度,测后钻井液密度;7)地层压力系数(即地层压力值与该点静水柱压力值之比)。

12. 钻杆测试(DST)数据表(十三)

填写内容主要有:

1)测试日期;2)测试仪器类型;3)油气显示井段;4)一开时间、二开时间、三开时间;5)油、气、水累计产量;6)油、气、水的日产量;7)原油相对密度;8)原油动力粘度;9)原油凝点;10)原油含水;11)天然气甲烷、乙烷、丙烷、丁烷;12)地层水氯离子、总矿化度;13)水型;14)地层水 pH 值。

13. 地温梯度数据表(十四)

填写内容主要有:

1)序号;2)层位;3)井深;4)测量点温度;5)地温梯度。

14. 分析化验统计表(十五)

填写内容主要有:

1)层位、井段;2)样品种类;3)分析项目。

15. 井史资料(十六)

按工序,以大事纪要方式填写,文字应简练。

第二节 完井地质总结报告的编写

不同类型的井,由于钻探目的和任务不同,取资料要求和完井资料整理的内容也不相同。开发井的主要任务是钻开开发层系,完井总结报告不写文字报告部分,仅有附表。评价井仅在重点井段录井,文字报告部分也较简单。探井(预探井、参数井)完井总结报告要求全面总结本井的工程简况、录井情况、主要地质成果,提出试油层位意见,并对本井有关的问题进行讨论,指出勘探远景。下面着重介绍探井完井总结报告的编写内容和要求。

一、前言

简明扼要地阐述本井的地理、构造位置,各项地质资料的录取情况和地质任务的完成情况。进行工作量统计,分析重大工程事故对录井质量的影响,对录井工作经验和教训进行总结。简要记述工程情况和完井方法。使用综合录井仪的井,要总结综合井仪录取资料的情况,尤其是对工程事故的预报,要进行系统总结并附事故预报图。

二、地层

1)阐明本井所钻遇地层层序、缺失地层、钻遇的断层情况等。

2)按井深及厚度(精确至 0.5m)分述各组、段地层岩性特征(岩屑录井井段)、电性特征及岩电组合关系,交代地层所含化石、构造,含有物及与上下邻层的接触关系等,结合邻井资料论述不同层段的岩性、厚度在纵、横向上的变化规律。

3)区域探井(参数井)根据可对比的标准层和标志层特征,结合各项分析化验和古生物资料及岩电组合特征,重点论述地层分层依据。根据录井、地震和分析化验资料,叙述不同地质时期的沉积相变化情况。

4)使用综合录井仪录井的要结合综合录井仪资料叙述各段地层的可钻性,预探井、评价井要突出对地层变化和特殊层的新认识。

三、构造概况

说明区域构造情况(区域探井要简述构造发育史),叙述本井经实钻后构造的落实情况,结合地震资料和实钻资料对局部构造位置、构造形态、构造要素、闭合高度、闭合面积等进行描述评价。

四、油气水层评价

1)分组段统计全井不同显示级别的油气显示层的总层数和总厚度。

2)分组段统计测井解释的油气层层数和厚度。

3)利用岩心、岩屑、测井、钻时、气测、综合录井、荧光、钻时、井壁取心、中途测试、分析化验等资料,对全井油气显示进行综合解释,对主要油气显示层的岩性、物性、含油性要进行重点评价,并提出相应的试油层位意见。使用综合录井仪录井的要用计算机处理出解释成果。

4)叙述油、气、水层与隔层组合情况以及油、气、水层在纵、横向上的变化情况。统计出全井油、气、水(盐水层和高压水层)显示的总层数和总厚度。

5)叙述油、气、水层的压力分布情况及纵向上的变化情况。

6)碳酸盐岩地层,要叙述地层的缝洞发育情况。井喷、井涌、放空、漏失等显示要进行叙述分析和评价。

五、生、储、盖层评价

1)生油层:分析生油层的厚度变化、生油特点、生油指标,区域探井(参数井)要重点分析。分组段统计生油层的厚度,根据生油指标评价各组段生油、生气能力及其差异。

2)储集层:叙述储集层发育情况、砂岩厚度与地层厚度之比、储集层特征、物性特征及纵横向上的分布、变化情况。预探井和区域探井要特别重视对储层的评价,并分组段评价其优劣。

3)盖层:分组段叙述盖层岩性、厚度在纵横向上的分布情况,并评价其有效性。

4)生储盖组合:分析生、储、盖层分布规律,判断生、储、盖层的组合类型,评价生、储、盖组合是否有利于油气聚集、保存,是否有利于油气藏的形成。

六、油气藏分析描述

根据本井地层的沉积特征、构造特征、油气显示特征等,分析描述本井所处的油气藏类型、特点、保存条件、控制因素,初步计算油气藏储量。

七、结论与建议

1)结论是对本井钻探任务完成情况及所取得的地质成果,通过综合评价得出的结论性意见;对本井沉积特征、构造特征、油气显示、油气藏类型等方面提出基本看法(规律性认识),并评价本井的勘探效益。

2)建议是提出试油层位和井段,提出今后勘探方向、具体井位及其他建设性意见。

第三节　单　井　评　价

一、单井评价的意义

单井评价是以单井资料为基础,以井眼为中心。结合区域背景,由点到面而进行的综合地质和钻探成果评价,是油气资源评价的继续和再认识,是油气勘探的组成部分。在钻探评价阶段,钻探一口、评价一口。在一个地区或一个圈闭的单井评价未完成前,决不能盲目再进行另一口井的钻探。开展单井评价具有很大的实际意义:第一,能够验证圈闭评价的钻探效果,说明含油与否的根本原因,总结钻探成败的经验教训,提高勘探经济效益。第二,促进多学科有机地结合,可使地震、钻井、录井、测井、测试等多种技术互相验证,互相促进。第三,促进科研与生产密切结合。开展单井评价既有利于科研,也有利于生产,是科研与生产结合的最好途径。第四,促进录井质量的提高。开展单井评价就是充分运用录井资料的全过程,不管哪一项、哪一环节的资料数据存在问题,都可在单井评价过程中反映出来,由此促使地质人员必须从思想上、组织上重视录井工作。凡开展单井评价的井,录井质量和评价水平都普遍地有所提高。

二、单井评价的基本任务

单井评价工作通常分为钻前评价、随钻评价、完井后评价三个阶段。三个阶段的任务各有侧重点,但又互相关联。钻前评价主要是根据已有的资料对井区地下地质情况进行预测,评价钻探目标,为录井工作做好资料准备,为工程施工提供地质依据。随钻评价是钻探过程中收集第一性资料进行动态分析,验证实际钻探情况与早期评价、地质设计的符合程度,并根据新情况的出现,提出下步钻探意见。完井后评价是对本井所钻的地层、油气水层进行评价,对井区的石油地质特征、油气藏进行研究评价,对本井的钻探效益进行综合评价,指出下一步的勘探方向。勘探实践证明,单井评价是勘探系统工程的重要环节,贯穿于整个钻探过程,该项工作的开展既可以促进录井技术的全面发展,又能大大地提高勘探效益。其主要任务是:

1)划分地层,确定地层时代。
2)确定岩石类型和沉积相。
3)确定生油层、储油层和盖层,以及可能的生储盖组合。
4)确定油气水层的位置、产能、压力、温度和流体性质。
5)确定储集层的厚度、孔隙度、渗透率及饱和度。
6)确定储层的地质特征(岩石矿物成分、储集空间结构和类型)及在钻井、完井和试油气过程中保护油气层的可能途径。
7)确定或预测油气藏的相态和可能的驱动类型。
8)计算油气藏的地质储量和可采储量。
9)根据井在油气藏中的位置及井身质量确定本井的可利用性。
10)通过投入和可能产出的分析,预测本井的经济效益。
11)指出下一步的勘探方向。

三、具体做法

1. 钻前早期评价

在早期评价阶段,根据钻探任务书的目的和要求,对该井做出预测性地质评价,具体作法是:

1)了解井位位置。包括地理位置、构造位置及地质剖面上的位置。

2)区域含油评价。分析本区的成油条件、有利圈闭及本井所在圈闭的有利部位。

3)预测钻遇地层。确定可能性最大的一个方案,作为施工数据。

4)预测钻探目的层具体位置。在地层预测的基础上,进一步预测本井可能性最大、最有工业油流希望的储层作为主要钻探目的层,并预测含油层段的井深。

5)预计完钻层位、完钻井深、完钻原则。

6)提出取资料要求。根据预测可能钻遇的地层和油气水提出岩屑、岩心、气测、测井、地震、中途测试、原钻机械油以及各种分析化验的要求。

7)预测地层压力。根据地震和邻井钻井资料对本井的地层压力和破裂压力进行预测,为安全钻进和保护油气层提供依据。

8)预测地质储量。根据已有资料评价预测全井可能控制的地质储量。

9)对钻探任务书提供的数据和地质情况进行精细分析,把自己的新观点、新认识作为施工时的重点注意目标。

2. 随钻评价

在这个阶段,地质评价人员主要是做以下工作:

1)与生产技术管理人员、录井小队负责人相结合,把早期评价的认识和设想传授给技术管理人员和小队人员,使现场工作人员更深入地了解钻探过程中可能将遇到的情况。

2)掌握钻探动态。把握关键环节,全面掌握各种信息,及时了解钻井工程进展情况和地质录井情况。

3)落实正钻层位、岩性及含油气显示情况。

4)及时分析本井的实钻资料,若发现油气层位置、岩性、层位与预计的有出入,应及时分析原因,提出预测意见。

5)落实潜山界面和完钻层位。

6)及时把钻探中所获得的新认识绘制成评价草图或形成书面意见供现场人员参考。

3. 完井后综合评价

本阶段的工作是单井评价过程中最重要的工作,是完井地质总结的深入。既要进行完井地质总结,又要对本井和邻井所揭示的各种地质特征进行本井及井区的石油地质综合研究。概括起来,主要从地层评价等八方面的内容来开展,具体做法是:

(1) 地层评价

1) 论证地层时代。利用岩性、电性特征、化石分布、断层特征、接触关系以及古地磁和绝对年龄测定资料等,论证钻遇地层时代并进行层位划分。

2) 论证地层层序。通过地层对比,分析正常层序和不正常层序。如不正常,则搞清是否有断缺、超覆、加厚、重复、倒转。

3) 综合地层特征。包括岩性特征和地层组合特征,即岩石的结构、构造、含有物、胶结物及沉积构造现象、各种岩石在地层剖面上有规律的组合情况。

4) 在综合分析的基础上,编制地层综合柱状图、地层对比图、化石分布图、地层等厚图等相关图件。

(2) 构造分析

1) 分析本井所处的区域构造,即一级构造特征、二级构造特征。

2) 分析本井所处的局部构造。利用钻探资料落实局部构造的特征,利用地震、测井、地质等资料编制标准层、目的层顶面构造图。

3) 研究构造发育史,说明历次构造对生储盖层的影响。

(3) 沉积相分析

重点分析目的层段的沉积相,根据沉积相标志、地震相标志和测井相标志综合分析,分析到微相,并编制单井相分析图。

(4) 储层评价

1) 论述储层在纵向上的变化特点,研究储层的四性关系和污染程度。

2) 利用合成地震记录标定和约束反演等手段,对储层进行横向预测。

3) 根据储层评价标准,对储层进行评价,编制储层评价图。

(5)烃源岩评价

1)对单井烃源岩进行评价。研究分析烃源岩的岩性、厚度、埋藏深度、地层层位、分布范围及相变特征。

2)评价生烃潜力及资源量。利用有机地球化学指标,分析有机质的丰度、性质、类型及演化特征。确定烃源岩的成熟度,根据标准评价烃源岩的生烃能力,并估算资源量。

(6)圈闭评价

1)利用录井分层数据解释地震剖面,修改和评价井区主要目的层的顶面构造图以及有关的构造剖面,确定圈闭类型。

2)依据有关图件,如构造图平面图、构造剖面图、砂体平面图等,确定圈闭的闭合面积、闭合高度和最大有效容积。

3)结合本区地层、构造发育史和油气运移期评价圈闭的有效性。

(7)油藏评价

1)对探井油气层进行综合评价,编制单井油气层综合评价图。

2)评价本井钻遇的油气藏类型、特点和规模,计算地质储量,论证油气藏或未成藏的控制因素。

(8)有利目标预测

综合本井区油源条件、储层条件和圈闭条件的分析,并结合实际钻探的油气层情况和试油试采资料,全面论证本井区油气藏形成及成藏条件,预测油气聚集区,确定有利钻探目标,并作出钻探风险分析。

思考题:

1. 如何进行岩屑录井岩性剖面的综合解释?
2. 油、气、水层综合解释的一般原则是什么?
3. 完井地质总结报告主要包括哪些内容?
4. 如何进行单井评价?